高等院校风景园林专业规划教材

草坪学基础

李会彬　边秀举　主编

中国建材工业出版社

图书在版编目(CIP)数据

草坪学基础/李会彬，边秀举主编．--北京：中国建材工业出版社，2020.9（2022.7 重印）

高等院校风景园林专业规划教材

ISBN 978-7-5160-3020-2

Ⅰ.①草… Ⅱ.①李… ②边… Ⅲ.①草坪－观赏园艺－高等学校－教材 Ⅳ.①S688.4

中国版本图书馆 CIP 数据核字（2020）第 145276 号

内容简介

本书共分为 10 章，主要内容包括：概述，草坪草生物学基础，草坪与环境，草坪质量评价，草坪建植，草坪修剪，草坪施肥与灌溉，草坪有害生物及其防治，草坪辅助管理措施，专用草坪。书后附有实习指导。本书深入浅出地介绍了有关草坪学方面的最新理论知识，理论联系实际，具有较强的实用性，适用范围较广。

本书可作为高等院校风景园林、园林专业及草学、农学相关专业教材，也可供草坪养护与管理、园林工程领域专业技术人员参考阅读。

草坪学基础

Caopingxue Jichu

李会彬　边秀举　主编

出版发行：中国建材工业出版社

地　　址：北京市海淀区三里河路 11 号

邮　　编：100831

经　　销：全国各地新华书店

印　　刷：北京印刷集团有限责任公司

开　　本：787mm×1092mm　1/16

印　　张：14.5

字　　数：340 千字

版　　次：2020 年 9 月第 1 版

印　　次：2022 年 7 月第 2 次

定　　价：**52.00 元**

本书编委会

主　编　李会彬（河北农业大学）

　　　　边秀举（河北农业大学）

副主编　王丽宏（河北农业大学）

　　　　孙鑫博（河北农业大学）

　　　　李志辉（河北体育学院）

参　编　（按姓氏笔画排序）

　　　　马西青（中国农业大学）

　　　　王克华（中国农业大学）

　　　　尹淑霞（北京林业大学）

　　　　史　毅（甘肃农业大学）

　　　　刘廷辉（河北农业大学）

　　　　李彦慧（河北农业大学）

　　　　宋桂龙（北京林业大学）

　　　　张　敬（南京农业大学）

　　　　胡　健（南京农业大学）

　　　　赵玉靖（河北农业大学）

　　　　徐　彬（南京农业大学）

　　　　徐　倩（湖南农业大学）

　　　　解贺桥（保定职业技术学院）

前言 | Preface

　　世界草坪业发展的历史实践证明，草坪业是工业技术进步、经济增长、城市化进程加快以及科研和教育共同促进的一门产业。我国自改革开放以来，草坪业的发展步入快车道，但在发展初期，由于管理人员缺乏相应的理论知识和建植养护技术，措施应用不当常导致草坪建植失败、短期内退化、病虫草害严重等，不仅造成严重浪费，还使得大众对草坪产生了许多负面的看法。这些问题也反映出科学研究、专业培训和人才培养对我国草坪业稳定发展的重要性。

　　近20年，随着我国经济和社会的发展特别是城镇化步伐的加快，草坪在我国可以说已融入人们生活的方方面面。在校园、公园、社区、机关与企事业单位、城市绿化、运动场、旅游景点、机场、公路、铁路、河堤等应用领域，草坪或提供优美的景观，改善人居环境；或提供舒适、安全的竞技场地，提高运动和观赏效果；亦或促进生态环境改善，防止水土流失等。我国草坪业规模也不断扩大，相关的草坪公司或企业达数千家，提供了大量就业岗位。更令人欣慰的是，我国草坪科学研究与教育事业同样取得了较大成绩，不仅开展了较为系统的研究工作，还培养了一大批草坪专业技术人才。他们活跃在草坪及相关行业的公司或部门，整体提升了我国草坪设计、建植和管理水平。但在草坪应用调查中我们也注意到，在一些地方草坪建植和养护管理仍存在问题，如修剪不及时、施肥灌溉不合理、病虫害防治不科学、杂草危害严重等，其主要原因仍是缺乏具有草坪基本知识和实践能力的操作人员以及草坪科学养护管理的技术经验。为此，我们编写了《草坪学基础》一书奉献给读者，希望与行业人员一起继续为我国草坪业持续、健康发展贡献力量。

　　《草坪学基础》作为高等院校风景园林专业规划教材之一，目的是通过本教材的学习，使读者掌握草坪学的基础理论、基本知识和基本技能，并在园林景观设计及其工程施工中做到合理选择和应用。本书亦可作为园林、草业科学、园艺、农学、环境保护、植物保护等相关农林专业的教材以及草坪从业人员的重要参考书，为从事草坪科学研究或管理实践奠定基础。为便于读者学习和阅览，本书编写尽量做到通俗易懂、语言简练，并结合了实践中的一些成功经验和失败教训。

　　本书的编写由来自河北农业大学、中国农业大学、北京林业大学、南京农业大学、甘肃农业大学、湖南农业大学、河北体育学院和保定职业技术学院的18位从事草坪教学工作的一线老师共同完成，在此对参与编写的所有老师表示衷心的感谢。全书由边秀举教授、李会彬副教授、王丽宏副教授和孙鑫博博士进行统稿。

在编写过程中，本书也参阅了国内外大量相关文献资料，在此对奉献宝贵知识的专家同仁表示诚挚的感谢！感谢中国建材工业出版社对本教材编写和出版的大力支持与帮助。

由于编写人员水平所限，书中不足之处在所难免，恳请读者批评指正。

编　者

2020 年 5 月

目录|Contents

第1章

概　述

1.1　基本概念

草坪（Turf）：草坪是指由人工建植或是天然形成的多年生低矮草本植物经养护管理而形成的相对均匀、平整的草地植被。建植草坪的目的主要是保护环境、美化环境，以及为人们休闲、游乐和体育活动提供优美舒适的场地。草坪的含义主要包括以下3个方面：（1）草坪主要由人工建植或由天然草地经人工改造而成，并需要定期修剪等养护管理，具有强烈的人工干预性质。以此与纯天然草地相区别；（2）草坪的基本景观特征是以低矮的多年生草本植物为主体，相对均匀地覆盖地面。以此与其他的园林地被植物相区别；（3）草坪根据其用途不同具有独立的质量评价体系，不以获得高的生物产量和营养品质为目的。以此与放牧地或人工刈割牧草地相区别。

草坪草（Turfgrass）：草坪草是指能够经受一定修剪而形成草坪的草本植物。它们大多数是叶片质地纤细、生长低矮、具有易扩展特性的根茎型和匍匐型或具有较强分蘖能力的禾本科植物，另外，也有一些莎草科、豆科、旋花科等非禾本科植物。在英语中，Turfgrass一般指能够经受一定修剪而形成草坪的禾本科草本植物。在近年来的草坪业发展中，可用作草坪草的植物有上百种，但应用面积较广的还是禾本科草坪植物。例如，草地早熟禾、高羊茅、多年生黑麦草、匍匐翦股颖等冷季型草坪草和狗牙根、结缕草、野牛草等暖季型草坪草。草坪草大都具有以下共同特点：

（1）植株低矮，分枝（蘖）力强，有强大的根系。营养生长旺盛，营养体主要由叶组成，易形成一个以叶为主体的草坪层面。

（2）地上部生长点位于茎基部，而且大部分种类有坚韧的叶鞘保护。生长点在近地表处，使得一些养护措施如草坪修剪、滚压和践踏等对草本身造成的伤害较小。

（3）一般为多年生，寿命在三年以上。若为一、二年生，则具有较强的自繁能力。

（4）繁殖力强。种子产量高，发芽率高，或具有匍匐茎、根状茎等强大的营养繁殖器官，或两者兼而有之，易于成坪，受损后自我修复能力强。

（5）大部分种类适应性强，具有相当的抗逆性，易于管理。

（6）形成的草坪软硬适度，有一定的弹性，对人畜无害，无不良气味和弄脏衣物的汁液等不良物质。

一些双子叶草坪草如豆科植物不完全具备以上特征，但它们生长低矮、覆盖地表及恢复能力强，有些还具匍匐茎、耐瘠薄等特点，这是它们也可以作为草坪草使用的主要原因。

1

草坪与草坪草是既有联系但范围又不同的两个概念。草坪草仅指草坪植物本身，是草坪的重要组成部分；而草坪则包括草坪植被以及根系着生的土壤基质。因此，草坪代表着一个较高水平的生态有机体。

草皮（Sod）： 当草坪被铲起或用草坪移植机切割成块状或条状用来移植时，称为草皮。带有少量土壤或不带土壤的条状草皮在搬运中常被卷成卷状，称为草皮卷。

1.2 草坪的基本功能

1.2.1 环境保护功能

1. 固土护坡，减少水土流失

草坪地下的根系与根茎在生长过程中可互相交织成网状，并与土壤结合形成结实的根系层，从而起到很好地固定地表土壤，减少风和雨水等对地表土壤的侵蚀和冲刷的作用。尤其是在有坡度的区域，草坪对减少水土流失的作用更加突出。据 Gross 等研究表明，于坡地上种植高羊茅草坪，在 120mm/h 的强降雨下持续 30min，裸地损失土壤高达 519kg/hm²，而草地仅为 54kg/hm²。

草坪地上部所形成的低矮、密实的植物层面可以完全地覆盖地面，这不但可以避免雨滴直接冲击土表，而且可以降低地表水的径流，还可阻止风对表土的吹拂。因此，在校园、工厂场区、居民住宅区和其他户外公共娱乐场所种植草坪对于抑制尘土飞扬，无疑是简单、经济和有效的手段。

2. 净化空气，净化水源

裸露地面是城市中浮尘的主要源地，草坪的地表植物层面不但可以避免刮风时的扬尘，还可吸收空气中飘落的尘埃，并随雨水或灌溉水落入根际层，而不出现硬化地面的尘土搬家现象。空气污染是现代社会，尤其是大都市的严重环保问题。工矿企业和交通工具每天排放出大量的废气。草坪植物不仅能通过光合作用把大气中的二氧化碳转化成氧气，还能吸附、吸收、固定、降解或转化大气中的有毒、有害物质，成为空气的天然净化器。某些草坪草能分泌一定的杀菌素，可以降低空气中的细菌含量。

草坪具有净化水源的作用是由于它像一层厚厚的过滤系统，在降低地表水流速度的同时把大量固体颗粒物沉淀下来。这些沉淀物除了土壤颗粒外，还有对人体有害的物质如重金属元素等。最近的研究表明，草坪中的枯草层对吸附和分解除草剂、杀菌剂等农药有特殊作用。草坪对其他的城市污染物，如机油、油漆之类都有一定的吸附作用，从而降低地下水资源被污染的可能性。

草坪还可以减少水的径流损失。城市中硬化等不透水地面的增加，造成夏季降水主要以径流的形式被排走。我国北方城市大多是缺水的城市，夏季降水绝大部分直接排走实在是极大的浪费。如果增加草坪的建植面积，可以最大量地拦蓄雨水，这样既能充分利用天然降水，还可减轻内涝。

3. 增湿降温，改善小气候

夏季在草坪、地被植物和树木组成的园区中漫步可明显感觉到小气候的凉爽。据测定，当路边或街道的温度超过 38℃时，草坪表面的温度仅为 24℃，而冬季草坪地的温度却能高出裸地 1～4℃。健康生长的草坪和地被植物其含水率多在 70%～80% 以上，通过植物叶片的蒸腾作用可增加空气湿度，一般夏季草坪上空的空气湿度要高出裸地 10%～20%，草坪能够通过改善小气候而提高环境的舒适度，这一点也是人造草坪所不可比拟的。如图 1-1 所示，路边的草坪起到了美化和保护环境的作用。

图 1-1　路边的草坪起到美化和保护环境的作用

4. 降低城市噪声、光和视觉污染

噪声过高能破坏人的神经细胞，引起头昏、头痛、疲劳、记忆力减退。草坪对噪声的吸收能力比其他硬化表面要高，有研究表明可高出 20%～30%。在高速公路两旁和隔离带建植的草坪或飞机场建植草坪都能吸收机动车行驶和飞机起降产生的噪声。

光和视觉污染在现代城市中越来越成为一个值得重视的问题。在校园、工厂、公共场所等，多植绿色植被有利于保护视力。在园林规划设计时，常将草坪等地被植物与树木、灌木丛和谐地结合起来，以形成复合的绿色屏障，保护人的视力，有效地缓解视神经的疲劳。

5. 保证行车安全，延长设备寿命

高速公路两侧的护坡草坪不但能固持表土，防止水土流失，还能有效地减缓司机的视觉疲劳，保证行车安全。同时公路两侧和隔离带上的草坪等低矮植被可突出显露路标和警示牌，有利于司机安全驾驶。

机场建植大面积草坪也能明显地减轻飞机起飞、降落时扬起的尘土对引擎的损害，延长设备使用寿命。

6. 改良土壤，加快地力恢复

草坪以死根及枯叶等形式每年向土壤中投入大量的有机残体，其土壤生态系统又可为大量微生物、线虫、昆虫以及环节动物等提供良好的生存环境。通过这些微生物和动物对植物根、茎、叶的分解，使土壤的结构和物理性状有效地得到改善，土壤有机质含量不断提高。据 Porter 等（1980）对美国建植 1～125 年的 100 个草坪地样点进行养分调查和测定结果表明，在草坪建植的前 10 年里，土壤有机质积累最快，全氮含量逐年提高，25 年后则趋于稳定，这充分证明了草坪对提高土壤肥力的作用。

1.2.2 娱乐和美学功能

1. 提供舒适的活动和休憩场所

通过适宜的养护，草坪可以为运动健儿提供高水平的体育竞技场地。草坪不但富有弹性，还有柔软细腻的质感，运动员在草坪上活动可以消除由于担心受伤造成的紧张感，促使运动员动作施展到位，利于其竞技水平的发挥。因此，草坪为人们的室外运动和娱乐活动，如高尔夫球、板球、足球、保龄球、排球等球类活动以及赛马、射击等体育活动提供了一个成本低、安全性强的户外活动场地，使人们在草坪上娱乐休闲，享受置身于大自然的乐趣。尤其对久居城市、远离大自然的人们来说，草坪确实是其增强体质和促进身心健康的最佳场所。同时，修剪和管理草坪的活动也可使人们在一天的疲劳工作之余得到身心的锻炼和放松。图 1-2 为孩子们在草坪上嬉戏。

图 1-2　孩子们在草坪上嬉戏

2. 促进身心健康

随着社会经济的迅速发展，人们工作与生活的节奏不断加快。在紧张的工作之余，人们渴望有舒适、宜人的环境来缓解压力和疲劳。而清新、凉爽、绿茵茵的草坪可带给人们一种安逸、和谐、宁静、祥和的感受，开阔人的胸怀，陶冶人的情操，美化人的心灵。草坪与地被植物同树木和花卉构成的色彩斑斓、富有生机的周围环境，不但给予周围的行人以愉快的心情，还可以增强人的自信心、激发其对生活和工作的热情。研究表明，病人在环境优美的室外观光、漫步有利于疾病的康复。

在企事业单位，以大片绿色草坪为底色的优美景观，不但有助于企业树立良好的形象，还可显示出企业的实力以及管理层对员工和公众的责任意识，展现职工良好的精神风貌，对调动职工积极性、提高生产效率和提升企业竞争力都大有裨益。

3. 提供和谐的视觉效果

在高楼林立的城市中，建筑墙面色泽单调，如果地面上没有花、草的合理搭配，不但衬托不出建筑的档次，而且人们生活和活动于其间会感到枯燥和乏味。通过草坪与地被植物搭配应用构成绿色或彩色的背景衬托，可以使建筑物及周围环境富有生机与活力。如图 1-3 所示，草坪给人们提供了优美的生活和工作环境。

图 1-3　草坪给人们提供优美的生活和工作环境

草坪形成的地面上的平面空间容易使人产生一种视野开阔的舒畅感，这是草坪与地被植物优于灌木、半灌木植物之处。高大乔木和灌丛为环境提供了垂直方向的绿色景观，而草坪和地被植物在水平方向上构成了一片绿色或彩色的"地毯"。树木、花卉、建筑、草坪、道路等环境要素在垂直、水平方向上的交替变化，会产生一种起伏、有张有弛的韵律感，从而形成优美舒展、富有魅力的景观美。

1.3　草坪的发展历史与现状

草坪作为世界范围内景观生态系统的一个有机组成部分被视为自然界的宝贵财富之一。草坪同其他景观与地被植物一起被人类用来改善其生活环境，突出景观的自然特征。

1.3.1　草坪发展简史

草坪的概念可能源于古代人类开始驯化牲畜年代。就现代概念而言，草坪包括天然草坪和人造草坪。天然草坪可能从距今 7 千万年以前的白垩纪进化而来。人造草坪是 20 世纪 50 年代随着塑料工业的发展而出现的。

人类利用草坪有史料记载可以追溯到两千多年前的中东和亚洲东部，可能来自自然草地，最初被用于宫廷庭院的环境美化。中世纪草坪在欧洲特别是英国，伴随户外运动、娱乐、庭院美化等活动而得到发展。20 世纪 50 年代以来，草坪的应用和研究在美国空前繁荣。在过去半个多世纪中，现代草坪业在美国逐渐趋于完善。如今草坪业已广泛地渗入人类生活，成为现代社会生活不可分割的组成部分。越是技术和文明进步的地方，草坪应用越普遍。

我国是一个文明古国，利用草地开展狩猎、娱乐活动和庭园美化的历史十分悠久。

5

据《周礼·太宰》中记载："以九职任万民，一曰三农生九谷，二曰园圃毓草木……"说明早在周朝时，就把草列入农经园艺的范围。春秋时代和秦汉时期都有对草坪的记载。公元前157—137年间，汉武帝派遣使者从朝鲜半岛、中亚细亚征集了大量珍贵树木和草本植物，其中就可能包括了一定数量的草坪草。汉朝司马相如《上林赋》中"布结缕，攒戾莎"的描写，则表明在汉武帝的上林苑中已开始布置草坪。6世纪南北朝梁元帝时，亦有咏细草的诗："依阶疑绿藓，傍渚若青苔，漫生虽欲遍，人迹会应开。"表明当时已有如绿毯一样的草坪，而且把草坪作为观赏的主体来看待。13世纪，元世祖忽必烈为了不忘蒙古的大草原，在其宫殿的内院铺设了草坪。到了18世纪，草坪在清朝皇家园林中已占有重要地位，具有相当大的规模。清朝乾隆皇帝弘历在承德避暑山庄休息时曾作诗赞美万树园绿茵如毯的草坪美景。

日本在公元794年以后，草坪在庭园中开始得到利用。19世纪末和20世纪初主要对乡土草种结缕草进行了较系统的研究。1957年成立了日本草坪养护协会，1962年成立了高尔夫球研究所。

在中东地区，早在公元前6世纪，波斯（现今伊朗）的宫廷庭院中就出现了缀花草坪。其后，阿拉伯人在造园中也应用了镶花草坪。

早在古罗马时代，波斯庭院就影响到欧洲各国。公元前354年，古罗马就有关于草坪的简单描述，指出草坪是公园中的小块草地。伴随古罗马的入侵，草坪传入英国。中世纪，草坪在欧洲古典花园中被广泛应用，低矮的草类和花卉杂生在一起，犹如天然草甸。13世纪，在英国产生了用禾草单播建植草坪的技术。有文献提到，13世纪就有了在草地上开展的滚木球运动和草地板球运动。草坪滚木球场的果岭很可能是现代高质量草坪的先驱。高尔夫球最初是在高地、丘陵地带和海岸的草坪上兴起的，从15世纪开始在英国流行和普及。这种草坪主要以翦股颖和羊茅草种构成，修剪则是靠绵羊啃食来完成的。户外运动如草坪滚木球、草地板球、英式足球和高尔夫运动对推动现代高质量草坪的发展起到了至关重要的作用。

到16世纪，草坪在英国、德国、法国、荷兰、比利时、奥地利以及北欧其他地方变得更加普遍。意大利人开始采用古罗马的园林设计风格建造美丽优雅的花园，把建筑设计、绿地、树木、雕刻、花草和水流融为一体，形成独特的园林风格。这一出现在西方文明复兴时期的意大利复兴花园很快传入法国、西班牙等欧洲国家。16—17世纪，大多数城镇、乡村都建有大面积草坪作为公共绿地，供村民开展集会和娱乐活动。到17—18世纪，草坪进一步应用于草地花园和休闲娱乐花园中。俄罗斯也于18世纪初开始了草坪应用并逐渐普及。

19世纪，英国人布丁（Edwin Budding）于1830年发明了第一台剪草机，并于1832年开始批量生产，从而结束了以镰刀和放牧绵羊"修剪"草坪的历史。19世纪早期，园艺著作中有关草坪养护的内容越来越多，其内容更加接近今天的草坪养护管理措施。

在美洲，早在公元1200年，美洲大陆居住的印第安人已开始用草皮营造住所。草皮房成为美国西部早期定居者的一种典型住房样式。所用草坪草大概就是野牛草。印第安人也有一些草坪运动项目。17世纪初，英国开始向美洲移民。受英国的影响，美国草坪业开始发展，同时园林设计和地被植物也从欧洲引入。到19世纪，高尔夫等草坪运动项目已普遍开展起来。19 世纪后期至 20 世纪初期，许多受教育的美国人到欧洲追寻其祖先文化，更重视园林，大量利用地被植物。1921—1929 年，美国农业部在许多州开展了草坪实验研究。第二次世界大战后，随着美国经济和人口的猛增，房地产业飞速发展，经济持续增长和休闲时间增长等综合因素，促使高尔夫球、橄榄球等体育活动日益普及，人们有能力负担得起优质草坪和娱乐草坪的费用。20 世纪 60 年代，美国许多关于草坪建植和养护管理的新产品出现了，如改良的草坪新品种、草坪专用肥料、草坪养护专用机具、除草剂、防治病虫的化学药剂等，草坪真正地成为一个产业。目前草坪业已成为美国主要的农业产业之一，同时也是欧美等发达国家的重要支柱产业。

19 世纪后期，美国开始了草坪草培育研究，这标志着草坪科学研究的开端。但是美国草坪学科的快速发展是在第二次世界大战以后开始的。1946 年在美国农学会中专门设立了草坪委员会，1963 年改为现在的作物学会草坪科学分会（第五分会）。现在每个州的农业研究均不同程度地涉及草坪研究。草坪教学和推广也逐步完善起来，目前美国 40 多所大学均设有正规的草坪科研、教学和推广项目。

英国于 1929 年成立世界上第一个草坪研究所，其他国家如加拿大（1924 年）、南非（1929 年）、新西兰（1935 年）、法国、德国、瑞士以及澳大利亚和印度等均建立了研究机构并开展研究工作。

有关草坪科学的国际学术组织是国际草坪研究学会，于 1969 年在英国运动草坪研究所召开首届国际草坪学术大会，之后每 4 年召开一次。

我国利用草坪的历史虽然十分悠久，但草坪的应用推广速度较慢。1949—1978 年的 30 年间，我国对草坪的利用处在很粗放的阶段，对草坪的重要性缺乏认识，规模小，从事草坪生产和经营的人员也较少。在城市公园和园林中只有很小面积的使用。绿化以乔灌木为主，草坪处在从属位置。草坪的来源主要是铲取天然草皮，只有极少部分人工栽植的草皮，如细叶结缕草、野牛草和羊胡子草等。

改革开放后，我国草坪发展进入历史上的转折时期。随着我国经济的持续快速发展和生活质量的不断提高，人们对环境质量越来越重视。20 世纪 90 年代以后，草坪行业呈加速发展的趋势，公众对草坪的认识进一步加深，草坪使用面积大量增加，园林工程公司大量涌现。

我国草坪研究工作始于 20 世纪 50 年代。1955 年中国科学院植物研究所在国内率先设立草坪研究课题。近年来，草坪草种质资源研究、新品种选育、抗逆生理与分子机制以及草坪建植与养护管理技术等研究在全国范围内得到了广泛开展。

1.3.2　草坪发展现状

草坪在许多国家已成为与种植业有关的重要产业之一。草坪的广泛利用不仅为人们创造了舒适的休闲娱乐环境，而且对生态环境起到极大的保护与修复作用。世界上一些发达国家和地区，陆地上除了森林、建筑、农田和高速公路等外，几乎全部被草坪和其他地被植物所覆盖，很难找到一片裸地，真正达到"黄土不露天"，实现了"大地园林化"。草坪已成为衡量现代化城市环境质量和体育运动发展水平的重要标准。

1. 国外草坪行业现状

现代草坪业实际上由一系列与草坪有关的行业群组成。这些行业包括研究与开发行业，草坪草新品种选育和繁殖行业，管理机械设备（剪草机、打孔机、梳草机、清扫机、播种机等）、灌溉设备（洒水车等）、肥料和土壤调节剂、病虫害和杂草防治的化学药剂、生长调节剂等的研制和生产行业等。草坪服务行业是连接应用部门和生产部门的桥梁，包括批发、销售草坪业产品，进行产品设计与开发、园林设计、合同服务、技术咨询、推广、信息服务、出版等。教育行业包括专科院校、综合大学以及辅助教育部门和各级试验站等，主要进行草坪专门人才的培养教育、有关草坪的研究和开发等。草坪专业学生的培养目标是使学生有足够的专业知识和技能进入园林和运动场草坪建植、草坪养护以及草皮生产、产品销售等行业，或者经过深造后从事相关科研和教学工作。

据统计，全世界共有高尔夫球场约 3 万个。其中，美国现有高尔夫球场 15300 余个，在 20 世纪 90 年代末和 21 世纪初期每年新增约 500 个。美国高尔夫总监协会（GC-SAA）位于堪萨斯州，其会员达 1.7 万多人，遍布 72 个国家。美国高尔夫总监协会每年都会有组织地开展高尔夫草坪证书项目、专业培训和草坪管理的专业会议（更多美国高尔夫总监协会的信息可以到其网站查询，网址为 www. gcsaa. org）。美国的运动场在 20 世纪六七十年代主要以人造草坪为主，90 年代以后开始应用天然草坪。美国运动场草坪管理是草坪业增长最快的分支之一，其运动场达 70 余万个。运动场管理协会（ST-MA）位于堪萨斯州，全球会员有 2600 多人（更多运动场协会的信息可以到其网站查询，网址为 www. stma. org）。据 1999 年的资料，美国约 1 亿户家庭中，有 4600 万户拥有草坪。草坪养护销售额达 89.36 亿美元，平均每户花费 222 美元。美国专业草坪养护协会为其 1200 家会员公司提供培训。国际草坪生产者协会会员达 1200 个，遍布 36 个国家。

另据统计，1999 年美国 29％的家庭有庭院灌木养护，平均花费 74 美元；25％的家庭进行庭院环境美化，平均花费 404 美元；6％的家庭种植庭院观赏植物，平均开支 85 美元。

草坪科研方面主要包括草坪生物技术、草坪草种质资源的搜集及鉴定与创新、土壤生物化学、草坪生理生态、病虫害防治和草坪管理技术等。美国开展的国家草坪研究计划重点包括以下几个方面的工作：

（1）水分管理策略与措施的改进：增加对草坪水分利用及效率的基本规律认识；改进有效水分的管理；评价对质量差的水资源的利用和对草坪与环境的影响。

（2）草坪草种质资源的搜集、改良和保存：搜集、评价和保存有价值的草坪种质资源；增强对草坪草抗逆性生物学和遗传系统的认识；利用基因工程对草坪草抗逆性进行改良。

（3）病虫草害防治措施的改进：主要进行草坪病理学、昆虫学、杂草管理等方面的研究。

（4）认识和改进草坪在环境中的地位：评估和分析草坪及管理措施对环境的影响；评价和建立改进草坪体系环境质量的管理策略和技术。

（5）土壤和土壤管理措施的改进：克服草坪生产、建植和利用的土壤限制因素；研究农业和工业副产品在草坪上应用的潜力。

（6）建立综合的草坪管理体系：建立以经济为基础的综合的草坪管理手段来提高环境质量；建立综合草坪管理措施的决策手段。

2. 我国草坪行业现状

我国的现代草坪行业起步较晚。但改革开放后，特别是20世纪90年代以来，我国草坪业发展迅速。目前，草坪已经广泛用于环保、城建、园林、体育运动、旅游、度假、娱乐、休闲、水土保持等各个领域。

伴随我国经济的快速发展和城市化进程的加快，我国国土绿化面积也有了较大增长。截至2016年年底，全国城市人均公园绿地面积达到13.5 m²。许多城市，如北京、上海、大连、成都等，近10年草坪面积年均增长5%～15%。北京和上海的人均绿地面积分别达到16.2 m²和7.8 m²。我国的运动场草坪也取得了较快发展。目前，我国有400余家通过国家整改的高尔夫球场。截至2013年年底，全国拥有较好条件的足球场地1万余块，平均约13万人拥有一块足球场地。根据《全国足球场地设施建设规划（2016—2020年）》，到2020年，我国足球场地数量将超过7万块，每万人拥有0.5～0.7块足球场地。我国运动场草坪建植与养护技术也已跻身世界先进行列。

20世纪90年代以后，中国草坪行业最重要的变化是以经营草坪为主的企业大量涌现，并逐步发展壮大。目前，我国的草坪企业超过5000家，年销售额500万以上的50多家，且大多形成了设计、施工、生产、经营、售后服务与技术研发等较完整的管理体系，更有不少企业已在国内成功上市。

近年来，我国的草坪业在科研、教育、对外交流、出版等方面取得了一定的发展。目前，全国有10余所高校设有草业学院，40余所高等院校设立草业科学专业，更多的院校开设了草坪学课程，有十几所高等农业院校先后开始招收草坪方向的硕士、博士研究生，为我国草坪环境事业输送了大量的专业人才。2019年，经教育部审批通过，甘肃农业大学新增草坪科学与工程本科专业，成为我国首个具备该专业招生资格的高等院校，草坪科学与工程专业也是我国首次批准设立的新专业。另外，随着草坪业的发展，相关的行业组织、信息交流活动越来越活跃。中国草学会草坪专业委员会和中国高尔夫球协会分别于1983年和1985年成立。在我国北方、南方各地先后举办了多次中国国际草业博览会、区域性草坪研讨会、草坪机械设备展示会、全国草坪总监讨论会、草坪学术研讨会等。2013年，我国承办了第十二届国际草坪学术大会，这是国际草坪大会首次在中国举办。这些活动不但为国内外专家进行学术交流提供了良好的平台，还极大地促进了我国草坪业的健康发展。

与西方发达国家相比，我国草坪业各部门的发展还很不平衡，特别是我国草坪草种子90%以上仍依赖进口。据不完全估计，1990—2000年，我国草坪草种子年进口量从不足40 t增加到超过10000 t，且以黑麦草、羊茅草和草地早熟禾为主。我国还面临引种或养护管理不当常造成草坪过早退化和管理费用升高等问题。因此，选育适宜我国本土环境条件的草种或品种已是我国草坪业持续健康发展的首要目标。20世纪90年代以来，国内多家科研院校相继开始了草坪草品种的选育研究，培育出适合相应区域气候和土壤条件的草坪草新品种几十个，如中坪1号野牛草、新农（1号、2号、3号）狗牙根、川南狗牙根、南京狗牙根、喀什狗牙根、阳江狗牙根、保定狗牙根、邯郸狗牙根、沪坪1号高羊茅、上海结缕草、苏植1号杂交结缕草、苏植2号杂交狗牙根、华南假俭草等，大大促进了我国草坪草种质资源的开发与利用，有力地推动了我国资源节约型和环境友好型园林建设。

复习思考题

1. 区分草坪、草坪草和草皮的含义。
2. 草坪草的共同特点有哪些?
3. 草坪对人类的贡献有哪些?
4. 我国草坪业存在的问题和发展方向。

第2章

草坪草生物学基础

草坪草植株由根、茎、叶等器官组成，植株各器官的动态变化、产生方式和生长发育规律是草坪学研究的重要内容，也是草坪管理的基础。维持一个良好的动态草坪群落在很大程度上取决于对草坪草生长发育规律的全面理解。因此，学习和掌握草坪草的生物学特性对科学养护与管理草坪具有重要意义。

2.1 草坪草的形态结构

被子植物按子叶数目分为 2 种类型：单子叶植物和双子叶植物。绝大多数草坪草为单子叶植物，植株主要由根、茎基、茎、叶和种子等组织和器官构成，这些组织或器官的结构和生长模式与典型的双子叶草存在较大差异。草坪草植株示意图如图 2-1 所示。

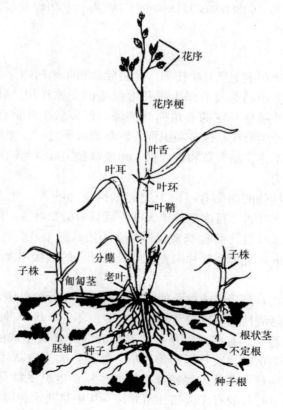

图 2-1 草坪草植株示意图

2.1.1　种子

草坪草大部分为多年生草本植物。通常所指的草籽并不等同于种子，草籽是花序上成熟的小花，由外稃、内稃和夹在其中的颖果组成（图2-2）。在内稃的基部有一个短而类似茎的结构称为小穗轴（或小花轴）。颖果内含有真正的种子，它由果皮即子房壁包被着。在种皮内侧有富含蛋白质的糊粉层，在种子萌发过程中发挥重要作用。种子内有胚和胚乳两部分，其中胚是微小的植株体，而胚乳是在种子萌发到植株能进行光合作用之前为幼苗的生长发育提供营养的组织。

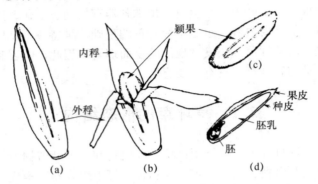

图 2-2　草坪草小穗的组成
（a）外稃外观；（b）外稃被部分剥去露出内稃和颖果；（c）颖果；（d）颖果的组成

2.1.2　叶

禾本科草坪草的叶在茎上呈互生排列。叶由叶片和叶鞘两部分组成，叶的下半部分称为叶鞘，叶鞘具有保护幼芽及节间生长和增强茎的支撑作用。叶的上半部分称为叶片，它相对平展，与叶鞘呈一定的夹角向外伸展。很多新生叶被包在其他叶片的叶鞘内，因而不易看到。叶尖形状是区分和识别草坪草的特征之一。尖形叶尖最为常见，如巴哈雀稗、黑麦草、羊茅、结缕草和狗牙根。地毯草和钝叶草为钝形或圆形叶尖。早熟禾和假俭草为船形叶尖。

在叶片和叶鞘连接处的内侧有一向上突起结构称为叶舌。叶舌最常见的类型有膜状、边缘纤毛状，或无叶舌。很多草坪草无叶舌或具有微型叶舌。除特例外，有叶舌的冷季型草坪草多为膜质叶舌，而暖季型草坪草多为边缘纤毛状。叶舌可防止昆虫、水、病菌孢子等进入叶鞘内，也可使叶片向光性生长。叶舌的形状和大小因草坪草种类不同而有很大差异。

叶环（也称为叶枕）是浅绿或白色的带状结构，位于叶的外侧，与叶舌相对的位置上。叶环具有弹性和延展性，可以调节叶片的位置。不同草坪草种之间叶环的形状、大小和色泽存在明显的差异。有些草坪草叶片基部有向外扩展生成的两个爪状的突出结构，即叶耳。叶耳分为爪形、狭长形和短小形。然而，大多数草坪草没有叶耳。叶舌、叶环和叶耳是区分不同草坪草的重要特征。例如，一年生黑麦草具有大而明显的叶耳；高羊茅和多年生黑麦草叶耳的有无因品种而异；一年生早熟禾和匍匐翦股颖等草坪草有明显的叶舌。

成熟叶或老叶的叶鞘中新生嫩叶（芽中幼叶）的排列方式具有卷曲形或折叠形两种。芽中幼叶呈卷曲形的常见草坪草有一年生黑麦草、野牛草、匍匐翦股颖和结缕草等；芽中幼叶呈折叠形的有狗牙根、多年生黑麦草、草地早熟禾和钝叶草等。

2.1.3　茎

草坪草的茎有 3 种基本类型：茎基、花轴以及侧茎（根状茎和匍匐茎）。花轴和侧茎具有伸长的节间，容易辨认。相反，茎基（图 2-3）是一个高度压缩的茎，它的很多节被压缩在一起不容易被区分开。茎基（也称作根颈）是草坪草最重要的器官。它是叶片、根和茎交结处的组织，通常位于地表或地表附近。它存在于叶的基部，并部分地隐藏在闭合的叶鞘内。所有的新叶、根和茎的分化生长都是从茎基开始的，它是一个产生根、叶、分蘖和伸长茎的关键器官。茎基由未伸长（或高度压缩）的节间、腋芽和节组成，一般很短（2～3mm）。不定根从茎基较低的节上长出，而叶由位于茎基上部的顶端分生组织长出，茎基上的腋芽则发育成新枝条，如分蘖、匍匐茎和根状茎。在营养生长阶段，茎基是一个高度压缩的茎，当转入生殖生长阶段后，节间伸长，形成花轴从闭合的叶鞘中伸出，花轴的顶端形成花序。茎基也是碳水化合物的储藏器官，为新器官的生长提供养分。茎基是植物的初生分生组织，当植株受到环境胁迫、休眠、过度修剪和病虫等危害后，只要茎基没有受到破坏，植株可恢复生长。健壮的茎基呈白色且饱满，受损的茎基呈褐色并失水变干。花轴和侧茎由多个节和节间组成，末端有顶芽，节间通常为中空的柱形，而节则是实心的。

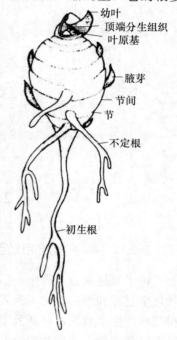

图 2-3　草坪草的茎基与其上的叶原基、腋芽和根

2.1.4　根

草坪草的根有种子根和不定根 2 种类型。种子根又叫初生根，在种子萌芽期发育形成，生存期相对比较短。不定根又称次生根，着生在茎下部的节上，如图 2-4（c）所示。在一个成熟草坪群落中，根系主要由不定根构成。根状茎生长于地表以下，在其末端和节上可以生长出新的植株，并可产生不定根。匍匐茎生长于地表之上，也可以生长出新的植株和不定根。由种子发芽长出的新植株也可有一种类似根茎的结构，称为中胚轴。当种子在土壤中萌发时，生长点可通过中胚轴伸长而处于靠近地表的位置。在中胚轴伸长以后，初生根和不定根才会相互分离开。根具有固定植株、吸收水分和养分，以及储藏碳水化合物等功能。草坪草的根对环境的反应很敏感，频繁灌溉会导致根系分布变浅，而适当干旱胁迫会促使根系下扎。与地上部相比，草坪草的根部对温度更加敏感，例如夏季高温常造成冷季型草坪草根的死亡。暖季型草坪草具 C_4 光合系统，对夏季高温抵抗能力强，但对低温环境较为敏感。

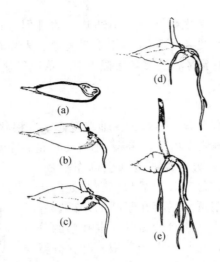

图 2-4　草坪草的发芽过程

（a）末端带有胚的颖果；（b）长出胚芽鞘和初生根；（c）长出不定根；（d）根系分支；
（e）第一片叶片长出胚芽壳顶端

2.2　草坪草的生长发育

2.2.1　种子萌发和幼苗生长

种子吸足水分（吸胀）后便进入萌发阶段，最终形成一棵幼苗，该过程包括几个生物化学过程和形态变化。首先，种子在吸胀后盾片产生赤霉素，在赤霉素的作用下，糊粉层内产生水解酶，将胚乳中的淀粉和蛋白质分解成简单的碳水化合物和氨基酸，这些可溶性营养物质由盾片吸收并输送到胚的各个部位如胚根、胚芽、胚轴等。幼苗的各个组织和器官都是由胚生长发育而来的。

胚的结构如图 2-5 所示，在种子萌发过程中最初的形态变化是胚根鞘随细胞伸长而增大，同时胚根鞘长出根毛状的结构，胚根鞘具有将胚固定在土壤中和吸收水分的功能。然后，初生根（胚根）从胚根鞘中伸出向下扎入土壤。同时，包被着生长点的半透明组织——胚芽鞘向上伸展直到露出土壤表面。在有些草坪草中，胚芽鞘向上生长可能与中胚轴的伸长有关。中胚轴是盾片节和胚芽鞘之间的节间，其伸长长度取决于种子在土壤中的埋深。光照可以促进胚芽鞘的生长，但抑制中胚轴的伸长，所以中胚轴伸长是在黑暗（如土壤）中进行。因此，中胚轴的伸长保证了幼苗出土。在无中胚轴的一些草坪草中，胚芽鞘伸出地面完全靠自身的伸长。因此，只有适当降低这类草坪草的播种深度，才能保证建植成功，幼苗生长健壮。

在胚芽鞘露出地面后，第一片叶从胚芽鞘顶端伸出，标志着植株光合作用的开始，此后幼苗生长所需养分不再依靠胚乳。如果播种太深，在幼苗还不能通过光合作用制造本身所需的有机养分及进行有关生化代谢时，胚乳中的养分会全部耗尽，幼苗长势很弱甚至死亡。

幼苗生长点包在胚芽鞘内，第一片叶出现后，第二片叶随之长出胚芽鞘，最后胚芽

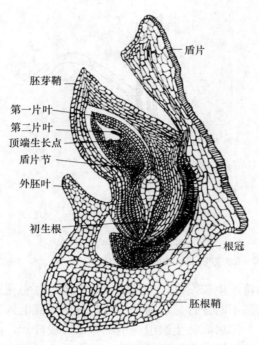

盾片

胚芽鞘

第一片叶

第二片叶

顶端生长点

盾片节

外胚叶

初生根

根冠

胚根鞘

图 2-5　典型的禾草胚

鞘枯萎，因此在地表只能见到明显的叶。新叶均从生长点产生，并在包裹的老叶中向上生长。随着幼苗的生长，从新枝条基部的节上形成不定根。在新建植的草坪中，常看到种子根和不定根同时存在，但种子根生存期较短，成坪的草坪草的根系完全由不定根构成。

幼苗的生长发育和成活取决于播种深度、有效水分、温度、光照以及胚乳中储存的养分等。幼苗根系尚不发达，对水分吸收能力差，加上地表蒸发失水，因而对水分极为敏感。如果不能保证表面土壤湿润，幼苗将会因脱水而死亡。在严重遮阴环境中，幼苗可能因光照不足，不能通过光合作用合成足够的营养物质，而胚乳又不能提供足以使幼苗过渡到自养阶段的营养，以致幼苗死亡。例如，播种太深或使用活力差的陈旧种子常会发生这种现象。

2.2.2　叶的形成

草坪之所以能频繁地修剪是由于分生组织均处于近地面位置，可避开剪草机的修剪损伤，而位于茎基上的生长点不断地分化形成叶原基，并最终发育形成完全展开的叶子。叶原基最初只是位于茎基顶端分生组织以下的小突起（图 2-6）。在某一时期内，叶原基的数目随草坪草类型、株龄和环境条件的不同而有差异，一般几个到二十几个不等。大多数的草坪在不同的生长阶段都具有 5~10 个叶原基。一个完整的生长点的长度通常不超过 1mm。

叶原基的形成是顶端分生组织下部细胞分裂增殖的结果。首先每个叶原基中部细胞迅速分裂形成原始的叶尖，接着分生组织的活性被限制在叶原基的基部，形成居间分生组织。因此，在草坪草的生长点中存在两类分生组织：一是顶端分生组织，在茎的顶部

15

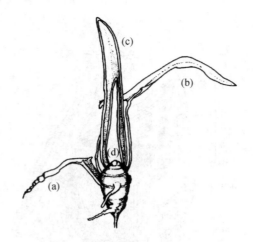

图 2-6　叶原基的生长
（a）衰败的老叶；（b）成叶；（c）刚刚从叶鞘中长出的新叶；（d）未长出叶鞘的新生叶

产生新细胞，保证茎的持续生长发育；二是居间分生组织，它在顶端分生组织以下的位置产生叶片。随着叶原基不断发育，居间分生组织分化形成上部居间分生组织和下部居间分生组织两种类型。上部居间分生组织产生细胞以形成叶片，而下部居间分生组织在叶的下部形成叶鞘。上部居间分生组织的细胞分裂使包在叶鞘内的叶片不断扩展，当叶尖从包围的叶鞘中露出来以后，上部居间分生组织细胞停止分裂，而后叶片的生长主要是靠叶片基部细胞的分裂和伸长来完成。在叶片完全形成以后，叶鞘基部的分生活动还将持续一段时间。因此，一片叶子最老的部位是叶尖，最嫩的部位是叶鞘基部。相应地，草坪修剪后，叶鞘基部未被损伤的叶片仍然能够生长。

草坪草的叶最终要进入衰老期，叶的衰老首先从叶尖开始并逐渐过渡到叶的基部，最终从枝条上脱落。通常情况下每一枝条上保持着一定数目的叶片，新叶的形成和老叶的脱落速度大致相同。另外，新生叶的光合产物尚不能满足其本身需要，其所需的一部分营养要从成熟叶获得，成熟叶中养分的输出则会加速其衰老。完全展开的新叶的光合速率最高，不仅为植物其他生长部位提供光合产物，而且将部分光合产物（如碳水化合物）储存起来（主要在茎基中）。随着叶的衰老，其光合能力降低，为植物提供的养分减少。在衰老过程中，细胞内蛋白质、碳水化合物和核酸等在水解酶的作用下分解成氨基酸、糖和核苷酸以及矿质营养等，运送到植株其他幼嫩部位用于合成大分子物质。例如，嫩叶在光合作用开始前，其生长所需养分完全依靠贮存器官或其他叶片提供。草坪草过度修剪会破坏老叶和新叶之间的源库平衡，进而严重降低其生长活力。叶的生长速率随叶龄增加而降低，例如老叶几乎停止了生长，而新叶生长较快，如图 2-7 所示。

叶片的垂直方向生长通常与下一片叶片的发育相互协调。在叶子的顶端开始向上伸展的同时，相邻老叶的叶鞘开始伸长，叶鞘的伸长速度和其包被的叶片的扩展速度基本相等。这样，两片相邻的叶子的生长很少会出现相互干扰现象。

草坪草种类和品种不同，其新叶产生的速度也不一样。气候条件和施肥措施也影响新叶产生速度。相邻两片叶子形成时间的间距称为成叶周期，一般为几天的时间。成叶周期的长短受草坪草生长环境的影响，例如在最适的温度、充足的光照、较高的氮水平和适宜的土壤湿度条件下，成叶周期较短。

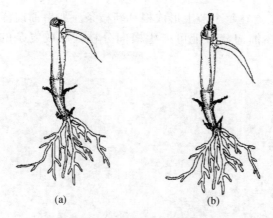

图 2-7　修剪后草坪草叶鞘的生长情况

(a) 刚修剪的叶鞘；(b) 修剪几天后的叶鞘

2.2.3　茎的生长发育

茎基是草坪草地上直立茎生长发育的最初形式，可由正在萌发的种子的胚、根状茎和匍匐茎的先端及腋芽产生，茎基上能够发育成分蘖枝的腋芽也是新茎基的来源。草坪草的茎基节间高度缩短的特点使其具有较强的耐修剪性。草坪中有实际坪用价值的茎是水平（横向）生长的根状茎和匍匐茎，这些茎均由茎基的腋芽生长发育而成。新发育的侧枝需穿破密闭的叶鞘而长出并进一步横向延伸，这个过程称为鞘外分枝（图 2-8）。在节间生长早期，根状茎和匍匐茎中茎节的分生组织活力较强，当节间继续生长时，细胞分裂仅局限在每个节间的前部，形成茎间分生组织。

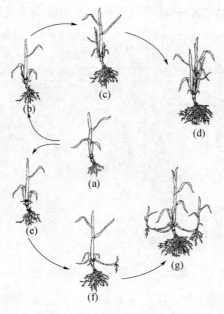

图 2-8　草坪草的分枝过程

(a) 亲本；(b) ～ (d) 鞘内分枝；(e) ～ (f) 鞘外分枝

17

　　匍匐茎沿地表生长，在每个节上形成根和新枝条。如果匍匐茎的末端向上生长，也可以形成新的枝条。在匍匐茎节上可产生横向分枝，形成复杂的侧茎体系，如图 2-9 所示。

图 2-9　狗牙根的匍匐茎

　　根状茎生长在地表以下，包括有限根状茎和无限根状茎两种类型。有限根状茎通常很短，并且末端向上生长形成新的枝条。有限根状茎的生长分为三个阶段，即从母株向下生长阶段、水平生长阶段和向上生长阶段。水平生长阶段是根状茎的主要伸长阶段。向上生长阶段是根状茎向上生长到地表附近，因遇到光照节间生长停止，形成新的枝条的阶段。具有有限根状茎的草坪草包括草地早熟禾、紫羊茅和小糠草等。其中，草地早熟禾的有限根状茎最发达，可以在比较紧实的土壤中良好生长（图 2-10）。无限根状茎较长，在每个节上都易生成新的分枝，地下根状茎的腋芽可长出新的地上枝条。

图 2-10　草地早熟禾的根状茎

　　根状茎的长度变化范围较大，从几乎不伸长到长达十几厘米甚至更长。与草坪草的根只在末端有细胞分裂不同，根状茎有类似于地上枝条的生长方式。如图 2-11 所示，根状茎上还有互生的叶、生长点、节、节间和腋芽。然而，在节间伸长方面，根状茎不同于上部枝条。根状茎具有退化的鳞状叶片，其末端是一个包裹着生长点的圆锥形小叶。在腋芽的较老部位上，这些小叶疏松地附着在每个节上而将下个节间部分掩盖。每片叶的叶腋部存在腋芽，它可以发育成根状茎或地上枝条，在腋芽附近也可产生不定根。根状茎的顶端先是通过鳞状叶的伸长而后通过节间的伸长穿出土壤。根状茎叶片的产生预示着其开始向上生长，并随之形成地上枝条，一旦新生叶片破土而出，该叶片下方的节间伸长便停止。随着生长点上叶片的形成，新根状茎也会形成，这种新根状茎类似于幼苗所具有的茎基。

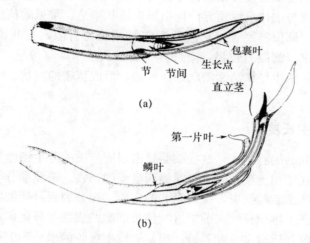

图 2-11　根状茎生长
（a）根状茎通过叶和节间伸长而生长，生长点与地上枝条相似，密闭在几个叶中；
（b）叶片的出现，标志着根状茎向上生长形成直立茎

在实践中，常把主要通过匍匐茎进行横向扩展的草坪草称为匍匐茎型草坪草，代表草种有狗牙根、匍匐翦股颖、钝叶草、地毯草、假俭草、结缕草、野牛草等。这些草的枝条通过匍匐茎相连，也能因匍匐茎中部死亡而断开，形成独立的新株，横向扩展和自我修复能力较强。另外，将主要通过根状茎进行扩展的草坪草称为根茎型草坪草，代表草种有狗牙根、结缕草、海滨雀稗等。这些草通常也具有较为发达的匍匐茎，横向扩展和自我修复能力很强。

2.2.4　分蘖

与根状茎和匍匐茎的产生不同，分蘖是在包裹着未伸展叶的叶鞘内直接向上生长而成，该过程称为鞘内分枝（图 2-8）。分蘖使母株产生的新蘖枝数量快速增加，加上匍匐茎和根状茎横向生长形成具有分蘖能力的地上枝条，各枝条再产生大量的分蘖。因此，从总体上看，分蘖的结果使单一的幼苗发育成完整的草坪草群落。虽然不能用一粒种子建植草坪，但是也没必要通过过量播种来加快地面覆盖。事实上，在建植具有根状茎或匍匐茎的草坪时，密度较小的幼苗可以发展成为高质量的草坪。已经建植好的草坪，由于枝条不断死亡，必须有新的枝条来补充，以便使草坪保持一个合适的密度。草坪之所以可以被多年使用，不是因为单个枝条可以无限生存，而是由于草坪群落中枝条的新陈代谢存在动态平衡。秋天的分蘖对于草坪安全越冬和春天的返青是极其重要的，但可能

会在夏天枯萎死亡。春天产生的分蘖对抵抗夏季胁迫至关重要。如果环境条件恶劣，通常首先死亡的是幼嫩的分蘖。春天开花的分蘖枝条，通常会在入秋之前死去。

新生成的分蘖在形成本身独立的根系和几片成熟叶片以前，主要依靠母体提供养分。尽管成熟的分蘖看起来像一个独立的植株个体，但实际上分蘖之间由于共同的维管系统而相互联系着。因此，草坪实际上是一个高度协调的系统，而不是多个相互竞争、彼此独立的枝条的会合。

在实践中，常把主要通过分蘖进行分枝的草坪草称作丛生型草坪草。这类草坪草的分蘖侧枝紧贴主枝或与主枝呈锐角方向伸出形成簇状草丛。常见的丛生型草坪草有多年生黑麦草、高羊茅、邱氏羊茅等，它们的横向扩展能力有限，自我恢复能力较差。此外，少数草坪草不仅分蘖能力较强，而且具有短根状茎（如草地早熟禾），这些短根状茎把许多分蘖产生的丛生型株丛紧密联系在一起，形成稠密的网状，因而常被称为根茎丛生型草坪草。

2.2.5　根系生长发育

根是由有序排列的细胞构成，这些细胞是由根冠上游的分生细胞分裂产生的。根冠可减少根分生组织在穿越土壤时因土粒摩擦而受到的伤害。根顶端分生组织分生细胞的分裂可以补充根冠区细胞的损失，维持根尖的生长。在分裂后，新细胞伸长，使根显著地伸长，因而使根在土壤中持续向前推进。伸长细胞的成熟和分化形成两种不同的维管组织，分别用于吸收和运输水分和养分。根从土壤中吸收的水分和无机盐向上运输称为上行运输；叶片合成的光合产物向下运输到根的过程称为下行运输，这个过程对于根的生长和呼吸是极其重要的。在成熟区内，表皮细胞向外突起发育成为根毛。在某些草坪草种中，只有某些被称为生毛细胞的表皮细胞才能形成根毛。表皮细胞发育形成根毛，根表面积加大，增强了对土壤水分和养分的吸收能力。

无机盐通过位于中柱内的导管进行运输，而光合产物则是通过中柱内韧皮部的筛管向下运输。表皮细胞和中柱之间的物质交换通过活的皮层细胞扩散（共质运动）或细胞壁之间的孔隙的扩散（非胞质运动）完成。

位于皮层内紧靠中柱之间的一层特殊细胞称为内皮层。内皮层细胞的部分初生壁带状增厚形成凯氏带，阻碍或限制水分和其他溶解物质进入中柱的非胞质运输。水分通过基质梯度进入内皮层细胞，而后进入导管中传导细胞。溶解的物质也必须通过活的内皮层细胞的质膜进入中柱。这些溶质的主动运输过程需要呼吸作用提供能量。草坪草在水淹条件下或在严重板结的土壤中，根系呼吸所需的氧气不足，造成根内养分传输受阻，导致草坪草异常萎蔫和其他损伤。

草坪草的新生根粗而呈白色，随着成长会逐渐变得细长，颜色也变暗。根的腐烂开始于皮层并逐渐扩散到中柱，在根的衰老部位皮层会脱落。然而，裸露的中柱仍然具有向草坪地上部分传输水分和养分的能力。

初生根通常只存活于草坪建植的当年，而不定根在种子萌发以后随着第一片叶子从胚芽鞘中抽出而开始出现，还会在根状茎和匍匐茎低位节上不断形成。尽管草坪草的根通常在地表或地表以下产生，但在致密的草坪内，微环境适宜，有些根会在地表以上形成。不定根的寿命可能与其所支撑的枝条的寿命一样长。气候胁迫或不适宜土壤条件可能造成不定根死亡，但与其相关的枝条可以生存下来。这种情形多发生在炎夏时节的冷季型草坪上。冷季型草坪草不定根的产生和生长出现在春季，只有为数很少的一部分产生于凉爽的秋天，而暖季型草坪草不定根的生长在夏季最活跃。草坪草不同，每年根的更新数量也不同。草地早熟禾的根系生命力较强，大部分根可以生存一年以上，通常被称为多年生根系草。另一些草坪草，像多年生黑麦草、狗牙根和粗茎早熟禾等，它们的根系大部分每年都要更新，因此也被称作一年生根系草。

2.2.6　花序的形成

枝条上开花部分称为花序。尽管叶鞘包被花轴并为其提供支撑作用，但花序上除了小穗内的苞片之外并没有叶片。每一个小穗都包含一朵至几朵小花，每一朵小花都由被称为外稃和内稃的两片苞片包着。一个小穗基部又被两片坚硬的颖片包着，小花互生于果柄之上。小穗直接着生在花序的主轴上或短柄上。

根据花序主轴上小穗的排列方式可以将花序划分为 3 种基本类型：总状花序、圆锥花序（又称复总状花序）和穗状花序（图 2-12）。在穗状花序中，所有的小花穗都是无柄的，直接生于花序的主轴之上。例如，狗牙根、黑麦草和结缕草等具有穗状花序。总状花序的主轴上生长着有单独花柄的小穗。例如，地毯草、钝叶草和巴哈雀稗具有总状花序。圆锥花序的主轴上分生着许多小枝，每个小分枝自成一个总状花序。例如，草地早熟禾、匍匐翦股颖等草坪草具有圆锥花序。

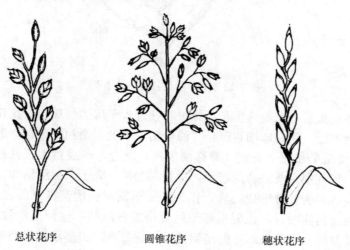

总状花序　　　　　　圆锥花序　　　　　　穗状花序

图 2-12　草坪草的 3 种主要花序类型

不同草种的小穗中包含的小花的数目不同。一般而言，黍亚科的草坪草每个小穗有两朵小花，其中上部的一个是两性花（包括雄蕊和雌蕊），下部的一个是单性花（只有雄蕊）或无性花。羊茅亚科和画眉亚科有一个或多个小花。在黍亚科草坪草成熟后小穗在低于颖节的位置脱落，而在羊茅亚科和画眉草亚科草坪草中成熟小穗常常在高于颖节的地方脱落。

草坪草的花长在小花柄上，位于外稃的腹腋中。紧靠花的下边是内稃，内稃和外稃一起将花包在其中（图 2-13）。草坪草小花花蕊的最下边是两个浆片，开花时浆片吸水膨胀，使内外稃张开，露出花药和柱头。花的雄性部分由 3 个雄蕊组成，雄蕊又由可产生花粉的花药和花丝两部分组成。花的雌性部分是雌蕊，雌蕊由 1 个子房、2 个花柱和柱头组成。在开花期，纤细的花丝迅速伸长，释放花药，而后枯萎。花粉从花药传送到柱头的过程称之为授粉或传粉。禾本科草坪草存在异花授粉和自花授粉两种授粉方式，很多草坪草，尤其是一年生草坪草，闭花授粉或闭花受精比较常见，以确保自交繁殖。在一些草坪草中，虽然自花授粉占优势，但也有部分异型杂交（一年生早熟禾可达 5%），这样可使不同种群间进行遗传信息交换，继续种的进化。

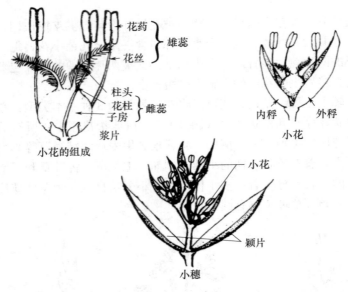

图 2-13　草坪草花、小花和小穗

花粉粒接触柱头后，花粉管生长，穿过花柱进入子房的胚珠中。花粉管中的两个精子被释放到胚囊中后，便和卵细胞融合。两个精子中的一个和卵融合，形成合子（也称受精卵）；另一个精子和两个极核（或称次生核）融合，形成初生胚乳核。卵细胞和极核同时与两个精子分别完成融合的过程，称为双受精。合子（或受精卵）将来发育形成胚，初生胚乳核进一步发育形成胚乳，作为种子萌发时胚的营养来源。除有性繁殖外，某些草坪草不经过精卵融合，也能由卵细胞直接发育成胚，这种现象称为无融合生殖。由无融合生殖发育的种子萌发形成的植物被认为是母本。很多草地早熟禾是高度无融合生殖的，因此可用种子繁殖而获得纯合植株。

草坪草花序的形成可以分为 4 个阶段：植株成熟、开花诱导、茎顶端分化和花的发育。在成熟期以前，植株对刺激开花的环境条件反应不敏感。在诱导期，在外界特定的环境条件作用下，植物体内发生一系列的生理变化。现已知存在两种类型的诱导过程：一种是称作春化过程的低温诱导，发生在生长点上；另一种是光周期诱导，发生于叶中。冷季型羊茅亚科草坪草需要一个春化过程为开花作准备，最有效的春化温度介于 0~10℃之间。春化是可逆的，在高温条件下可以发生反春化过程。对于多年生黑麦草、细弱翦股颖和匍匐翦股颖等草坪草，春化过程只需要很短的几天时间，然而，暖季型黍亚科和画眉草亚科草坪草的开花不需要春化过程。

光周期诱导涉及在特定日照长度下叶子中合成成花刺激素，并传输到茎顶端。冷季型草坪草是典型的长日照植物，只有当有效光照时间大于某一特定的时间长度（临界日长）时，冷季型草坪草才能开花。暖季型草坪草绝大部分是短日照植物，只有当有效光照时间小于某一特定的时间长度（临界日长）时，植株才会开花。部分暖季型草坪草对日照条件没有特殊要求，当其他条件满足的时候，在任何日照长度下都可以开花。

花序形成的第三个阶段是茎顶端分化期（又称初始化期）。植株由营养生长转向生殖生长，茎基转化成为花轴。在初始化期第一个明显的变化是茎顶端的快速伸长（图 2-14）。这时，叶原基很快相继形成，茎顶端整个长度很快增加。第二个明显的变化是叶原基轴上侧生芽的产生，导致茎顶部呈双脊状。

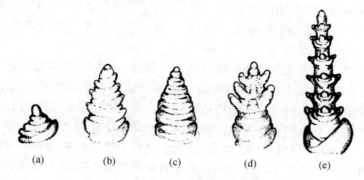

图 2-14　花序发生和发育示意图
（a）营养生长期；（b）伸长期；（c）双脊期；（d）小穗早期；（e）小穗后期

花序形成的第四个阶段是花序形成期或发育期，包括形成分枝、小穗、小花和花序在叶子之上长高的多个过程。

一旦茎的顶部完成从营养生长向生殖生长的转化，叶原基便不再产生。因此，剪去花序并没有去除形成叶片的器官；相反，会刺激分蘖和叶的产生，但开花枝条生长点失去活性。草坪群落多年生特性依赖于不开花的枝条以及由分蘖、分枝形成的新植株。除生产种子外，要避免草坪草开花。因为开花不仅降低草坪外观质量，更主要的是因为开花以后的草坪草植株会衰弱，使草坪密度降低。正常修剪作业可以阻止草坪草开花和种子的正常成熟过程，避免产生有生活力的种子。但一年生早熟禾是个例外，它可以在很短的时间内形成有生育能力的种子。在条件适宜的环境中，种子可以落到地上，发芽后形成新的植株，从而加大草坪的密度。

2.2.7　草坪草代谢特点

草坪草的生长发育依赖于干物质的净增加，即 CO_2 吸收（光合作用）和释放（呼吸作用）的差值。光合和呼吸作用是植物体内最重要的能量转化过程。生长期间植物日呼吸消耗一般为光合总量的 $25\%\sim30\%$，所以，干物质净增加，植株表现为生长。

在光合作用中，草坪草利用光能把 CO_2 和 H_2O 合成简单的碳水化合物并释放出氧气。依据最初的光合产物对碳的固定方式，植物可分为 C_3 植物和 C_4 植物两种。冷季型草坪草主要为 C_3 植物，暖季型草坪草主要为 C_4 植物。

通常 C_4（暖季型）植物的光合效率要高于 C_3（冷季型）植物。C_4 植物 CO_2 补偿点

（光合作用和呼吸过程消耗 CO_2 速率相等）多低于 $10\mu mol/mol$，而 C_3 植物多在 $40\mu mol/mol$ 以上，这归因于 C_4 植物的光呼吸消耗较 C_3 植物低。另外，C_4 植物对光合速率随温度和光照强度的增加而提高，而 C_3 植物对超过 $3\times10^4 lx$ 的光强度反应不敏感，而晴朗的白天，光照强度可以达到 $10\times10^4\sim12\times10^4 lx$。光合作用生成的碳水化合物被植物利用提供植物呼吸所需的能量，同时为植物的生长提供物质和能量。呼吸作用是将碳水化合物氧化成 CO_2 和 H_2O，并释放出能量供给植株生长发育所需要的一系列代谢活动。很多碳水化合物被储存在不同的植物器官（主要是茎）中，以便植物后续转化利用，这种碳水化合物常被称为非结构碳水化合物。冷季型草坪草中主要储存的碳水化合物为果聚糖，果聚糖是一类碳链相对较短的低聚糖，含有 26～260 个果糖和葡萄糖单位；暖季型草坪草主要将碳水化合物储存为长链糖——淀粉，淀粉以两种形式存在于植物体中，一种是包含 50～1500 个葡萄糖单元的直链淀粉，另一种是包含 2000～200000 个葡萄糖单位的支链淀粉。

其他形式的非结构碳水化合物包括单糖（葡萄糖、果糖）和双糖，它们的含量低于多聚糖和淀粉，被认为是代谢的中间产物。在植物碳水化物消耗超过光合合成的情况下，非结构碳水化合物的储存对于维持植物的生存和植物新组织的形成具有非常重要的作用。随着气候的季节性变化和管理措施不同，草坪草中储存的非结构碳水化合物的数量也有所变化。在光照比较强、而茎叶生长比较缓慢的季节，非结构碳水化合物的积累最多。在茎叶生长最快的季节，非结构碳水化合物消耗大。因此，环境和管理因素导致草坪草快速生长的同时也降低了非结构碳水化合物的积累。由于根的生长依赖于叶片光合作用所制造的养分，当碳水化合物供应受限时，根的生长会停止，大部分根系也会脱落。最后，由于根不能吸收充足的水分和养分，整个植株便会死亡，在胁迫环境中这一问题更加严重。

2.3　草坪草的分类和气候适应性

2.3.1　草坪草的分类

目前，可用于建植草坪的草坪草种类有几十种，在植物分类学上大多属禾本科植物，但人们为了便于应用，也根据地理分布和草坪草对环境气候的适应性进行了分类。常见的分类方法有如下 2 种。

1. 按植物系统学分类

在植物系统学分类中，每一种植物有各自的分类位置，代表它所归属的类群及进化等级，表明它们与其他植物亲缘关系的远近。同时，每一种植物都有一个拉丁文的学名，由两个词组成，前一个为属名，后一个为种加词，以斜体表示。在属名和种加词后常跟命名者姓名的缩写。例如，草地早熟禾的学名为 *Poa pratensis* L.，它的分类位置如下：

植物界 Plantae

　种子植物门 Spermatphyta

　　被子植物亚门 Angiospermae

　　　　　单子叶植物纲 Monocotyledoneae
　　　　　　颖花亚纲 Glumiflorae
　　　　　　　禾本目 Poales
　　　　　　　　禾本科 Poaceae
　　　　　　　　　早熟禾亚科 Pooideae
　　　　　　　　　　早熟禾族 Poeae
　　　　　　　　　　　早熟禾属 *Poa*
　　　　　　　　　　　　草地早熟禾 *Poa pratensis* L.

　　一种植物在不同的地区有不同的名字，甚至在同一地区就有几个不同的名字，或者不同的植物叫同一个名字，这些都容易造成混乱。但每一种植物的学名（拉丁名）只有一个。应用这种方法可以从各种文献资料中获得关于草坪草最基本和最准确的植物学信息。

　　按植物系统分类法，大部分草坪草属于禾本科（Poaceae），分属于早熟禾亚科（Pooideae）、黍亚科（Panicoideae）、虎尾草亚科（Chloridoideae），约几十个种。早熟禾亚科（又称羊茅亚科）包括早熟禾属（*Poa* L.）、羊茅属（*Festuca* L.）、翦股颖属（*Agrostis* L.）、黑麦草属（*Lolium* L.）等。黍亚科包括蜈蚣草属（*Eremochloa* Buese）、地毯草属（*Axonopus* Beauv.）、雀稗属（*Paspalum* L.）、钝叶草属（*Stenotaphrum* Trin.）、狼尾草属（*Pennisetum* Rich.）等。虎尾草亚科（又称画眉草亚科）包括结缕草属（*Zoysia* Willd.）、狗牙根属（*Cynodon* Rich.）、野牛草属（*Buchloë* Engelm.）、格兰马草属（*Bouteloua* Lag.）等。

　　除禾本科外，豆科、莎草科、百合科、旋花科等科中的少数植物也可用作草坪草。例如，豆科的三叶草、莎草科的苔草、百合科的麦冬、旋花科的马蹄金等。

　　2. 按地理分布与对温度的生态适应性分类

　　不同类型的草坪草起源、分布于不同的气候带，具有各自特定的生态适应性。藉此分类，有助于草坪草种的选择和养护管理措施的制定。

　　按照地理分布，可将草坪草分为"暖地型"与"冷地型"，按照对温度的生态适应性可分为"暖季型"（warm-season turfgrass）与"冷季型"（cool-season turfgrass）。这两种分法的实质是相同的，只是侧重点不同而已。暖季（地）型草是指最适生长温度为 27～35℃（或 30℃左右），在夏季或温暖地区生长最为旺盛的草坪草，其生长的主要限制因子是低温强度与持续时间。冷季（地）型草是指最适生长温度为 16～24℃（或 20℃左右），在春、秋季或冷凉地区生长最为旺盛的草坪草，其生长的主要限制因子是高温及持续时间和干旱。在两类草坪草之间有一些中间类型，如高羊茅属于冷季型草，但它具有相当的抗热性；而马蹄金属于暖季型草，但在冷热过渡地带，冬季以绿色过冬。

　　早熟禾亚科草坪草为冷季型草，绝大多数分布于温带和亚寒带地区，亚热带地区偶有分布；一般为长日照植物，花的产生须具备春化作用和凉爽的夜晚；花有 1～12 个小穗，脱节于颖片之上，小花脱落后，两花间的颖片仍附着在株体上；花序为圆锥花序，偶有总状花序和穗状花序；花的苞片纵生而折叠，花序侧向压缩；光合作用中主要通过 C_3 途径固定碳。

虎尾草亚科草坪草属暖季型草，主要分布于热带、亚热带和温带地区，有些草种完全适应这些气候带的半干旱地区；一般为短日照和中日照植物，须通过春化作用和温暖夜晚才能形成花；大多数虎尾草亚科草坪草的小穗类似早熟禾亚科，其染色体数量、大小以及大部分的胚、根、茎和叶的特征与黍亚科相近；光合作用中主要通过 C_4 途径固定碳。

黍亚科的草坪草也为暖季型草，大多数生长在热带和亚热带；常为短日照或中日照植物，花形成期需温暖夜晚而不需春化作用；黍亚科草坪草的小穗是典型的单花小穗，小花脱落时，脱节发生在颖片之下，整个小穗（包括颖片）脱落；一般为圆锥花序，偶见小穗近轴压缩的总状花序；光合作用中主要通过 C_4 途径固定碳。

2.3.2 草坪草的季节性生长变化

在不同的气候区，特别是四季变化较为明显的区域，冷季型草坪草和暖季型草坪草的生长发育呈现明显不同的季节性变化。冷季型草坪草为典型的双峰生长模式，即地上茎叶春季生长最快，夏季生长减缓甚至停止，秋季又恢复生长和分蘖，如图 2-15（a）所示。由于根系生长需要的温度略低于地上部茎叶的适宜生长温度，因此，冷季型草坪草根系春季生长较地上部分稍早一些，而秋季停止生长稍晚些。多数冷季型草坪草在夏季，特别是储存器官中碳水化合物储存量低时，根系生长慢，分布浅。当光照不足限制了光合作用或过多施用氮素化肥而引起过多的茎叶生长时，也会出现类似情况。暖季型草坪草则为单峰生长模式，即一年中仅在夏季有一个生长高峰期，且地上茎叶和根系的生长基本同步，如图 2-15（b）所示。

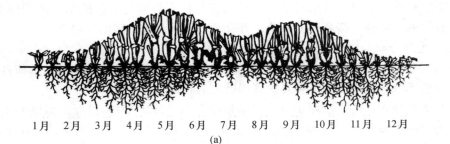

1月　2月　3月　4月　5月　6月　7月　8月　9月　10月　11月　12月

(a)

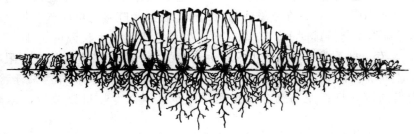

1月　2月　3月　4月　5月　6月　7月　8月　9月　10月　11月　12月

(b)

图 2-15 冷季型草坪草和暖季型草坪草生长的季节性变化

（a）冷季型草坪草；（b）暖季型草坪草

2.4　常见冷季型草坪草

冷季型草坪草的最适生长温度范围是 16～24℃，耐寒性强，耐高温能力差，在南方越夏较困难。草地早熟禾、多年生黑麦草、高羊茅、匍匐翦股颖和细羊茅都是较适宜我国北方地区的冷季型草坪草种。其中高羊茅最适宜生长在南北地区的过渡地带。草地早熟禾和匍匐翦股颖耐低温能力较强，高羊茅和多年生黑麦草能较好地适应非极端的低温。某些冷季型草坪草，如高羊茅、匍匐翦股颖和草地早熟禾可在过渡带或热带、亚热带地区的高海拔地区生长。

2.4.1　早熟禾属（*Poa* L.）

早熟禾属中有 200 多个种，包括适应性最广的冷季型草坪草，其中有一年生和多年生草种，生长型也有多种。早熟禾 200 多个种中只有 7 个种具有草坪草的特性，其中 4 个种是常用的草坪草，分别是草地早熟禾、一年生早熟禾、粗茎早熟禾和加拿大早熟禾。早熟禾属有 2 个共同结构特征可用来进行鉴别，一是船形叶尖；二是叶片中脉两侧各有一条半透明的平行线。

1. 草地早熟禾（*P. pratensis* L.）

草地早熟禾又称肯塔基早熟禾、肯塔基蓝草、蓝草等。原产于欧洲、亚洲及非洲北部，16 世纪引入美洲，现已遍布广大温带地区。我国华北、西北、东北地区及长江中下游冷湿地区均有分布。草地早熟禾是应用最广泛的冷季型草坪草之一。

草地早熟禾为多年生草本植物，具较发达的根状茎。如图 2-16 所示，芽中幼叶折叠状，叶舌膜状，长 0.2～0.6mm，截形；叶环中等宽度，分离；叶片呈 V 形或扁平，两侧平行，船形叶尖，中脉的两侧有两条半透明平行线，叶片两面光滑；圆锥花序，开展，长 13～20cm。与一年生早熟禾的较大区别是有根状茎，膜状叶舌短。

草地早熟禾喜光，喜冷凉湿润的环境，有很强的抗寒性，但耐阴性、抗旱性差，夏季炎热时生长停滞，春秋季生长繁茂。在排水良好、肥沃、潮湿、pH 值为 6～7、中等质地的土壤和全日照或稍荫环境中最为适宜。根状茎繁殖力强，再生性好，较耐践踏。可用于寒温带、温带以及亚热带和热带高海拔地区。

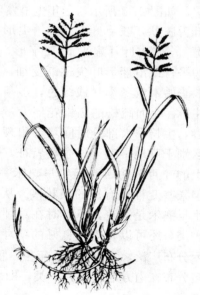

图 2-16　草地早熟禾

草地早熟禾的主要优点是具有再生性强的根状茎，使得草坪有自我修复能力。草地早熟禾颜色浓绿，修剪后质量好，能形成致密的草坪。比高羊茅和黑麦草耐低温，在适当的修剪高度下，对杂草的竞争能力很强。管理适当时，抗病性也很好。

草地早熟禾的缺点是根系分布浅，需水量稍大，但在干旱时间过长时可以休眠。休眠状态下，草地早熟禾可以损失叶片或部分根系，但其茎基和根状茎可以存活几周的时间，等降雨或浇水时，可恢复生长。尽管有些草地早熟禾品种如 America、Coventry、Glade Ram I 和 Unique 等具有一定的耐阴性，但比起粗茎草熟禾和细羊茅仍要差一些。

草地早熟禾可通过根状茎扩繁，但主要用种子播种建坪。主要用于庭院、高尔夫球场、公园、体育场及其他需要致密草坪的地方。

管理强度由低到高，因品种而异。修剪高度为 2.5～7.6cm，年氮肥用量为 97.5～300kg/hm²。有时需要灌溉，以防止萎蔫，保持密度。

草地早熟禾的品种目前已超过 300 个，一般把它们分成 2 种类型：普通型和改良型。普通型草地早熟禾是已经用了几十年的老品种，具有直立生长的特性，在精细管理的条件下容易发生叶斑病。优点是春季返青早，对环境胁迫的抗性好一些，较适宜低养护管理的环境条件。改良型草地早熟禾是较新育成的品种，具有低矮、生长缓慢的特性，一些品种对某些病害的抗性强，这些品种一般是在水分条件好、肥力高的条件下培育出来的。因此，新品种适宜在夏季较凉爽、有灌溉条件或天然降雨充沛的地区种植。

2. 一年生早熟禾（*P. annua* L.）

一年生早熟禾又名小鸡草。为北半球广泛分布的一种草坪草，我国大多数省区和亚洲其他国家以及欧洲、美洲的一些国家均有分布。它作为冬季一年生植物可广泛用于冷季型和暖季型草坪中。在冷凉的温带和近北极气候下，它可作为多年生草坪草用于管理精细的草坪。一年生早熟禾一般包括 2 个亚种："野生型"冬季一年生（*P. annua* var. *annua* L.），具有直立生长习性；"果岭型"多年生（*P. annua* var. *reptans* Hausskn），具有横向生长习性，在低修剪、经常浇水环境下生长良好。

如图 2-17 所示，一年生早熟禾芽中幼叶折叠，叶舌膜状，长 0.8～3mm，尖形；无叶耳；叶环宽，分离；叶片扁平或 V 字形，宽 2～3mm，叶边平行或沿船形叶尖逐渐变细，两面光滑，在生长季始末或冬季呈浅绿色，多条浅色细脉平行于主脉。小而疏松的圆锥花序大量出现在早春和仲春，生长季大部分时间均会出现。膜状叶舌长是区别于草地早熟禾的主要特征，但某些变种分蘖上的叶舌较短。一年生早熟禾一般视为丛生型，但某些变种也有短的根状茎。从技术上讲，一年生早熟禾是杂草，但有时在草坪中最后成了主导种类，还可以管理成良好的草坪草。一年生早熟

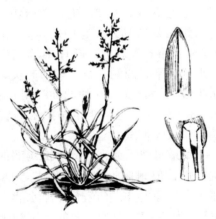

图 2-17　一年生早熟禾

禾分布广泛，其中冬季一年生，秋季发芽生长，渡过冬季，春季产生种子，夏季死亡，多分布在南方地区；另一类，即弱势多年生，又称"匍匐型早熟禾"，多出现在北部地区。

一年生早熟禾虽然对高温、寒冷和干旱抵抗力较差，但在温带和亚热带较凉爽的春秋季节生长旺盛。虽然人们很少有意栽种，但它常在一些精细管理的草坪群落中成为主要构成成分，在高纬度地区更是如此。一年生早熟禾对潮湿、肥沃、中性至弱酸性、排水良好土壤和冷凉遮阴环境最为适应。一年生早熟禾较耐低修剪，修剪高度 2cm 或更

低。有时在修剪低矮的草坪上常遇到一年生早熟禾成为杂草的问题。

第一个一年生早熟禾品种 DW-184 于 1997 年育成，商用品种名为 Trueputt（用于高尔夫球场）和 World Cup（用于运动场）。目前育种人员正在开发改良型一年生的早熟禾新品种。在美国西北部有的高尔夫球场大量应用一年生早熟禾。

3. 粗茎早熟禾（*P. trivialis* L.）

粗茎早熟禾源于欧洲、北非和亚洲，现广泛分布于北半球冷凉湿润地区，其适应的土壤条件和气候范围与草地早熟禾相似。因其茎秆基部的叶鞘较粗，糙故称为粗茎早熟禾。

如图 2-18 所示，粗茎早熟禾质地细、多年生、有匍匐茎，芽中幼叶折叠；膜状叶舌长 2.0～6.0mm，呈尖状或凹形；无叶耳；叶环宽，分离；成熟的叶片成 V 字形或扁平，长 1～4mm，柔软，黄绿色，叶片的两面都很光滑，在中脉的两旁有两条明线，叶尖呈明显的船形；具有开展的圆锥花序，长 13～20cm，分枝下部裸露。

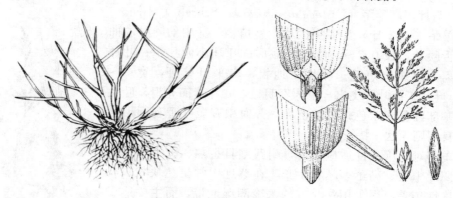

图 2-18　粗茎早熟禾

粗茎早熟禾适宜湿润、冷凉温带地区，喜湿润、肥沃土壤。耐阴性强，在中度和严重遮阴下生长良好。其他耐阴冷季型草坪草，如细羊茅，在潮湿土壤上生长不良，而粗茎早熟禾可良好生长。在阳光充足的地方，高温胁迫下密度减小，叶变成褐色，成为一种杂草。抗寒性好，但抗旱性、抗热性差。不宜与其他草种混播，有时与草地早熟禾混播，以增加草地早熟禾适应遮阴环境的能力。

粗茎早熟禾栽培管理强度属中等，主要用于运动场草坪。修剪高度为 3～6cm，年氮肥用量为 97.5～195kg/hm²，干旱阶段需浇水，对除草剂如 2，4-D 敏感、易受害。商用品种有 Colt、Lazer、Sabre 等。

4. 加拿大早熟禾（*P. compressa* L.）

加拿大早熟禾生长在欧亚大陆的西部，广泛分布于寒冷潮湿气候带中较冷的地区。

加拿大早熟禾为多年生草本，芽中幼叶折叠，叶舌膜状，长 0.2～1.2mm，截形；无叶耳；叶环窄，分离；叶片扁平或 V 字形，两面光滑，向船形叶尖逐渐变细，蓝绿色，有时带红边，宽 1～3mm，中脉两侧有明线；有短小根状茎，春、夏茎叶坚挺；圆锥花序狭窄。

加拿大早熟禾适应于较干燥、冷凉的气候和水分含量较低、偏酸性、较瘠薄土壤。形成的草坪质地粗、质量低，主要用于低养护的草坪。夏末茎基可能伸长会造成草坪质量的退化。

2.4.2 羊茅属（*Festuca* L.）

羊茅属植物大约有 100 个种，外表相差很大，其中用作草坪草的仅几个种。羊茅属草坪草广泛用于潮湿、冷凉干燥的过渡带，细羊茅也偶尔在南方用作冬季覆播的草坪草。

根据叶片宽细程度，草坪型羊茅可分成两类：一类是粗羊茅，高羊茅属于该类，是应用最广泛的草坪草之一；另一类是细羊茅，是叶片较细的一类羊茅草，紫羊茅、邱氏羊茅、硬羊茅和羊茅均属该类。

1. 高羊茅（*F. arundinacea* Schreb.）

高羊茅原产于欧洲，在我国主要分布于华北、华中、中南和西南广大地区。需要注意的是，高羊茅在植物学上一般称为苇状羊茅，而植物学上的高羊茅（*Festuca elata* Keng.）与坪用高羊茅（*Festuca arundinacea* Schreb.）不同。

高羊茅（图 2-19）为多年生丛生型植物，芽中幼叶呈卷曲状，叶舌膜状，长 0.2～0.8mm，截形；叶耳小而狭窄；叶环宽，分离，边缘有短毛；叶片质地粗，扁平且坚硬，宽 5～10mm；叶片正面叶脉突出，中脉不明显，叶片背面光滑，叶尖尖形，基部红色或紫色；圆锥花序。普通型有短叶舌和圆形叶耳，改良型则无这一特征。

高羊茅对土壤条件适应性广，耐践踏且抗热、抗干旱能力强，耐阴性中等。高羊茅丛状生长，在草坪中常呈丛块状。高羊茅抗冻性稍差，很少用在北方的寒冷潮湿地带，而主要适于南方冷湿、干旱凉爽的地区以及过渡带，作为实用草坪草广泛用于暖温带和亚热带较凉爽地区。高羊茅的耐践踏性强，常用作体育场草坪草，但是由于其丛生特性，经过一定时期的使用后需要进行补播，以保证草坪草的密度。一般情况下常推荐由 2～3 个高羊茅品种进行混合播种来扩展草坪的适应性，单个品种很难适应多种环境。

图 2-19 高羊茅

尽管高羊茅根系深，抗旱性较好，但需水量较大。在南部地区可用它来代替暖季型草坪草，但需要更多灌溉。如果遇到夏季炎热和较长时间干旱无雨，高羊茅会逐渐进入休眠来避免干旱和高温的胁迫。

栽培管理强度低到中等。修剪高度在 3.8cm 以上，最佳施肥时间是秋季和早春，在半干旱地区需灌溉。

新培育的某些品种含有内生菌（Endophytic Fungi）。内生菌生活在草内，与其形成共生关系，提高了草坪草的抗病、抗虫能力，比无内生菌的高羊茅活力大。近几年来，新的草坪品种不断出现，新品种比普通型叶片细、密度大，有时称为细叶羊茅，也许应该称作草坪型高羊茅，因为细叶羊茅与细羊茅容易混淆。草坪型高羊茅中一般无叶耳和叶舌。

2. 紫羊茅（*F. rubra* L.）

紫羊茅也称红狐茅或匍匐紫羊茅，原产于欧洲，广布于北半球温寒地带。它有 3 个亚种：弱匍匐型紫羊茅，为 6 倍体 42 条染色体，具短根状茎，扩展缓慢；强匍匐型紫羊茅，为 8 倍体 56 条染色体，根状茎较粗，比其他细叶羊茅扩展性强；丛生型紫羊茅，又名邱氏羊茅，为 6 倍体 42 条染色体，无根状茎。

如图 2-20 所示，紫羊茅为多年生草本，芽中幼叶呈折叠状，叶舌膜状，长 0.5mm，截形；无叶耳；叶环狭窄，连续，无毛；叶片光滑柔软，对折或内卷，叶正面有突起，背面和边缘平滑，成熟的叶片宽 1.5～3mm；叶鞘基部红棕色，分蘖的叶鞘闭合；圆锥花序。

匍匐型紫羊茅具有一定的横向扩展能力，但它们比匍匐翦股颖和草地早熟禾要弱。匍匐型紫羊茅最适于排水良好、中度遮阴且具有较凉爽气候的地方。耐低温性强，抗寒、耐酸、耐贫瘠，但不耐潮湿和高肥力土壤，不耐热和过度干旱。匍匐型紫羊茅新品种有高含量内生菌，在抗病性方面比其他品种适应范围要广。在温带较凉爽地区和近北极气候下可与草地早熟禾或细弱翦股颖混播，在亚热带可与多年生黑麦草一起对暖季型草坪进行覆播。

邱氏羊茅（图 2-21）生长缓慢，质地较好，分蘖能力强，修剪较低（2.5cm）时能形成较高密度的草坪，甚至有些品种在适宜的环境下能够耐受更低的修剪高度。但邱氏羊茅对极端温度的耐受性比匍匐型紫羊茅稍差，其他特点与匍匐型紫羊茅相似。

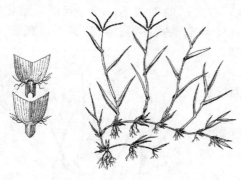

图 2-20　紫羊茅

图 2-21　邱氏羊茅

紫羊茅主要以种子建植草坪，栽培管理强度低至中等，修剪高度以 2.5～7.6cm 为宜，少量施肥，年施氮量为 97.5kg/hm² 或更少。

改良的品种有 Audubon、Edgewood、Shadow2、Dawson、Seabreeze、Ambassador、Zodiac、Tiffany、Musica 等。

3. 硬羊茅（*F. longifolia* Thuill.）

硬羊茅为多年生丛生型禾草，直立，叶片较硬，宽 0.5～0.8mm，紧缩圆锥花序。硬羊茅的质地、外观及丛生性与其他细叶羊茅相似，只有颜色上呈灰蓝色。幼叶叶鞘呈交叉覆盖形，而邱氏紫羊茅则是呈管形。硬羊茅适应性广，耐阴，耐粗放管理，抗病性好，抗旱性和耐寒性中等，恢复能力较差。一般采用种子建植草坪，适宜修剪高度为 5cm 左右，主要用于管理比较粗放的草坪，也可用于混播增加草坪草的耐阴性，且含有内生菌的品种抗性更好。

4. 羊茅（*F. ovina* L.）

羊茅为多年生丛生型草本，无根状茎和匍匐茎，簇生，直立。芽中幼叶折叠状，叶舌膜状，圆形，长 0.3mm；无叶耳；叶环宽，分裂；叶片宽 1～2mm，内卷成针状，正面粗糙，背面光滑；紧缩圆锥花序。外观与邱氏羊茅和硬羊茅相似，叶色与硬羊茅相似，呈蓝绿色。羊茅喜冷凉湿润气候，抗旱性和耐寒性较强，但不耐热。一般用于管理粗放的地方，特别是在不修剪的高尔夫球场边缘和不能修剪的坡地上，修剪高度为 5cm 左右。

2.4.3　翦股颖属（*Agrostis* L.）

翦股颖属约有 220 个种，同其他属的植物一样，只有少数几个种可用作草坪草。包括匍匐翦股颖（*A. stolonifera* L.）、绒毛翦股颖（*A. canina* L.）、细弱翦股颖（*A. capillaris* L.）和小糠草（*A. alba* L.）。原产于欧洲，是多年生冷季型草坪草。除小糠草外，上述翦股颖广泛用于高尔夫球场果岭和其他管理强度较高的草坪，其中匍匐翦股颖和细弱翦股颖是较重要的翦股颖属草坪种。翦股颖以其质地细和耐低修剪而著称。共同特征包括叶片正面有隆起，芽中幼叶呈卷曲状和单花小穗。

1. 匍匐翦股颖（*A. stolonifera* L.）

匍匐翦股颖原产于欧亚大陆，我国东北、华北、西北及江西、浙江等省区均有分布，多见于湿地。它是在高尔夫和保龄球果岭上应用最广的冷季型草坪草。

如图 2-22 所示，匍匐翦股颖质地细腻，有发达的匍匐茎；叶芽卷曲，膜状叶舌长 0.6～3mm，微裂或完整，圆形；无叶耳；叶环窄至宽不等；叶片扁平，宽 2～3mm，

叶片正面叶脉明显，背面光滑，叶尖尖型，匍匐茎的节上易生根系；开展的圆锥花序。较长膜状叶舌是鉴别的主要特征，叶片的正面叶脉明显。

匍匐翦股颖适合于湿润、肥沃、酸性至弱酸性土壤，耐低修剪，修剪高度可低至 3mm，高度为 2.5mm 时也可保持草坪覆盖地面。世界上温带地区的高尔夫果岭草坪几乎都选用匍匐翦股颖。由于其高质量的草坪表面，在亚热带地区也逐渐应用。匍匐翦股颖也可用于高尔夫球道和发球区，能够形成高质量的草坪。过去的十几年里，冷凉气候区越来越多地用匍匐翦股颖建植球道草坪。

图 2-22　匍匐翦股颖

匍匐翦股颖具有很强的抗低温性，在我国的北方能正常越冬，但容易发生冬季失水干枯现象。在干旱、寒冷的冬季，要保持质量，需要覆盖材料或频繁喷水。与大多数其他草坪草相比，耐磨性较差，不适应板结的土壤。匍匐翦股颖根系分布相对较浅、较密、细根多、一年生根系多，这样的根系在土壤温度高的情况下需要不断地更新。修剪低矮、温度高导致根系发育差、根系短、分布浅，限制了吸收水分、养分的能力。

匍匐翦股颖栽培管理强度要求高，修剪高度以 0.3～1.3cm 为宜。年施氮肥量为 195～390kg/hm² 。需经常浇水，表面铺沙或覆土有利于减少枯草层；打孔或穿刺可改善渗水性，降低土壤紧实度；另外，需常用杀菌剂来控制病害。匍匐翦股颖需要较高强

度的管理、特殊的剪草设备和高水平的管理技术才能获得高质量的草坪，因此不太适宜作庭院草坪。此外，由于具有较强侵占能力的匍匐茎，匍匐翦股颖很少与其他草坪草进行混播建坪，否则易出现斑块分离现象，降低草坪的均一性，影响美观。

匍匐翦股颖既可以用种子繁殖建坪，也可以用营养繁殖建坪。常见的品种有 A-4、A-1、L-93、Penncross、G-2、G-6、C-7、C-15、T-1、Alpha、Tyee、Shark、Pennlinks Ⅱ 等。

2. 细弱翦股颖（A. *capillaris* L.）

细弱翦股颖作为草坪草由欧洲引入世界各地的寒冷潮湿地区。我国北方湿润带和西南一部分地区也适宜生长。细弱翦股颖质地细、丛生，为草皮型多年生草坪草。它通过匍匐茎和根状茎扩繁，易形成致密的草坪。地上茎尽管横向生长，但节上不易扎根。不太适宜很低的修剪，适宜的修剪高度为 1.25cm，更适于作高尔夫球道草坪草。

如图 2-23 所示，细弱翦股颖芽中幼叶呈卷曲状，叶舌膜质，长 0.3～1.2mm，截形；无叶耳；叶环狭窄；叶片扁平、线形，宽 1～3mm，常叶端尖形；圆锥花序开展。

细弱翦股颖适合于排水良好、中等肥力、沙质酸性至弱酸性的土壤。适于温带海洋性气候，喜冷凉湿润，耐寒、耐瘠薄、耐阴性也较好，但耐热性和耐旱性稍差。如果修剪不及时，将导致枯草层过厚、过密。

栽培管理强度中等至高水平。修剪高度为 0.8～2.5cm，年施氮肥量为 45kg/hm²，干旱阶段需经常浇水。

3. 绒毛翦股颖（A. *canina* L.）

绒毛翦股颖质地细腻，有匍匐茎，能形成高质量的精细草坪。主要适于温带海洋性气候。

如图 2-24 所示，绒毛翦股颖芽中幼叶卷曲状，叶舌膜状，长 0.4～0.8mm，尖形；无叶耳；叶环宽；叶片扁平，宽 1mm；叶片正面稍粗糙，背面光滑；红色、松散圆锥花序。

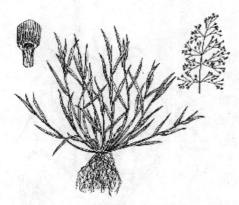

图 2-23　细弱翦股颖

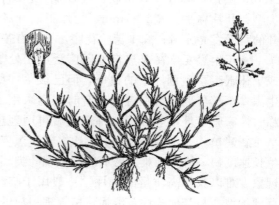

图 2-24　绒毛翦股颖

绒毛翦股颖适于在排水良好、酸性至弱酸性、中等肥力的沙质土壤上生长。它是翦股颖草坪草中耐阴性最好的，其应用区域与细弱翦股颖相同。

栽培管理强度要求高。修剪高度为 0.5～1cm，年施氮量为 97.5～195kg/hm²，需要经常浇水、铺沙或覆土来控制枯草层，有时需用杀菌剂来防治病害。目前最佳品种有

Kingstown。

4. 小糠草（*A. alba* L.）

小糠草又名红顶草。主要分布于欧亚大陆的温带地区。

小糠草具有根状茎，浅生于地表；芽中幼叶卷曲状，叶舌膜状，长 1.5～5mm，圆形；无叶耳；叶环宽，分离；叶片线形扁平，叶正面微粗糙，背面光滑，宽 3～10.5mm；红色、松散圆锥花序。由于该草在抽穗期间穗上呈现一层鲜艳美丽的紫红色小花，故又名红顶草。

小糠草对土壤适应性广，喜冷凉湿润气候，耐寒、喜阳，耐阴能力比紫羊茅稍差。

栽培管理强度低至中等，修剪高度要在 3.8～5cm 以上。现在很少用于草坪，在草地早熟禾建坪时可用作"修补草"。

2.4.4 黑麦草属（*Lolium* L.）

黑麦草属有 10 个种，主要分布在温带。其中用作草坪草的草种有多年生黑麦草和一年生黑麦草。另外，有几个由一年生和多年生杂交产生的中间类型正在培育之中。由于黑麦草发芽快、幼苗生长势强，因此常用于草坪修补和混播。黑麦草的主要优点是发芽和成坪速度快，并常与草地早熟禾混播作为保护性草坪草。尽管多年生黑麦草的某些新品种可以形成致密的高质量草坪，但黑麦草为丛生型，不如草地早熟禾表现优良。

1. 一年生黑麦草（*L. multiflorum* Lam.）

一年生黑麦草生长在欧洲南部的地中海地区、北非和亚洲部分地区，又称意大利黑麦草。一年生黑麦草依播量和密度不同可形成质地由细腻至粗糙的草坪。由于其侵入性强，混播时会挤掉与之混播的主要冷季型草坪草，因此不宜用于混播。

如图 2-25 所示，一年生黑麦草芽中叶片卷曲（而多年生黑麦草是折叠），叶舌膜状，长 0.5～2mm，圆形；叶耳尖，爪状；叶环宽，连续；叶尖尖型；叶片扁平，宽3～7mm，叶片正面叶脉明显，叶的背面发亮光滑；扁平穗状花序，小穗有芒。

一年生黑麦草在亚热带地区广泛用于处于休眠或半休眠暖季型草坪草的覆播，但已被草坪型多年生黑麦草部分取代。在温带，有时在春末用于建植临时性家庭草坪，等环境条件适宜后再用理想草坪草重新建植。一年生黑麦草颜色比多年生黑麦草浅，生长速度快，修剪困难，修剪后常呈现叶尖"拉毛"现象。难以获得高质量的草坪，一般用于临时性的草坪护坡或与其他草坪草混播建植管理粗放的草坪。由于其发芽迅速，也用于草地早熟禾的保护性植物。多年生黑麦草作为保护性植物优于一年生黑麦草。一年生黑麦草有时也用于暖季型草坪草狗牙根的覆播，这比用多年生黑麦草成本低，但获得的草坪质量要比多年生黑麦草低。

图 2-25　一年生黑麦草

修剪高度为 3.8~5.0cm。生长季内月施氮量为 19.5~49.5kg/hm²。

2. 多年生黑麦草（*L. perenne* L.）

多年生黑麦草原产于亚洲和北非的温带地区，现广泛分布于世界各地的温带地区，是黑麦草属中应用最广的一种草坪草。依环境条件的不同，它可以表现为一年生、短命多年生或多年生。

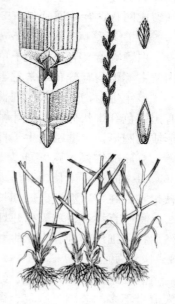

如图 2-26 所示，多年生黑麦草丛生。芽中幼叶折叠，叶舌膜状，长 0.5~2mm，截形至圆形；叶耳小，柔软，爪形；叶环宽，分离；叶片扁平，宽 2~5mm，正面叶脉明显，背面平滑；扁平穗状花序，无芒小穗。普通品种有膜状叶舌和短叶耳，宽叶环。多数新品种没有叶耳，叶舌不明显，有时也呈现船形叶尖，易与草地早熟禾相混淆。但仔细观察会发现叶尖顶端开裂，不像草地早熟禾那样在主脉的两侧有半透明的平行线，叶环比早熟禾更宽、更明显一些。

多年生黑麦草耐阴性较差。该草喜温暖、湿润且夏季较凉爽的环境，耐寒性和耐热性都不及草地早熟禾，不耐干旱，也不耐瘠薄。在肥沃、排水良好的黏土中生长较好，在瘠薄的沙土中生长不良。

栽培管理强度中等。修剪高度以 2.5~7.6cm 为宜，由于叶片内维管束坚硬，有时修剪质量差，年施氮量为 97.5~300kg/hm²，干旱阶段需要浇水。

图 2-26　多年生黑麦草

可以利用多年生黑麦草的速生和快速成坪的特点，来快速修补受损的庭院草坪、体育场草坪和高尔夫球场草坪。多年生黑麦草的一个缺点是抗寒性稍差，在我国北方地区可能发生冬季冻害。

多年生黑麦草品种之间也有很大的不同。普通黑麦草可用作牧草，由于生长快，修剪质量差，难以形成高质量的草坪。新品种则有很大的改进，生长速度与草地早熟禾相似，修剪后的质量也优于普通型黑麦草，常与草地早熟禾混合用于建植景观草坪。与高羊茅相似，有内生菌的多年生黑麦草在抗病虫和抗胁迫能力方面均有提高。

多年生黑麦草与草地早熟禾混合建植庭院草坪和体育场草坪，可以提高草坪的耐践踏性。多年生黑麦草很少单独播种，主要由于其丛生特性和损伤后的恢复能力较差。也有人用多年生黑麦草建植高尔夫球道和发球区草坪，主要是因其可快速建坪以及比草地早熟禾更耐低矮修剪的原因。但灰斑病和低温常危害草坪质量。

在南方，多年生黑麦草常用于覆播休眠的暖季型草坪。在 9、10 月份暖季型草坪中播种，播种量较大，在低矮修剪的高尔夫球场上表现也很好。该草种子较大，发芽容易，生长较快，通常用于混播，建立混合草坪时可起保护作用和提高成坪速度。由于该草能抗二氧化硫等有害气体，故多用于工矿区，特别是用于冶炼场地建造绿地的材料。

2.4.5　薹草属（*Carex* L.）

薹草属为莎草科植物，全球约 2000 种，我国约 500 种，主要分布于东北、西北、华北和西南高山地区。其中作为园林绿化植物较常用的有白颖薹草 [*C. rigescens* (Franch.) V. Krocz.]、异穗薹草（*C. heterostachya* Bge.）和卵穗薹草（*C. duriuscula* C. A. Mey）。这些种在适温地区具有春季返青早、绿期长、耐旱、耐瘠薄等特点。该属具有莎草科植物的共同特征，也是与前述禾本科植物在营养体上的主要区别：莎草科植物杆为三棱形，叶呈 3 列着生；禾本科植物杆为圆柱形，叶呈 2 列着生。该属叶鞘有时细裂成网状，叶片通常具有 3 条明显脉，呈禾叶状。

1. 白颖薹草 [*C. rigescens* (Franch.) V. Krecz.]

白颖薹草又名小羊胡子草，产于俄罗斯、日本、蒙古。我国的东北、西北、华北和内蒙古等地均有分布，常见于干燥坡地、丘陵岗地、河边及草地。

多年生植物，根状茎细长，匍匐。茎为不明显的三棱形，株高 10～15cm，杆基部有黑褐色纤维状分裂的旧叶鞘。叶扁平狭窄，长 5～15cm，宽 0.5～3mm。穗状花序卵形或椭圆形，小穗密集生于杆端，卵形或宽卵形。如图 2-27 所示。

喜冷凉气候，耐寒能力较强，在 −25℃ 下能顺利越冬，不耐热，夏季生长不良，36℃ 以上时停止生长，并出现夏枯现象。抗瘠薄，耐旱性强，不耐践踏。春末夏初至仲秋生长最旺，适温地区绿期长。

种子直播和营养繁殖建坪均可。播种前可将种子用水浸泡，一般 4 天后摊开晾干，然后拌入细沙播种。由于生长慢、覆盖性差，必须勤灌溉、勤除草。通常剪草高度以 3～4cm 为宜。

因其耐阴性强，叶绿、纤细，外形整齐美观，是很好的疏林游乐草坪植物，可用于人流量不多的公园、庭院、街道、花坛等的绿化。

2. 异穗薹草（*C. heterostachya* Bge.）

异穗薹草别名黑穗薹草、大羊胡子草，我国主要分布于东北、华北、西北等地，朝鲜也有分布。常见于干燥的草原、山地、路旁和水边，是我国北方应用较广的一种草坪植物。

多年生草本，具节间很短的横走根状茎，茎高 15～30cm，纤细，基部包有棕色鞘状叶。基生叶线形，长 5～30cm，宽 2～3mm，叶缘常卷折，叶片刚硬，早期黄绿色，后期灰绿色。穗状花序卵形或宽卵形，褐色。如图 2-28 所示。

图 2-27　白颖薹草　　　　　　　　　图 2-28　异穗薹草

适应性强，抗寒耐热，能忍受−5℃以下的霜寒。耐阴能力在禾本科、莎草科草类中堪属首位，能在只有正常光照1/5的弱光下生长。抗旱、耐盐碱能力均较强，能适应沙土、壤土、黏土等不同的土壤条件；在含有氯化钠、pH值为7.5的土壤上生长良好。耐潮湿，在阴湿地方和河边水湿地都能生长。耐践踏能力弱，再生性差，不耐低修剪。

种子繁殖和营养繁殖均可，多以营养繁殖为主，但根状茎生长缓慢，种子繁殖生产成本低。为使叶片颜色鲜绿，应根据其颜色变化适时追肥和灌水，同时还可延长绿期。异穗薹草易向上生长，成熟草坪应定期修剪，高度以6～8cm为宜。

异穗薹草耐阴但不耐践踏，故宜用于园林建造封闭式观赏草坪，栽于乔木下、建筑物的背阴处及花坛、花径边缘。此草的防尘作用较强，因此是工厂、矿山及城市中极好的防尘植物，在我国北方，尤其是华北地区有广泛的应用。同时，该草根状茎发达，是重要的水土保持植物。

3. 卵穗薹草（*C. duriuscula* C. A. Mey）

卵穗薹草别名寸草薹、羊胡子草，分布于北半球的温带和寒温带，我国华北、东北的干旱草地、沙地、路旁、湖边和山坡地有天然分布，是一种较为优良的草坪草。

根状茎细长，匍匐状，秆丛生，高5～20cm，纤细，平滑，质柔，基部具灰黑色呈纤维状分裂的旧叶鞘。叶短于秆，宽约1mm，内卷成针状。穗状花序，卵形或宽卵形。如图2-29所示。

竞争力强，适于寒冷潮湿区、寒冷半干旱区及过渡地带，对土壤肥力的要求较低，肥沃或瘠薄、酸性或碱性土壤都能生长。耐旱，耐寒，耐阴，适应性强，返青较早。质地柔弱，叶细，耐践踏性差。卵穗薹草春季返青早，秋季枯黄晚，在杂草较少的情况下，颜色翠绿，绿期长。

可采用种子繁殖和分根繁殖，生产中通常用分根繁殖和建坪。该草根状茎细弱，根入土浅，应精细整地，创造疏松的土壤根层。在管理上应注意水肥的合理供应，以延长绿期、维持景观。卵穗薹草竞争力强，但不耐杂草。该草茎叶细软，草层低矮，杂草多，生长过茂时需适当修剪。卵穗薹草在北方干旱地区为较好的细叶观赏草坪草类，也是干旱坡地理想的护坡植物。

图2-29 卵穗薹草

2.4.6 三叶草属（*Trifolium* L.）

三叶草属属豆科，植物学上一般称为车轴草属，分布于世界各地的温带和寒温带地区。该属用作草坪草的主要有白三叶。

白三叶（*T. repens* L.）又称白车轴草，原产欧洲，广泛分布于温带及亚热带高海拔地区。我国云南、贵州、四川、湖南、湖北、新疆等地都有野生分布，长江以南各省有大面积栽培。白三叶在我国一直作为牧草，近几年才用作草坪草。它形成的草坪美观、整洁，具有很好的观赏价值。

白三叶植株低矮具匍匐茎，长 30～60cm，无毛，节上生根。掌状三出复叶，互生，具长柄；小叶宽椭圆形、倒卵形至近倒心脏形，长 1.2～3cm，宽 0.8～2cm，先端圆或凹陷，基部楔形，边缘有细锯齿，两面几乎无毛，叶面中心有倒 V 形白斑；小叶无柄或极短；托叶卵状披针形，抱茎。花密集成球形的头状花序，白色，总花梗长 15～30cm；种子褐色、小、近球形，有光泽，花期 4～6 月，果期 8 月。如图 2-30 所示。

图 2-30　白三叶

白三叶喜温凉湿润气候。生长最适温度为 19～24℃，适应性强，耐热、耐寒、耐旱、耐阴、耐贫瘠、喜微酸性土壤，幼苗和成株能忍受－6～－5℃的寒霜。盛夏会停止生长，但无夏枯现象；在遮阴林下也能生长。对土壤要求不高，但不耐盐碱。

繁殖容易，主要为种子直播建坪。种子细小，播前务必精细整地，并且要保持一定的土壤湿度。白三叶不耐践踏，应以观赏为主。它再生能力强，较耐修剪，修剪高度一般为 7.5～10cm。苗期生长缓慢，易受杂草侵害，应注意及时除草。易染锈病。

白三叶叶色翠绿，绿期长，适应性强，因此主要用于观赏草坪或作为水土保持植被，也可用于草坪的混合播种，可以固氮，为与其一起生长的草坪草提供氮素营养。

2.5　常见暖季型草坪草

暖季型草坪草生长的最适温度范围是 27～35℃，多数暖季型草坪草在平均日温低于 10℃时进入休眠。暖季型草所包含的属多于冷季型草，但每个属中只有少数几种适宜用作草坪草。主要暖季型草坪草有狗牙根（*Cynodon* spp. Rich）、结缕草（*Zoysia* spp Willd.）、钝叶草［*Stenotaphrum secundatum*（Walt.）Kuntze］、巴哈雀稗（*Paspalum notatum* Flugge）、假俭草［*Eremochloa ophiuroides*（Munro）Hack.］、野牛草［*Buchloe dactyloides*（Nutt.）Engelm.］和地毯草（*Axonopus compressus* Beauv.）。

暖季型草坪草中仅有少数草种可以获得种子，因此主要以营养繁殖方式进行草坪的建植。此外，暖季型草坪草均具有相当强的生长势和竞争力，群落一旦形成，其他草很难侵入。因此，暖季型草坪草多为单一草种的草坪，混合型草坪不易见到。

2.5.1　结缕草属（*Zoysia* spp. Willd.）

结缕草原产于亚洲。18 世纪由奥地利植物学家 Karl von Zois 命名。结缕草属有 10 个种，均为四倍体（2n＝4x＝40），其中用作草坪草的主要有 3 个种，包括结缕草（*Z. japonica* Steud.）、沟叶结缕草［*Z. matrella*（L.）Merr.］和细叶结缕草（*Z. pacifica* Willd. ex Trin.）。

结缕草与狗牙根是最常见的暖季型草坪草，在形态上既有相似之处，又有很大差别。结缕草具根状茎和匍匐茎，节间长度较均匀；而狗牙根的节间长短变化较大。结缕草的匍匐茎节上有"护壳"结构；狗牙根则没有。结缕草的幼叶成卷曲形从老叶中长出，成熟叶片坚挺，叶片的内外表面均长有细毛；而狗牙根的芽中幼叶折叠，叶片两面光滑或有毛，质地因品种不同而有差别。结缕草属于自交亲和植物，雌蕊先于雄蕊成熟，种穗为单穗状花序；而狗牙根自交不亲和，种穗为多穗状花序。

1. 结缕草（Z. japonica Steud.）

结缕草又名老虎皮、日本结缕草。主要分布于我国东北、河北、山东和华东地区以及朝鲜和日本的温暖地带，北美也有栽培。

结缕草具有坚韧的地下根状茎及地上匍匐茎，茎节上产生不定根，茎叶密集，植株高15～20cm，基部常有宿存枯萎的叶鞘，叶鞘无毛，下部松弛而互相跨覆，上面紧密裹茎；幼叶卷曲形，成熟的叶片革质，扁平或稍内卷，长2.5～5cm，宽2～4mm，表面疏生柔毛，背面近无毛；叶舌纤毛状，长约1.5mm；总状花序呈穗状（图2-31），花果期5～8月，种子成熟易脱落，外层附有蜡质保护物，不易发芽，播种前需对种子进行处理以提高发芽率。

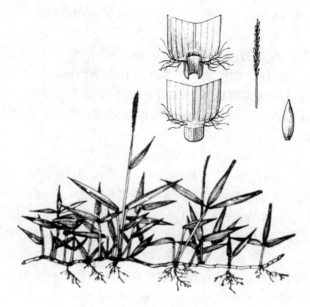

图 2-31　结缕草

结缕草适应性强，喜光、抗旱、耐践踏、耐高温、耐贫瘠，较耐盐碱。在暖季型草坪草中属于抗寒能力较强的草种。在气温降至10～12.8℃时开始褪色，整个冬季保持休眠，在－20℃左右能安全越冬。气温在20～25℃时生长旺盛，30～32℃时生长速度减弱，36℃以上时生长缓慢或停止生长，但极少出现夏枯现象，秋季持续高温干燥时可进入枯萎休眠。结缕草病害比较少，有时有锈病，偶有叶斑病、褐斑病或币斑病。虫害较少。

结缕草与杂草的竞争能力极强，容易形成均一致密、平整美观的草坪。耐阴性虽较钝叶草差，但比其他暖季型草略强。匍匐茎生长较缓慢，蔓延能力较一般草坪草差，因此，草坪一旦出现秃斑，恢复比较缓慢。

栽培管理强度需中等水平。修剪高度以1.3～6.5cm为宜。由于叶片坚硬，使用锋利、可调的滚刀式剪草机有利于提高修剪质量。年施氮量为75～150kg/hm²。结缕草可用于庭院草坪、公园草坪、体育场草坪，可在高尔夫球道和发球台上形成很好的运动场地。

商业化的品种有 Meyer、Midwest、El Toro 和 Belair。其他新品种如 DeAnza 和 Victoria 冬季色泽稍好，Crowne 需水量少，Palisade 则建坪速度较快。结缕草可获得种子，但发芽率较低，化学处理可提高发芽率。结缕草也常通过草皮、草块和匍匐茎建植建坪。

2. 细叶结缕草（*Z. pacifica*）

细叶结缕草又名天鹅绒草、台湾草，主要分布于日本及朝鲜半岛南部地区，早年引入我国，目前广泛种植于黄河流域以南地区。欧美各国也有引种栽培。

如图 3-32 所示，细叶结缕草通常呈丛状密集生长，茎秆直立纤细，高 5～10cm；地下根状茎和匍匐茎节间短，节上产生不定根；叶片丝状内卷；叶鞘无毛，紧密裹茎；叶舌膜状，长约 0.3mm，顶端碎裂为纤毛状，鞘口具丝状长毛；总状花序顶生，穗轴短于叶片，故常被叶所覆盖；花果期 8～12 月；种子小，成熟时易于脱落，采收困难，多采用营养繁殖。

细叶结缕草喜光，不耐阴、耐湿，耐寒力较结缕草差。细叶结缕草与杂草竞争力强，夏秋生长茂盛，油绿色，能形成单一草坪，且在华南地区冬季不枯黄。

细叶结缕草一般采用匍匐茎建植。修剪高度不超过 6cm 为宜。春夏应各施氮肥一次，每生长月施氮量为 10.5～30kg/hm²。可用于学校、机关、公园等草坪，也可用于护坡，防止水土流失。

3. 沟叶结缕草［*Z. matrella*（L.）Merr.］

沟叶结缕草俗名马尼拉草，产于我国台湾、广东、海南等地，生长在海岸沙地上。亚洲和大洋洲的热带地区也有种植。叶片质地较结缕草细，非常适宜中亚地区生长。

如图 2-33 所示，沟叶结缕草具匍匐茎，须根细弱；直立茎高 12～20cm，基部节间短，每个节上有一至数个分枝；叶片质硬，内卷，正面有沟，无毛，长可达 3cm，宽 1～2mm，顶端尖锐；叶鞘长出节间，除鞘口有长柔毛外，其余部位无毛；叶舌短而不明显，顶端撕裂为短柔毛状；总状花序呈细柱形，小穗卵状披针形，黄褐色或稍带紫褐色，颖果长卵形，棕褐色，长约 1.5mm。花期 7～10 月。

图 2-32　细叶结缕草　　　　　　　　　　图 2-33　沟叶结缕草

　　沟叶结缕草的耐寒性介于结缕草和细叶结缕草之间，可种植的北界比细叶结缕草更靠北，适于山东、天津等地。其余生态适应性和栽培措施与细叶结缕草相同。

　　与细叶结缕草相比，沟叶结缕草具有较强的抗病性、叶片弹性和耐践踏性，生长较低矮，质地比结缕草细，因而得到广泛应用。沟叶结缕草质地适中，叶色深绿，对杂草竞争力强，可用于公园或庭院草坪以及运动场和高尔夫球场，也可用于护坡绿地，防止水土流失。

　　Cashmere 是沟叶结缕草的第一个商业化品种。以后又有了 Diamond（钻石）和 Cavalier（骑士）等品种。

2.5.2　狗牙根属（*Cynodon* spp. Rich.）

　　狗牙根属大约有 10 个种，分布于欧洲、亚洲的亚热带及热带。我国产 2 个种和 1 个变种。狗牙根属植物用作草坪草的主要是狗牙根［*C. dactylon*（L.）Pers.］（亦称普通狗牙根）和人工培育的杂交狗牙根（*C. dactylon* × *C. transvadlensis*）。

　　1. 狗牙根［*C. dactylon*（L.）Pers.］

　　狗牙根又名百慕大草、绊根草（上海）、爬根草（江苏铜山）、咸沙草（海南）、铁线草（云南）等。原产于非洲，主要分布于北纬 45°以南的热带和亚热带地区，在过渡地带的中部、南部可以生长，在过渡带北部则容易发生冬季冻害。我国黄河以南均有野生种，多生长于农田、路旁、河岸、荒地山坡等，其根状茎蔓延力很强，为良好的固堤保土植物。新疆喀什、伊犁以及河北中南部等地区亦有野生。

　　如图 2-34 所示，狗牙根为多年生草本，具有根状茎和匍匐茎，茎节长度因品种不同有所变化；根系深，可在匍匐茎节上产生不定根和分枝；秆细而坚韧，壁厚，光滑无毛，有时略两侧压扁；芽中叶片折叠；叶舌纤毛状，长 2～5mm；无叶耳；叶环狭窄，连续，边缘有毛；叶片扁平，宽 1.5～4mm，先端渐尖，两面光滑或有毛，由于种和品种的差异叶片质地有粗有细；穗状花序二至数枚，小穗灰绿色或带紫色，颖果长圆柱形。自交不亲和，种子成熟易脱落，具一定的自播能力。染色体基数 x＝9,10。

图 2-34　狗牙根

　　狗牙根喜光，耐阴性差。耐旱性较强，但是不同品种间存在明显差异，如果干旱期过长，会进入休眠。夏季要保证其正常生长，需要进行适当灌溉。再生能力极强，在良好的条件下常侵入其他草坪。喜排水良好、肥沃的土壤，在轻度盐碱地上也能很好地生长。狗牙根对营养元素尤其是氮的响应很强，高质量的品种需氮量较高，有较好的耐践踏性和耐土壤板结性。

　　狗牙根对低温比较敏感，抗寒能力次于结缕草和野牛草，优于其他多数暖季型草坪草。温度低于 15℃时生长开始停止，逐渐失绿，温度低于 10℃时草坪草颜色变成褐色，逐渐进入休眠状态，当10cm地温上升到10℃以上时开始返青；当土壤温度从15℃上升到20℃时，根和根状茎生长加快；当土壤温度在25～30℃时，生长最好。

狗牙根应用广泛，但其质地粗糙，一般不用于高质量草坪，主要用作高尔夫球场的高草区、庭院草坪、设施草坪和水土保持草坪。对中度施肥、频繁修剪和水分供应反应良好。在粗放管理条件下，表现也较好。用作一般草坪时，修剪高度以2.5～6.4cm为宜。某些品种可以用于高尔夫球场的果岭，修剪高度可低至3mm。由于狗牙根生长快，需要进行垂直修剪以减少枯草层。

狗牙根不同品种在颜色、质地、密度、生长活力和环境适应性方面有很大差异。近些年选育出的一些细质地的品种具有较大的发展潜力，如 Cheyenne、Guymon、Ne-wMex Sahara、Poco Verde、Prinavera、Sonesta、Southern star、Sundevil、Sundevil Ⅱ和 Tropica。

2. 杂交狗牙根（*C. dactylon* × *C. transvadlensis*）

杂交狗牙根是通过普通狗牙根与二倍体的非洲狗牙根种间杂交选育而成的杂交种。在过去几十年中，杂交狗牙根育种工作取得了很大进展，育成了较多高质量、细质地的杂交新品种，如 Champion、Flora Dwarf、Midiron、Midlawn、Midfield、Tiffine、Tif-green、Tifdwarf、Tifeagle、Tiflawn 和 Tifway 等，被广泛用于高尔夫球场特别是果岭草坪，有些"超低型"品种如 Champion、Flora Dwarf、Minilerde 和 Tifeagle 等能够耐受极低的修剪高度（0.5～3.2mm）。杂交狗牙根不能产生种子，只能通过营养体建植草坪。杂交狗牙根的耐寒性较普通狗牙根差，适宜在我国华中及以南地区应用。

2.5.3　钝叶草属（*Stenotaphrum* Trin.）

钝叶草属大约有7个种，分布于太平洋各岛屿、美洲和非洲。我国有2个种，分布于南部海岸沙滩、草地或林下。常用作草坪的种是钝叶草［*S. secundatum*（Walter）Kuntze］。

钝叶草，也称圣奥古斯丁草、金丝草，禾本科多年生草本植物，原产印度，是一种应用较为广泛的暖季型草坪草。我国南方地区最早引入，坪用性状良好，目前在广东、四川、云南等地均有种植。

如图2-35所示，钝叶草为多年生草本，具匍匐茎，无根状茎，节上有时着生2个分枝；芽中叶片折叠，成熟叶片伸展为扁平状，叶宽4～10mm、长5～17cm，两面光滑，顶端稍钝，叶尖呈变形的船形；叶舌极短，约0.3mm，顶端有白色短纤毛，无叶耳；叶环极窄，叶鞘在叶环处与叶片呈90°直角。穗状花序嵌生于主轴一侧的凹穴内，颖果深褐色。染色体基数 x=9，自交可育。

钝叶草是钝叶草属7个种中唯一进入商业化的草种。在澳大利亚也称野牛草，

图 2-35　钝叶草

但与下文介绍的野牛草不同。钝叶草适于在温暖潮湿、温度较高的地方生长，广泛分布于热带和亚热带地区。不抗冻，不如狗牙根耐寒，在过渡带地区，秋季逐渐进入休眠，春季地温升至 12.8～15.6℃时开始恢复生长。抗旱性也差，多数情况下需要及时浇水，冬季干旱时易发生失水现象。喜排水良好、潮湿、肥沃、沙质土壤，耐盐性好。

钝叶草耐阴性好，遮阴下草坪质量相对较高。栽培管理强度中等水平。修剪高度 5～10cm，年施氮量为 150～300kg/hm²。以无性繁殖为主，常通过匍匐茎或草块扩繁，匍匐茎可长达 1m 以上，可以形成致密的草坪。常易产生枯草层，应在春、秋注意清除。在昆明、广州一带，钝叶草在精细养护下可四季常青。

钝叶草主要用于温暖潮湿地区建植庭院及粗放管理的草坪，特别是遮阴绿地。由于质地较差，很少用于运动场草坪。

根据生长习性不同，钝叶草品种主要分为两类：矮生类型主要包括 Amerishade、Captiva、Delmar、Sapphire 和 Seville，正常生长型主要包括 Bitterblue、Mercedes、Classic、Floratam、Palmetto、Raleigh 和 Texas Common。矮生类型品种草坪密度更高，质地更细，并且比正常生长型更耐低修剪。

2.5.4　雀稗属（*Paspalum* L.）

雀稗属约有 320 个种，分布于热带和亚热带，美洲最多。我国有 7 个种。其中常用的有巴哈雀稗和海滨雀稗。

1. 巴哈雀稗（*P. notatum*）

巴哈雀稗又称百喜草，原产于南美东部的亚热带地区。如图 2-36 所示，巴哈雀稗具短、硬的根状茎。在同一植株上有卷曲和折叠 2 种芽型。叶鞘基部扩大，长 10～20cm，背部压扁成脊，无毛；叶片长 20～30cm，宽 3～8mm，扁平或对折，平滑无毛；叶舌短膜状，长约 1mm，截形；无叶耳，叶环宽；总状花序，具 2～3 个穗状分枝。染色体 2n＝40。花果期 9 月。

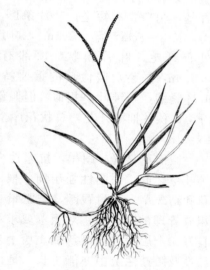

巴哈雀稗叶片质地比钝叶草细。根系粗硬发达，具有广泛的适应性，在弱酸至中性的肥沃土壤中生长良好，尤喜沙性土壤。喜温暖湿润气候，但抗寒能力差，有一定抗旱性，在干燥的山坡地上能顺利生长。该草侵占能力强，覆盖能力惊人，极易形成平坦的坪面，有一定耐践踏能力，适于用作公路两

图 2-36　巴哈雀稗

边的护坡草坪。耐低修剪，留茬高度一般为 3.8～5cm，在生长季节，应该经常修剪以防止抽穗。年施氮量为 45～195kg/hm²。

在雀稗属的 320 个种中，巴哈雀稗是唯一应用较广泛的草坪草种。过去常认为该草种只能用于公路或其他护坡草坪，但最近十多年来用作庭院草坪草的越来越多。它可以用种子建植，这一点优于钝叶草，但巴哈雀稗形成的草坪相对粗放，容易形成很厚的枯草层，枯草层控制是该草坪草管理的重要内容。品种 Pensacola 叶片细，用于公路护坡，

而品种 Agrentine 多用作庭院草坪草。

2. 海滨雀稗（*P. vaginatum*）

海滨雀稗是雀稗属中的另一个种，主要分布在热带和亚热带地区。

海滨雀稗具根状茎与长匍匐茎；芽中幼叶折叠；叶片长 5～10cm、宽 2～5mm，线形，顶端渐尖，内卷；叶鞘具脊，大多长于其节间，并在基部形成跨覆状，鞘口具长柔毛；叶舌较短；总状花序，小穗卵状披针形。染色体 2n＝20。花果期 6～9 月。

海滨雀稗的叶片比巴哈雀稗纤细，匍匐性稍差，但管理适宜可以形成较好的高尔夫球道、发球台和果岭草坪。海滨雀稗耐盐性较好，可用一定量海水灌溉。耐阴性优于狗牙根，耐寒性较差。耐水淹、阴湿和瘠薄的土壤。修剪高度为 0.5～5.0cm。年施氮量为 97.5～195kg/hm²。由于抗旱性很好，比其他暖季型草坪草灌溉较少。

2.5.5 蜈蚣草属（*Eremochloa* Buse）

蜈蚣草属约有 10 个种，分布于东南亚至大洋洲，我国有 4 种，仅假俭草〔*E. ophiuroides*(Munro) Hack.〕用作草坪草。

假俭草又称蜈蚣草、爬根草（江苏）、苏州草（上海），原产于中国南部亚热带地区，主要分布长江流域以南各省区，常见于林边及山谷坡地等土壤肥沃潮湿之地。现已在世界各地广泛引种栽培。

如图 2-37 所示，假俭草具匍匐茎，无根状茎；芽中叶片折叠；叶鞘压扁，多密集跨生于秆基，鞘口常有短毛；叶片条形，顶端钝，光滑，长 3～8cm，宽 2～4mm，叶片下端的叶缘处有纤毛；叶舌膜状，顶部有短纤毛，长 0.5mm，是鉴别假俭草的重要特征；无叶耳；叶环紧缩，与钝叶草相似，但假俭草的叶环有纤毛；秋冬抽穗开花，总状花序。染色体 2n＝2x＝18。

假俭草喜光、耐旱，抗寒性介于狗牙根和钝叶草之间，耐阴性强于狗牙根，但弱于钝叶草和结缕草，不耐践踏，需肥量少，是一种耐粗放管理的草坪草。对土壤要求不严，在排水良好、土层深厚而肥沃的土壤上生长茂盛，在酸性及微碱性土中亦能生长，是优良的堤坝护坡植物。

假俭草质地中等，生长缓慢，适宜低矮修

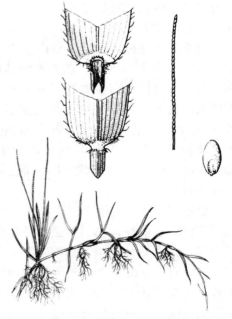

图 2-37　假俭草

剪，修剪高度为 2.5～6.4cm，年施氮量为 45～97.5kg/hm²。主要用于粗放管理的草坪，也可用于滨海地区庭院草坪和其他较高质量的草坪。假俭草一般可采用种子或者草皮建坪，比如 TifBlair、Santee 和 Common，有些营养繁殖型品种，比如 Covington 和 Centennial 则采用草皮建坪。品种 Oklawn 较耐干旱和耐寒。TifBlair 的耐寒性最优。

相对于其他草类，假俭草对虫害和病害的抗性较强，但过量施肥会增加其感病性。假俭草适宜生长在低肥水平和低 pH 值的土壤中，不当的管理手段会引起假俭草的衰退，比如施肥过度、修剪过低或根系较弱。

2.5.6 地毯草属（*Axonopus* Beauv.）

地毯草属约有 40 个种，大多产于美洲热带，我国有 2 个种。作为草坪草的主要是地毯草 [*A. compressus*（Swartz）P. Beauv.]。

地毯草别名大叶油草，原产热带美洲，世界各热带、亚热带地区有引种栽培。我国台湾、广东、广西、云南有分布；生于荒野、路旁较潮湿处。其匍匐茎蔓延迅速，每节上都生根和抽出新植株，植物体平铺地面成毯状，故称地毯草。

如图 2-38 所示，地毯草为多年生草本，具匍匐茎，无根状茎，匍匐茎节上密生灰白色柔毛；茎秆扁平；芽中幼叶折叠，叶舌长约 0.5mm；叶片宽，长 5～10cm，宽 6～12mm，两面无毛或上面被柔毛，近基部边缘疏生纤毛；总状花序，小穗长圆状披针形。染色体 x＝10,9。

地毯草喜光，耐高温，适于热带、亚热带地区生长，耐寒性极差，在我国华东地区无法越冬。再生能力强，匍匐茎蔓延迅速，侵占力极强，较耐践踏。喜湿润、酸性、土壤肥力低的沙土或沙壤土，最适 pH 值为 4.5～5.5。抗旱性较差，不耐水淹，不耐盐。

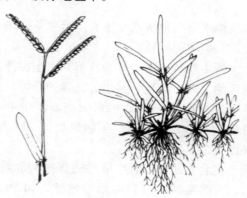

图 2-38　地毯草

地毯草结实率和种子萌发率均较高，可进行种子繁殖和营养繁殖。耐粗放管理，草层低，修剪高度较低，一般为 2.5～8.9cm。叶片质地粗糙，可形成粗糙、致密、低矮的草坪。可用于庭院、公园和体育场草坪，有时也可用于高尔夫球场的球道。由于适应性强并耐贫瘠，是优良的固土护坡植物。

2.5.7 野牛草属（*Buchloë* Engelm.）

野牛草 [*B. dactyloides*（Nutt.）Engelm.] 是野牛草属仅有的一个种。原产美洲，生长于北美大平原，以前主要作为牧草，是草原上的优势种之一。我国自 20 世纪 50 年代引入栽培，现已成为我国淮河以北很多地区的"当家"草种。

野牛草为多年生草本植物，具匍匐茎；芽中幼叶卷曲；叶片线性，两面疏生柔毛，不舒展，有卷曲变形现象，叶色呈灰绿色；叶鞘疏生柔毛；叶舌毛状，无叶耳，叶环宽，生有长绒毛；雌雄同株或异株，雄花序呈总状排列的穗状花序，草黄色，雌花序常呈头状。如图 2-39 所示。

野牛草有二倍体（2n＝2x＝20）、四倍体（2n＝4x＝40）、五倍体（2n＝5x＝50）和六倍体（2n＝6x＝60）4 种类型，分布于不同地区。野牛草非常适于干旱、黏重、高 pH 值土壤条件，比其他暖季型草坪草的需水量要少。极强的抗旱性是野牛草用作草坪的最重要因素。野牛草在生长季节遇到严重干旱时，叶片干枯而进入休眠状态，但在降

图 2-39　野牛草的雌花（左）和雄花（右）

雨或浇水后会很快恢复生长。野牛草抗热、耐寒性也较好，可忍耐一定时间的水淹，耐践踏，但耐阴性较差。

野牛草特别适于作为牧草和水土保持草种，也可用于温暖和过渡地带干旱、半干旱地区的公园、墓地、路边等低养护草坪，是管理最为粗放的草坪草之一。在不修剪的条件下，一般可长到 20～25cm 高，但在 4～6cm 修剪高度下可形成较好的草坪，甚至也可耐 2.5cm 的低修剪。年施氮量为 75～97.5kg/hm²，过度施肥会导致草坪质量降低，并促生杂草。

在北方地区，野牛草的适宜播种和栽植时间是春末夏初。野牛草的新品种越来越多，有些品种通过营养繁殖建坪，如 Prairie、609、Legacy 等；有些品种可用种子建坪，如 Texoka、Sharps Improve、Cody、Bowie 等。但野牛草种子硬实率高，吸水困难，故商品种子常通过冷冻或去壳来提高种子发芽率。由于野牛草种子不易采收，价格昂贵，加之人们对草坪质量要求不高，因此，常采用营养体繁殖方式建坪。

2.6　常见草坪草特性比较

了解不同草种的生长特性、坪用特性和生态适应性并加以比较，不仅能够帮助人们在草坪建植时正确选择草种或品种，提高草坪建植成功率，还有助于管理者采取适宜的养护措施，保证草坪质量和使用功能。表 2-1～表 2-17 为常见草坪草的特性比较，供读者参考。

表 2-1　几种常见草坪草种的建坪速度比较（注 '＊' 者与其前者相同）

草种类型	建坪速度（快 ←——→ 慢）
冷季型草坪草	多年生黑麦草，高羊茅，紫羊茅＊，匍匐翦股颖，细弱翦股颖＊，草地早熟禾
暖季型草坪草	狗牙根，海滨雀稗＊，野牛草，钝叶草＊，巴哈雀稗＊，假俭草，地毯草，结缕草

表 2-2　几种常见草坪草种的叶片质地比较

草种类型	叶片质地（粗 ←——→ 细）
冷季型草坪草	高羊茅，多年生黑麦草，草地早熟禾，细弱翦股颖，匍匐翦股颖＊，紫羊茅
暖季型草坪草	地毯草，钝叶草，巴哈雀稗，假俭草＊，结缕草＊，野牛草，海滨雀稗，狗牙根＊

表 2-3 几种常见草坪草种的茎叶密度比较

草种类型	茎叶密度（高←→低）
冷季型草坪草	匍匐翦股颖，细弱翦股颖*，紫羊茅*，草地早熟禾，多年生黑麦草*，高羊茅
暖季型草坪草	狗牙根，海滨雀稗*，结缕草，野牛草，钝叶草*，假俭草*，巴哈雀稗

表 2-4 几种常见草坪草种的抗寒性比较

草种类型	抗寒性（强←→弱）
冷季型草坪草	匍匐翦股颖，草地早熟禾，细弱翦股颖*，紫羊茅，多年生黑麦草，高羊茅*
暖季型草坪草	野牛草，结缕草*，狗牙根，海滨雀稗*，巴哈雀稗，假俭草*，钝叶草*

表 2-5 几种常见草坪草种的耐热性比较

草种类型	耐热性（强←→弱）
冷季型草坪草	高羊茅，匍匐翦股颖*，草地早熟禾，细弱翦股颖，紫羊茅*，多年生黑麦草*
暖季型草坪草	结缕草，狗牙根，地毯草，假俭草，钝叶草，巴哈雀稗

表 2-6 几种常见草坪草种的抗旱性比较

草种类型	抗旱性（强←→弱）
冷季型草坪草	紫羊茅，高羊茅*，草地早熟禾，多年生黑麦草，细弱翦股颖，匍匐翦股颖*
暖季型草坪草	野牛草，海滨雀稗，狗牙根*，结缕草，巴哈雀稗，钝叶草*，假俭草*

表 2-7 几种常见草坪草种的耐阴性比较

草种类型	耐阴性（强←→弱）
冷季型草坪草	紫羊茅，细弱翦股颖，高羊茅，匍匐翦股颖*，草地早熟禾，多年生黑麦草*
暖季型草坪草	钝叶草，结缕草，假俭草，巴哈雀稗，狗牙根，海滨雀稗*，野牛草*

表 2-8 几种常见草坪草种的耐酸性比较

草种类型	耐酸性（强←→弱）
冷季型草坪草	高羊茅，紫羊茅，细弱翦股颖*，匍匐翦股颖*，多年生黑麦草，草地早熟禾*
暖季型草坪草	假俭草，狗牙根，海滨雀稗，结缕草，钝叶草，巴哈雀稗*，野牛草

表 2-9 几种常见草坪草种的耐涝性比较

草种类型	耐涝性（强←→弱）
冷季型草坪草	匍匐翦股颖，高羊茅*，细弱翦股颖，草地早熟禾*，多年生黑麦草*，紫羊茅
暖季型草坪草	海滨雀稗，狗牙根，巴哈雀稗*，钝叶草*，结缕草，假俭草*，野牛草

表 2-10 几种常见草坪草种的耐盐性比较

草种类型	耐盐性（强←→弱）
冷季型草坪草	高羊茅，多年生黑麦草*，紫羊茅，匍匐翦股颖，草地早熟禾，细弱翦股颖
暖季型草坪草	海滨雀稗，钝叶草，狗牙根，结缕草，野牛草，假俭草，巴哈雀稗*

表 2-11 几种常见草坪草种的适宜修剪高度比较

草种类型	适宜修剪高度（高←→低）
冷季型草坪草	高羊茅，紫羊茅，多年生黑麦草*，草地早熟禾，细弱翦股颖，匍匐翦股颖
暖季型草坪草	巴哈雀稗，钝叶草*，假俭草，野牛草，结缕草，狗牙根，海滨雀稗*

表 2-12 几种常见草坪草种的修剪质量比较

草种类型	修剪质量（高←→差）
冷季型草坪草	草地早熟禾，细弱翦股颖，匍匐翦股颖，高羊茅，紫羊茅，多年生黑麦草
暖季型草坪草	钝叶草，狗牙根，海滨雀稗，假俭草，野牛草，结缕草，巴哈雀稗

表 2-13 几种常见草坪草种的肥力要求比较

草种类型	肥力要求（高←→低）
冷季型草坪草	匍匐翦股颖，草地早熟禾*，细弱翦股颖，多年生黑麦草*，高羊茅*，紫羊茅
暖季型草坪草	狗牙根，钝叶草，结缕草*，海滨雀稗，假俭草，巴哈雀稗*，野牛草*

表 2-14 几种常见草坪草种的抗病性比较

草种类型	抗病性（强←→弱）
冷季型草坪草	高羊茅，多年生黑麦草*，草地早熟禾，紫羊茅*，细弱翦股颖*，匍匐翦股颖
暖季型草坪草	野牛草，假俭草*，巴哈雀稗，海滨雀稗*，结缕草，狗牙根*，钝叶草*

表 2-15 几种草见草坪草种的枯草层积累比较

草种类型	枯草层积累（多←→少）
冷季型草坪草	匍匐翦股颖，细弱翦股颖，草地草熟禾*，紫羊茅*，多年生黑麦草，高羊茅*
暖季型草坪草	狗牙根，海滨雀稗*，结缕草*，钝叶草，假俭草，巴哈雀稗，野牛草*

表 2-16 几种常见草坪草种的抗践踏性比较

草种类型	抗践踏性（强←→弱）
冷季型草坪草	高羊茅，多年生黑麦草*，草地早熟禾，紫羊茅*，匍匐翦股颖，细弱翦股颖*
暖季型草坪草	结缕草，狗牙根，海滨雀稗*，野牛草，巴哈雀稗*，钝叶草，假俭草

表 2-17 几种常见草坪草种的恢复能力比较

草种类型	恢复能力（强←→弱）
冷季型草坪草	匍匐翦股颖，草地早熟禾，多年生黑麦草，高羊茅*，紫羊茅，细弱翦股颖*
暖季型草坪草	狗牙根，海滨雀稗*，钝叶草*，巴哈雀稗，野牛草*，假俭草，结缕草*

　　应当指出的是，在同一草坪草种内，不同品种间形态特征和抗性等有时也存在一定差异。例如，草地早熟禾有些品种在中度遮阴的环境中也能生长良好，有些品种也能耐低于 2cm 的修剪高度。因而，在草种选择时，不但要考虑草坪草种的特性，还要考虑到品种之间的差异。

复习思考题

1. 描述草坪草的形态结构及各器官的功能。
2. 简述草坪草从种子到形成完整植株的过程。
3. 影响草坪草根系生长的因素有哪些?
4. 草坪草有哪些分类方式?
5. 简述冷季型和暖季型草坪草的季节性生长特点。
6. 举例叙述几种常见草坪草的植物学特征及生态适应性。

第3章

草坪与环境

　　草坪草的生长发育和草坪质量都直接或间接地受生态环境的影响。草坪草生长环境是指草坪草以外一切事物的总和，简称草坪环境。与其他植物环境相比，草坪环境作为特定的人工生态系统，人们更希望通过各种养护管理措施，起到增强草坪适应性和改造环境的双重作用，更好地发挥草坪调节与改善环境的功能。在草坪草的生长过程中，周围环境中的各种因子均与之发生直接或间接的关系，从而对草坪草的生长产生有利或不利的影响。影响草坪草生长的环境主要包括气候、土壤和生物3个方面。

　　生长良好的草坪草对周围的环境起着重要的调节作用，如美化环境、调节小气候、净化空气、降低噪声、保持水土等，而这些功能的发挥也受到其所处的生长环境的影响。种植和养护草坪，就是要让草坪最大程度地发挥其作用。这就要求草坪管理者了解草坪与环境条件之间的复杂关系，从而采取正确的养护管理措施，使草坪与环境之间能够更好地融合。

3.1　草坪与气候环境

　　气候是决定某一地区适宜种植某种草坪草的最重要因素。气候环境的度量指标主要包括光照强弱、日照时间长短、温度高低、降水量与分布、蒸发量和风速等。气候环境对草坪草的影响主要是通过天气的季节性变化和日变化而产生的，而不同的草坪草适应了不同的气候，形成了适宜草坪草生长的不同气候带。

3.1.1　光照

1. 光照强度

　　植物正常生长发育要求一定的光照强度（简称光强）进行光合作用，获得能量和有机物，维持生命，完成生活史。充足的光照对于草坪草的生长发育是必不可少的，绝大部分草坪草为喜光植物即光照充足，草坪草生长健壮；而光照不足，草坪草的生长和发育将会受到影响。

　　草坪草对光的截获量受多种环境因素的影响。云、建筑物、树木等均通过遮挡阳光而减少光强。由遮阴等导致的光强降低会造成草坪草的一系列形态和生理变化。一般来讲，在中度遮阴条件下，草坪草叶片较直立，叶变长，分蘖少，草坪变得稀疏；光合效率、光补偿点、光饱和点降低；叶组织含水量和含氮量增加，使得根系变浅、蒸腾速率减少等。另外，遮阴不仅降低了光强，而且改变了草坪群落小气候，导致草坪草抗逆性低、发病率升高、草坪质量下降。遮阴对草坪小气候的影响主要包括日温和季节温度变化、气体流动与交换、空气相对湿度等。这些因素的变化对草坪草本身可能有益，也可能造成危害，这主要取决于这些因素变化的强度。例如，在夏季，生长在部分遮阴下的草坪草因受到较小的高温、干旱胁迫，其生长较健壮。但是，在通气不良且相对湿度大的情况下，遮阴下的草坪草容易感染病害，这种现象常发生在严重遮阴、低洼地且排水不畅的地方。

草坪常受到树木遮阴的影响，这种遮阴不仅改变了草坪草生长的小气候，而且由于树木根系深、范围广，常与草坪草争夺土壤水分和养分。有些树种的根部分泌物还可对邻近草坪草产生毒害。树落叶堆积在草坪上，不仅会阻碍草坪草对光的吸收利用，而且在高温高湿条件下，树叶覆盖使草坪草更易染病。因此，在树木遮阴处，应采取相应措施，以保持草坪草的健康生长。这些措施包括：切断树木入侵到草坪根系层的树根，以减轻对土壤水分和养分的争夺；修剪树干树冠以增加透光性，及时清理枯枝落叶等。

遮阴环境下的草坪的管理措施包括：①可以通过调整养护措施提高草坪质量，如调高修剪高度；②减少灌水次数而加大每次的灌水量，可以促进草坪根系下扎，并且满足树木对水分的需要；③对树木单独施肥和深施肥。

2. 日照长度

根据植物不同的光周期反应，可将植物分为长日照植物、短日照植物和日中性植物等。大多数冷季型草坪草为长日照植物，只有当日照长度超过一定临界长度时才能开花。但日照长度的作用受温度条件影响很大，秋季凉爽温度（0~10℃）可诱导冷季型草坪草开花，但如果这个阶段夜温较高（12~18℃），则开花推迟。相反，大多数暖季型草坪草为短日照植物或日中性植物，花芽分化不但要求日照长度小于临界日长，而且夜温需要为 12~16℃。因此，对于大多数草坪草，日照长度和温度是控制开花时间最重要的环境因素。

草坪草抽穗会使草坪均一性降低，影响草坪质量。同时由于草坪草穗子的形成消耗很多养分和能量，根、茎、叶和分蘖的生长会被消弱。经常修剪、适当的土壤水分和养分管理有利于减少穗的形成。一年生早熟禾、狗牙根和一些多年生黑麦草品种对光周期要求不严格，可以在日照长度很宽的范围内开花。这类草坪草常形成大量种穗，使得草坪不再保持均一的外观，降低了草坪表观质量。草坪草对光周期的反应不是绝对的，同一种草坪草中，日照长度反应也不一样，如早熟禾同时具有长日照、短日照和日中性三种类型。

3.1.2　温度

1. 草坪草对温度的适应性

草坪草生长发育需要在一定的温度范围内进行，高于 50℃或低于 0℃，草坪草的生物活性基本停止。每一种草坪草种或品种的生长都有各自特定的三基点温度，即最高温度、最低温度和最适温度。冷季型草坪草茎叶生长适宜温度范围为 16~24℃，而暖季型草坪草茎叶生长适宜温度为 27~35℃。草坪草适宜分蘖的温度通常略低于茎叶生长的适宜温度。

与气温相比，土壤温度对根生长的影响较大。冷季型草坪草根系生长以 10~18℃最适宜，而暖季型草坪草根系生长的最适宜温度为 24~29℃。研究发现只要土壤不冻结，一些冷季型草坪草的根系生长可一直持续进行。例如，当秋季土壤温度降至10℃以下时，狗牙根地上茎叶褪绿后，其根系仍在生长。

2. 温度对草坪草生长的影响

温度的季节性波动从以下两方面影响草坪草生长：一是温度波动决定了草坪草最优或最差的生长条件；二是确定了每种草坪草适应的温度范围。因而，许多暖季型草坪草在温带地区夏季生长良好，但不能安全越冬。相反，冷季型草坪草在亚热带地区的晚秋和春季生长正常，但在夏季容易死亡。温度除了随昼夜和季节波动外，还随纬度、海拔及地形变化而变化。温度随海拔升高、纬度增大而降低。因此，要判断某一草坪草在某一地区能否适应，除了考虑海拔、纬度外，还必须考虑地形、地貌因素。影响草坪环境的主要地形因素包括水域形状与大小、挡风高地大小与形状、坡向、植物群落面积、位置及密度等。同一纬度条件下，大水体附近的草坪比内陆生长的草坪昼夜及季节温度波动较小。在北半球，南坡比北坡截获较多直射光，从而使南面和西南面热能积累较多。这种效应有时十分明显，如高速公路的南坡可种植狗牙根，而北坡则种植早熟禾或高羊茅。

3.1.3 水分

1. 草坪草对水分的需求

水分亏缺对草坪的影响主要取决于水分亏缺的程度和持续时间的长短。适当的水分亏缺会促进根系的生长，使草坪草对干旱胁迫的抗性增强。但是当水分亏缺到使草坪草出现萎蔫时，对草坪的影响则是不利的。水分亏缺后最初的表现特征是草坪呈灰蓝色，失去光泽，脚踩过后草坪草叶片不能恢复原位。此时如及时灌溉，可很快恢复正常。如果水分严重亏缺，草坪草超过永久萎蔫点时，这时即使灌水，也不能使草坪草恢复正常，最后导致植株死亡。

草坪草需水量是在正常生育状况和最佳水、肥条件下，草坪草整个生育期的蒸散量，也称潜在蒸散量。影响草坪草需水量的主要因素包括大气干燥度、太阳辐射和风力大小、土壤供水状况、草坪草种类及其生长发育状况和养护管理水平等。生长在气温高、空气干燥和风速大的条件下，草坪草的需水量就大；生长期长、叶面积大、生长速度快和具发达根系的草坪草需水量也大。

2. 草坪草的耐旱性

耐旱性是指植物在受旱时，能在较低的细胞水势下维持其一定程度的生长发育和忍耐脱水的能力。有些冷季型草坪草在水分缺乏时，其叶子卷起，包住气孔，使卷内小腔形成湿度大、蒸发量小的微环境，从而使蒸腾耗水减少，如高羊茅就具有上述卷叶特性，并且根系分布广，具有良好的耐旱能力。

草坪草的耐旱性主要表现在：①当土壤有效水含量很低时，草坪草仍能维持较高的水势；②草坪草通过减小叶面积，增加气孔和表皮及冠层阻力，以维持体内较高的水势；③通过增加根系的密度和深度而使草坪草吸水能力增强。有些暖季型草坪草的耗水量较小，如野牛草、结缕草、狗牙根均具有良好的耐旱性，它们的根系分布广、密度大，有利于吸收水分。

3. 草坪草水分的来源

在草坪草的生长发育中，水分由大气中的水汽和土壤中的水分提供，其中又以土壤水分为主。水分的来源主要依靠降水和灌溉水。一个地区的降水量及其季节分布对该地区的植被数量与种类有重要影响。例如，我国华北地区降水偏少，耐旱性强的草坪草如野牛草和结缕草生长良好，而草地早熟禾、细弱翦股颖等冷季型草坪草虽然绿色期较长，但易受到干旱的胁迫。相反，我国华东沿海、华南等降水量较多的地区，其自然降水就可满足草坪草生长的需要。

（1）降水。降水是大气中的水分以液态或固态的形式降落到地面的现象，包括雨、雪、雹、冻雨等形式。降水对于没有灌溉条件的地区，如公路护坡草坪，几乎是草坪土壤水分的唯一来源，是草种选择的决定因素。

雨是降水的主要形式。不同的降水强度对地面的浸润与冲刷程度不同。大雨或暴雨常常来不及渗入土壤而在地表形成径流，造成水土流失。草坪草可以截留雨水并减少对土壤的冲刷，保持水土。

雪是仅次于雨的另一种主要的降水形式。一定厚度的积雪可以降低草坪草表面的热辐射，具有保温作用。它不仅有利于草坪草的安全越冬，而且为第二年草坪草的返青积累了水分。但积雪过多会对草坪草造成危害，由于减少了太阳辐射，会导致雪霉病等病害的发生。因此，实践中常在下雪之前在果岭上喷杀菌剂。

降水与气温一样，是决定土壤类型和植被分布的重要环境因子。在草坪养护管理中，降水也是决定草坪草种选择、管理方式的重要依据。降水是植物生长所必需的，但过多或过少的降水对植物的生长都是不利的。降水有助于植物对肥料的吸收，但同时养分也会随降水而流失。大量的降水往往是病害发生的诱导因素。过高的土壤湿度也不利于根系生长。在草坪的建坪和养护管理中，应该考虑降水的时期及雨量等因素。

我国降水主要受季风影响，总体来说是由东南向西北逐渐减少。雨季的起止与季风的进退相一致，主要出现在夏季，而其他季节则降水相对较少。在降水集中的地区和时段，如江淮一带的梅雨季节往往形成草坪渍害；而在降水少的地区和时段，则往往形成干旱。雨量较少的地方，在整个生长季节都需要灌溉，以保证良好的草坪质量；而在雨量较多的地方，只需在夏季高温时进行灌溉，春季和秋季则不需灌溉。同时，在夏季高温干旱时，蒸腾强烈，可以喷施抗蒸腾剂，关闭气孔，减少蒸腾，使根系吸水与蒸腾失水相平衡。

（2）灌溉。灌溉是草坪所需水分的另一个重要来源，也是草坪养护管理的重要内容。当降水不足以满足草坪草的需水量时，应该进行灌溉。耐旱性强的草种，在长期干旱的条件下，不灌溉也不会死亡，但草坪质量会下降。在要求不高的地方，如道路沿线，可以种植耐旱性强的草种并给予较少的灌溉；但在要求高的地方，则必须灌溉，以保证草坪质量。在遇到严重干旱时，也必须灌溉。没有成坪的草坪草或幼苗必须定期浇水，直到它们良好发育并具有大量根系。有些匍匐型草坪草，由于干旱少雨、土壤干硬，匍匐茎节上的不定根不能扎入土壤，使草坪显得蓬松，犹如生脱发病，易于扯下，若及时灌溉，即可恢复。多数多年生草种，如果生长良好、植株健壮，即使长期缺水，也能适应。而一些一年生草种，则可能由于干旱而休眠或死亡。

（3）空气湿度。空气湿度与降水量、太阳辐射、温度、风速等有密切关系。空气湿度通过影响病原微生物的发育、繁殖而影响草坪草病害的发生。在高温、高湿的条件下，微生物的活动旺盛，草坪的病害易于发生。

清晨的露珠是水蒸气在植物叶表面凝结的表现，它是几个过程单独或共同作用的结果。叶尖吐水是其中的一个过程，它是植物体内水分通过叶边缘的大量水孔或新修剪叶片伤口向外溢出而形成的。叶尖吐水是在植物吸水快而蒸腾强度小，根部水压增加的条件下而产生的现象。吐水产生的液体含有植物体内形成的各种简单有机化合物和矿质元素，这些物质在叶表面积累会明显地促进病原菌繁殖，从而增加植物发病率。而且液体中水分蒸发后，留下的盐分在叶面上积累，可导致叶尖灼伤。在寒冷季节，当夜间温度下降至冰点以下时，露水则变成霜。霜形成时，可在草坪草叶片和细胞间结冰。受霜冻的草坪草茎叶组织僵硬，如在此时践踏草坪或在草坪上进行机械作业，会对草坪草造成严重的机械损伤，因此在霜融化消失以前要禁止践踏和碾压。一旦受到机械损伤，草坪草需要等新组织长成后才能恢复。因此，一般要等草坪霜冻消失后，才可以在草坪上行走。

露水对草坪群体既有有利的一面，又有不利的方面。露水能够推迟早上蒸腾开始的时间，有利于减少水分消耗。在夏天，露水可大大延迟叶温开始上升的时间，一般推迟到叶面露水蒸发后，才使叶温上升。不利方面是露水可导致草坪发病率升高，降低各种农药的作用效果，在高尔夫球场的果岭和其他修剪低矮的草坪上更加明显。为了消除露水这种不利影响，传统做法是在清晨采用竹杆拍打、拖拉或者喷水等方式除去叶面上的露水，减少病原菌传播，等露水消失以后再使用农药。

3.1.4　风

空气的流动形成了风。风可以加速草坪冠层内和草坪上方的气体交换，降低冠层内的温度，对草坪草生长是有利的。例如，在炎热夏天，在树木茂密、灌木丛生的环境下，草坪常由于空气湿度大、光照不足等而出现较高发病率。在这种情况下，风通过降低空气湿度，可有效地降低草坪草发病率，提高草坪草抗逆性，但有时风也可能造成很大危害，这主要取决于风的强度。在高海拔地区或我国北部地区的春季，常出现大风天气，这种天气会加速草坪蒸腾，导致植株过度失水，这类地区生长的草坪草一般需要较多的灌溉，才能保证其正常生长。

3.2　草坪与土壤环境

土壤是草坪草立地的重要条件之一，草坪草能否良好生长，取决于土壤环境与草坪草根系的生长是否适应，土壤可以供给草坪草生命活动所需的水分、养分和根系呼吸的氧气；土壤具有保温作用，可以使草坪草地下部度过低温阶段；土壤对草坪草起着机械支撑和固定的作用，决定了草坪草的耐践踏能力。土壤是可塑性最大的环境因子，因而，可以通过各种养护管理措施改善土壤的理化性质和肥力水平，使之更适应草坪草的生长。

3.2.1　土壤质地

土壤质地主要指土壤中沙粒、粉粒和黏粒的含量比例。根据各粒级土粒数量比把土壤划分为沙土、壤土和黏土3个基本质地类别。按照国际制土壤质地分类标准

（表 3-1），由于不同颗粒成分所占比率不同，而形成沙土、黏土和壤土三大类不同质地的土壤。

表 3-1　国际制土粒分级标准

粒级	粒径（mm）
石砾	＞2.0
粗沙粒	0.2～2.0
细沙粒	0.02～0.2
粉粒	0.002～0.02
黏粒	＜0.002

1. 沙土

沙土以粗沙和细沙为主，粉粒和黏粒所占比率不到 10％。土壤通气性能好，土质疏松，但水分很容易渗漏、不易保持，土壤易干燥，不耐旱。为保证草坪草正常生长，必须经常灌溉。沙质土本身不但含养分较少，且吸肥、保肥能力差，施入的养分易随水淋失；沙质土通气性好，好气微生物活动旺盛，养分转化快，施肥后劲不足。因此，对在沙质土上建植的草坪施肥时，氮肥和钾肥应少量多次或施用缓效氮肥。

2. 黏土

黏土中以粉粒和黏粒为主，占 60％以上，甚至可以超过 85％。黏土类土壤含黏粒多，粒间孔隙很小，孔隙相互沟通而形成曲折的毛管孔隙和无效空隙。水分进入土壤时，渗漏很慢，透水性差，并且土体内排水慢，易受渍害，造成通气不良，易积累有毒还原物质。在草坪管理中，应注意排水措施，以利于草坪草生长。在早春或遇寒流后，土温不易回升，草坪草幼苗常因土温低、养分供应不足而生长缓慢。

3. 壤土

壤土的性质介于沙土和黏土之间，其中的沙粒、粉粒和黏粒比例适当，在性质上同时具有沙土和黏土的优点。壤土既有一定数量的大孔隙，又有相当多的小孔隙，通气、透水性能好，保水、保肥的能力也强，土壤含水量适中，土温较稳定。

草坪一般适宜在壤土中生长，但是当我们考虑建植草坪选用何种土壤质地时，最重要的还要看草坪的用途和土壤所担负的功能。对于运动场和高尔夫球场等经常强烈践踏的草坪的土壤来说，沙质土壤并结合充足的灌溉对草坪草的生长是较适宜的，而对于践踏较少的庭院草坪或观赏性草坪来讲，适宜的土壤质地则是持水性、保肥性较高的粉沙壤土或粉质黏壤土。

3.2.2　土壤的酸碱反应

土壤的酸碱性一般用土壤 pH 值来表示。我国南方高温、高降雨量的气候条件最有利于土壤形成过程中的一些盐基成分随渗漏水移出土体，使土壤呈酸性反应。土壤有机质含量过高时，经微生物分解后也可产生多种有机酸，或经常施用酸性肥料（如硫铵）等，也会加快土壤酸化。相反，在干旱的气候条件和富含钙、镁、钾、钠等盐基物质的母质情况下，易形成偏碱土壤；过量施用石灰和用碱质污水、海水灌溉，易于盐碱土壤的形成。

1. 土壤的酸碱反应对草坪草生长的影响

大多数草坪草在土壤 pH 值为 6.0～7.0 范围内生长良好。在酸性条件下，草坪草根系变短，颜色呈褐色，根系生长发育受阻，使草坪草对环境胁迫的抗性降低，尤其是耐旱力下降。但是，不同的草坪草种类对土壤的酸碱反应的耐性有差异（表 3-2）。例如，假俭草和地毯草在 pH 值较低的土壤上生长良好，而扁穗冰草和格兰马草能耐较高的碱性；由草地早熟禾与紫羊茅混播的草坪，在土壤 pH 值接近中性时，草坪中以草地早熟禾为主，而 pH 值在 6 以下时则以紫羊茅为主。可见草坪草的群体构成受土壤 pH 值影响较大。土壤 pH 值并不是一成不变的，过酸或过碱的土壤均可通过土壤改良的方法使其适宜草坪草的栽培与生长。

表 3-2　常见草坪草的适宜土壤 pH 值范围

冷季型草坪草	适宜 pH 值范围	暖季型草坪草	适宜 pH 值范围
高羊茅	5.5～6.5	狗牙根	6.0～7.0
草地早熟禾	6.0～7.0	结缕草	6.0～7.0
匍匐翦股颖	5.5～6.5	野牛草	6.0～7.0
多年生黑麦草	6.0～7.0	钝叶草	6.5～7.5
一年生黑麦草	6.0～7.0	假俭草	4.5～5.5
紫羊茅	5.5～6.5	海滨雀稗	6.5～7.5

2. 酸性土壤的改良利用

对于不适宜草坪草生长的过酸土壤的改良，一般采用施用石灰的方法。施用时主要考虑石灰的选择、适宜用量、施用时间等因素。最常用的改良材料是磨细的石灰石粉，而且粉末越细，施用后与酸的中和速度越快。含镁量较低或缺镁土壤应施用白云石粉，它含有钙和镁，可以弥补镁的不足。由于白云石的作用比较缓慢，故应用时应当粉碎很细。熟石灰有时也用于酸性土壤改良，但由于其易溶于水，施用不当会灼烧草坪草，因此除了在建坪前整地时施用外，很少用于成坪的草坪或沙质土壤的草坪。

适宜的石灰用量最好通过测定土壤 pH 值和土壤盐基饱和度以后再决定。主要考虑因素有土壤酸度大小、土壤缓冲能力、土壤盐基饱和度、草坪草种类、石灰粉碎程度等。如表 3-3 所示为不同条件下的石灰推荐用量。相同 pH 值的土壤，由于阳离子交换量和土壤缓冲能力的不同，石灰用量也不相同。

表 3-3　改良酸性土壤的石灰施用推荐量　　　　　　　　　　　　　　　g/m²

土壤 pH 值	高羊茅或翦股颖草坪		早熟禾、狗牙根或黑麦草草坪	
	沙土或沙壤土	壤土或黏土	沙土或沙壤土	壤土或黏土
6.3～7.0	0	0	0	0
5.8～6.2	0	0	122	170
5.3～5.7	122	170	244	366
4.8～5.2	244	366	366	488
4.0～4.7	366	488	488	732

由于石灰在土壤中移动很慢，施用时最好能将石灰与土壤充分混合，因此，在草坪

建植前结合整地撒入石灰与土壤混匀更为适宜。但要指出的是，石灰施用时间与氮肥或磷肥的施用时间要错开，也不要与含砷的除草剂同时施用。如果一起施用，会发生氮素的损失，钙和镁也会与固定施入的磷形成难溶性化合物，从而使肥料的有效性大大降低。对于已建成的草坪，适宜施用时间可选择在初秋、入冬时节或早春等草坪管理活动少的季节，在雨前施用或施入后，灌水效果更佳。

3. 盐碱土壤的改良利用

盐碱土又称为盐渍土，它是盐土类、碱土类、盐渍化土和碱化土的总称。盐土类是土壤中含有大量可溶性盐分的一类土壤。当土壤中可溶性盐分的总量大于 0.1% 时，开始轻微地影响草坪草的生长，称为盐渍化土壤。当土壤含盐量达到植物致死程度，一般大于 1.0% 时，称为盐土。碱土类是土壤中含盐量不高，但交换性钠（Na^+）含量较高，致使物理性质不良的一类土壤。当交换性钠大于 5% 时，土壤 pH 值大于 8.5 呈碱性反应，土壤物理性质开始变坏，称为碱化土。碱土或碱化土中一般含盐总量不高，但盐分以碱性盐（Na_2CO_3 及 $NaHCO_3$）为主。国外有的分类指标为：盐土类，电导率（EC）＞4dS/m，交换性钠（占阳离子交换量）＜15%，pH＜8.5；碱土类，EC＜4dS/m，交换性钠≥15%，pH≥8.5。盐土一般结构较好且有一定透水性，而碱土因高浓度交换性钠而使土粒离散、结构不良、透水性差。

盐碱土主要分布于干旱、半干旱地区以及地势低平、排水不畅、地下水位较高和矿化度高的区域。它广泛分布于我国长江以北广大内陆地区和沿海岸线的滨海地带。黄淮海黑龙港地区有大量分布。盐碱土对草坪草及其他作物的危害很大，高浓度可溶性盐分会引起"生理干旱"，过多吸收 Na^+、Cl^- 等会导致叶子发生"灼烧"现象；高浓度盐会干扰草坪草对营养元素的吸收，如 Na^+ 过多会造成草坪草缺 Fe^{2+}、Mg^{2+}，诱发"失绿症"。pH 值过高会减小许多微量元素如铁、锌、锰的有效性，引起草坪草营养失调。盐碱土结构不良，通气透水性差，影响养分转化及微生物活动等。

对盐碱土的改良可通过减少土壤可溶性盐的浓度来实现。草坪草根际的盐分可通过大量灌水而淋洗掉。为防止土壤干燥时盐分沿毛细管上移，应适当排水，同时经常灌水压盐。若无灌溉条件或灌溉水中盐分过高，则应采用抗盐草坪草种或品种。耐盐的暖季型草坪草包括海滨雀稗、钝叶草和狗牙根等，耐盐的冷季型草坪草有多年生黑麦草、高羊茅和细羊茅等。

盐碱土壤改良常采用施入硫或石膏及磷石膏的方法。在草坪建植前，将硫充分混于土壤中，用量可以表 3-4 作参照。但对于成坪的草坪，可将硫与沙子混合或混于铺沙材料中施用，注意施用量一次不要超过 25 g/m^2，且不要在盛夏时分施用。

表 3-4　改良碱性土壤硫的推荐施用量　　　　　　　　　　　　　g/m^2

土壤 pH 值	沙土	黏土
7.5	50～73	98～122
8.0	122～170	170～244
8.5	170～244	195～244

3.2.3　土壤有机质

土壤有机质是土壤的重要组成部分，对调节土壤的理化性状和生物学特性、改善土壤结构、提高土壤肥力、保证草坪草的正常生长、提高草坪的质量起着十分重要的作用。

草坪土壤中表层土壤的有机质含量通常较高。草坪草衰老的根、茎、叶以及修剪过程中留在土壤表层的草屑，经过土壤微生物的分解和部分分解，在土壤表层形成的大量的植物残留积累，构成了草坪土壤的枯草层。这些植物残体的元素组成主要包括碳、氢、氧、氮、磷、钾、钙、镁、硅以及铁、硼、锰、铜、锌、钼等微量元素。待枯草层分解后，不仅可以为草坪草的生长提供丰富的营养元素，而且还利于土壤形成良好的结构，改善土壤通气性和持水性以及抗板结能力。有研究表明，枯草层的覆盖，减少了水分的蒸发，使土壤墒情得到了改善。但是，枯草层内微生物频繁地活动，在某些情况下会导致草坪病害的发生，给草坪草带来负面影响。

在草坪建植过程中，人们为了改善土壤理化性状、培肥地力、调节土壤 pH 值等，经常以有机肥料作为底肥施入土壤中，来增加土壤有机质含量。常用的有机肥有经过处理的畜禽粪、处理后的城市生活垃圾、淤泥以及其他有机质复合肥料（如腐殖酸复合肥）等。

3.2.4　土壤空气

土壤空气既是土壤的重要组成部分，又是影响土壤肥力的因素之一。土壤空气主要由大气进入土壤中的气体和土体内部生物化学过程产生的气体所组成。由于微生物和草坪草根系的生命活动，土壤中的氧气不断被消耗，二氧化碳不断产生，使得土壤中的氧气含量明显低于大气，二氧化碳的含量则比大气中的含量高出十倍到几十倍。土壤空气的变化受季节和土壤有机质含量的高低影响较大。土壤空气中的水汽含量高于大气，经常为水汽所饱和。在通气不良的情况下，嫌气性微生物在有机质分解过程中还会产生甲烷、硫化氢等还原性气体，这些气体对草坪草根系的生长会产生不利影响。

土壤空气的好坏与土壤的通气性有着直接的关系。在通气良好的土壤中，土壤空气容易与大气交换而进入较多的氧气，使草坪草根系的氧气供应充足，根系生长健壮，易形成高质量的草坪。当土壤紧实、渍水、通气性差时，与大气进行气体交换的可能性减小，土壤中不但易使有毒气体积累，而且会使二氧化碳含量增高，土壤氧气含量降低，使草坪草根系的生长发育受阻，无法为地上部叶片提供足够的营养，从而影响草坪质量。在草坪管理中，通过打孔通气、梳草、划条、穿刺、垂直切割等草坪辅助管理措施，可以有效地改变土壤的通气状况。

3.3　草坪与生物环境

草坪生态环境中的生物因子主要有土壤生物、人类活动和其他动植物等。草坪环境中除草坪草以外，还有其他一些植物种类如树木、灌木、花卉、杂草等。草坪还是许多小型动物的栖息地，草坪中的动物种类如昆虫等比植物种类要丰富得多，还有大量的原生动物、线虫、细菌、真菌、放线菌等微生物。所有这些生物以草坪为生活环境，相互作用、相互影响、相互竞争与共存，构成了草坪生态系统中的重要因素。

3.3.1　土壤生物

土壤生物包括土壤中各种活的生物及其留在土壤中的残余物。土壤中活的生物包括微生物和土壤动物、植物根、地下茎等。生物残留物包括土壤内及土壤表面部分分解或未分解的生物残体。土壤生物的性质与动态变化对草坪草生态环境适应性有重要影响。

1. 活的土壤生物

土壤中存在着大量微生物（细菌、真菌、放线菌和藻类等），微观动物（原生动物、线虫等），以及较大的动物如蚯蚓、节肢动物（昆虫、螨类、蜈蚣等）、腹足动物（蜗牛、蛞蝓等）、挖洞动物（老鼠）等。土壤生物大多数是有益的，它们降解有机质并转化为植物可吸收的有效养分，改良土壤结构及性质，也有些土壤生物可对草坪造成危害。

土壤微生物中以细菌数量最多。土壤细菌分为自养细菌（从二氧化碳取得所需碳素营养）和异养细菌（从有机质中摄取碳素）。异养细菌构成土壤细菌的大部分，每克干土的细菌总量可高达 100 万个。与其他微生物种类相比，土壤真菌数量较少，尤其是在沙土中更少，其数量为每克干土 1000～100 万个。放线菌类在 pH 值较大的土壤中占优势，通常其数量仅次于细菌。微观动物一般包括原生动物和线虫。原生动物是原始单细胞动物，以食细菌为生。线虫是广泛存在于土壤中的线状蠕虫。肉食线虫以食用包括其他线虫在内的动植物体为生；寄生线虫可侵害植物根系，其侵入点常成为病原菌侵入植物的通道，严重危害草坪植物，因此应注意防治。

较大的动物主要是蚯蚓。蚯蚓活动可减轻枯草层积累，降低土壤容重，增加土壤渗透能力。但蚯蚓活动会使草坪草根系变浅、植物易萎蔫、发病率增高等。

2. 生物残留物

生物残留物包括土壤内及土表未分解和部分分解的有机残余物。大田作物的土壤有机质含量一般为 1％～5％。草坪土壤有机质含量比一般土壤高一些。草坪土壤有 3 种类型的生物残留物，即枯草层、草垫层和土壤有机质。

枯草层是位于土壤表面的有机残留物，其大部分处于分解状态或分解末期（尤其是最靠近土壤表面的层次）。很薄的枯草层对草坪可能是有利的，因为它可增加草坪弹性和耐磨损性能，并对土壤湿度起缓冲作用。但是，过厚的枯草层会增加草坪病虫害发生机会，并使草坪草易受高温、低温、干旱等不良因素的影响。

草垫层是土壤表土层有机质与土壤混合而形成的层次，它位于枯草层与土壤之间。除了枯草层和草垫层外，在矿质土壤上还有一些其他残留物。

土壤有机质中的碳氮比（C：N）控制着有机质的分解速度及碳、氮等的释放量。大部分有机质的含碳量为 40％左右，但氮含量变化很大。细菌所需碳氮比为 4：1 到 5：1，而真菌所需碳氮比为 9：1。有机残留物在碳氮比小于 20：1 时即可为微生物活动提供足够的氮素。这是因为有机质在分解过程中，很多碳素以二氧化碳形式损失于大气中，而氮则大部分被植物再利用，而使碳氮比变小。但如果把碳氮比过大的有机物如秸秆（90：1）直接施入土壤，则微生物会从土体内摄取氮素，由于微生物对氮的利用效率大于植物，故草坪草会出现缺氮症状，这时必须增施氮肥加以补充和调整。

3.3.2　人类活动

在影响草坪环境的各种因素中，人类活动对草坪环境的影响最大，如修剪不及时、修剪过高或过低、长时间干旱等不适当的管理以及浇水或降水后过早利用、高强度长时间地过度利用等。人类活动对草坪质量构成的不利影响主要包括草皮磨损、草皮破损和土壤紧实。

草皮磨损是因过度践踏而导致草坪群体受到机械损伤。造成践踏过度的条件依草坪品种、生理状态、土壤与气候环境不同而异。生长在遮阴、潮湿环境的普通草熟禾比在光照充足、水分适宜的沙质土的狗牙根较易受磨损危害。在草坪上方垂直施加压力会导致茎叶折断，在草坪草遭受霜冻或萎蔫时尤为严重。当以一定角度从侧面施压时，磨损伤害更为严重。一般情况下，通过一些简单措施可大大减轻磨损伤害。例如，高尔夫球场果岭和发球区可通过更换洞杯或发球区位置来减轻磨损。

草皮破损是由于某些活动使草坪结构的完整性遭到破坏。高尔夫球落到果岭区，可损伤草坪表面，导致所谓"球印"，尤其在根分布较浅时更易发生。如果破损的草皮不能及时修复，则草坪修剪作业时常使得草坪草从土壤表面剥离而造成更大危害。在实践中通常采用以新草皮替换，或在缺损处填入土壤和草种补播。

土壤紧实是指土壤颗粒在压力作用下受到挤压而导致土壤密度增大、孔隙度减少的现象。践踏是造成土壤紧实的主要原因。通常，适度的土壤紧实有利于提供更加稳固的草坪表面和促进草坪草根系与土壤颗粒的接触，提高土壤持水能力和草坪强度。但过度紧实会严重减少土壤的孔隙度，导致土壤的通气、透水性下降，不利于草坪草根系和地上部的正常生长发育，从而使草坪草吸收水分和养分的能力减弱，对环境胁迫的抵抗力下降。土壤紧实也会增加草坪养护强度，如更加频繁地施肥和灌溉以及病虫草害防治等。预防土壤紧实或减轻其不利影响的措施通常是对草坪进行定期打孔、划破、穿刺、垂直修剪等，根据紧实状况选择合适的操作方法。

复习思考题

1. 遮阴条件对草坪质量的影响有哪些？
2. 遮阴环境下草坪的养护管理方法？
3. 草坪草耐旱性表现有哪些？
4. 举例说明土壤的酸碱程度对草坪草生长的影响。
5. 草坪建植前，如何对酸性、盐碱性土壤进行改良？
6. 人类活动对草坪质量构成的不利影响主要包括哪几个方面？

第4章

草坪质量评价

　　草坪质量评价是对草坪整体性状的评定，用来反映成坪后的草坪是否满足人们对它的期望与要求。对草坪质量的评价与对大田作物和饲用牧草的质量评价有很大不同。一般作物多以食用器官的产量或品质高低来评价其价值，而草坪质量是一个综合指标，而且是相对指标。它随草坪的种类、草坪的使用目的、评价者的喜好不同而异。就某种使用目的或某个人而言，可接受的，甚至是优秀的草坪质量，对另外使用目的的草坪而言则可能是低劣的。另外，草坪使用目的不同，质量评价的侧重点也不同。例如，庭院草坪质量多注重颜色、密度、质地、均一性等；设施草坪要求根系发达，保持水土能力强，并适合低投入、粗放管理；观赏草坪则要求密度高、均一性好、色泽明快；运动场草坪要求耐践踏、缓冲性能好、再恢复能力强，并能满足不同运动项目的特殊要求。对于高尔夫球场果岭草坪质量的要求，除一般外观质量外，还强调其弹性、刚性、平滑度、滚球速度、回弹力、耐践踏、无纹理等。不同用途草坪的特性差异很大，因此，草坪质量与其功能和主观要求密切相关。

　　尽管草坪质量评定方法在特定条件下侧重点不同，但是构成草坪质量的基本要素是一致的。评价一块草坪质量的高低，一般考虑外观质量或功能质量。对于质量要求较高的草坪，可以测定其他要素作为质量评价的辅助指标。

4.1　草坪外观质量

　　草坪外观质量评价是草坪质量评估常用的一种方法。草坪外观质量评价通常采用目测法。评估者根据草坪的颜色、密度、质地和草坪的均一性或综合质量进行评价，给予评分。目测评定时，把草坪质量划分为不同的等级，有5分制、9分制、10分制等。普遍使用的评分系统是9分制评分法。以9代表可能的最高得分，以1作为最差的得分，以6作为最低合格质量得分。研究各种草坪草的专家通常要了解草坪从细弱的、稀疏的、褪色的植被到苗壮的、稠密的、深绿色的植被之间较大的质量变化范围。尽管该评分方法还需进一步完善，但目前在对大量的品种进行评比时，其9分制评分法的简便、快速和高效特点还未有其他方法可以代替。因此，一般草坪质量评价多强调外观质量要素。

　　草坪的密度、质地、均一性和颜色是评价草坪外观质量的重要指标（图4-1）。它们既相对独立，又相互联系，从不同的方面反映了草坪的外观质量特征。9分制评分法通过给各个草坪质量要素分配权重系数，而后加权平均的方法来得到草坪质量总分的评价。权重系数的分配是根据各个要素的相对重要性而确定的，其分配方法取决于草坪建植和使用的目的以及草坪生长的环境。但在通常情况下，评估者通过目测观察分析后直接按 9 分制对草坪质量进行评定打分。

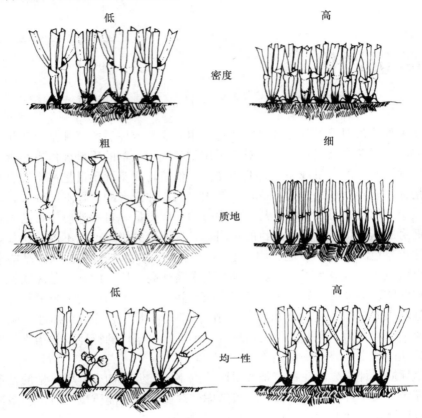

图 4-1　草坪表观质量评分要素

1. 密度

密度表明小区内草坪草植株的稠密程度，是草坪质量最重要的指标之一，与草坪强度、耐践踏性、弹性等使用特性密切相关。草坪的密度可以通过测定单位面积上草坪枝条或叶片的个数而定量测定，测定方法有目测法和实测法 2 种，草坪密度测定应在草坪建植后密度稳定时进行。

草坪的密度随不同的草种、不同环境条件和不同的养护措施而差别很大。由匍匐翦股颖或狗牙根建植的草坪一般密度很高，尤其在修剪低、肥水充足、光照良好、病虫害有效防治情况下更是如此。同一种内不同变种和品种间密度也有很大差异。例如，匍匐翦股颖品种 G-2 密度很高，Pennlinks 中等，而 Penncross 密度相对较低；在同样条件下，草地早熟禾品种 America 和 Midnight 的密度要比 Kenblue 和 Park 高。同一品种播种量不同，密度也表现不同。增加播种量，可以使密度增加。同时，任何一种草坪品种的枝条密度也与草坪建植方式、环境条件及一年中的不同时期有关。对于没有匍匐生长特性的草种而言，草坪播种时的播量及播后草坪不同时期也是影响草坪密度的重要因素。但是草坪最后的密度取决于养护管理水平和环境条件。即使是加大播种量，也会因种间竞争而固定在某一密度范围。充足的土壤水分、较低的修剪高度和施用氮肥通常会增加草坪的枝条密度。密度也是草坪草对各种条件适应能力的尺度，不耐遮阴的草坪草种在树下不易形成高密度草坪。施肥量不足常导致草坪中杂草的竞争力增强，从而降低草坪密度。另外，修剪频率过低，而在一次剪掉过多叶片时，会严重降低光合作用，造成密度减小。

2. 质地

质地是指草坪草叶片的宽窄和细腻程度。通常认为叶片越细，质地越好。叶片宽1.5～3mm 是大多数人所喜爱的草坪草质地。具有良好质地的草坪草，如草地早熟禾等具有狭窄的叶，而高羊茅和地毯草则为质地粗糙的草种类型。紫羊茅和粗茎早熟禾是细质地的草坪草。野牛草叶片细，但由于叶片上被有大量的毛，触感欠佳。钝叶草叶片宽，但触感很柔和。随着育种技术的进步，同一草坪草不同品种间质地差别增大，如高羊茅的许多新品种叶片较窄，质地较为细腻。草坪草叶片质地的测定通常是测量叶片最宽处的宽度。

草坪草的叶宽主要是由基因型决定的，但养护管理措施，如修剪高度、施肥水平、表层铺沙等也都会影响草坪草的质地。一般情况下，修剪较低、施肥适中的草坪，质地较好。叶片的质地也会随植株的密度和环境胁迫而发生变化，如长期干旱会使草坪草质地变得较为粗糙。对同一品种来说，密度和质地有一定相关性，密度增加，质地则变细。

质地也影响草坪草种间混合播种时的兼容性。在进行草坪混播和混合配方时，要使用叶片质地相近的草种和品种，粗质地草种不宜同细质地的草种混合播种，因为两者相结合外观表现不一致，会破坏草坪的均一性。

3. 均一性

均一性是草坪外观上均匀一致的程度，它取决于两个方面：一是草坪群体构成上的均一；二是草坪表面特征的均一。高质量的草坪应是高度均一，不具裸露地、杂草、病虫害斑块，生长型一致的草坪。相对而言，均一性的评分较困难。虽然它不像质地和密度那样容易度量，但草坪的均一性是外观质量重要的特征。质地、密度、草坪草构成、颜色以及剪草高度等特征，决定了草坪的均一性，因而也影响草坪外观质量。对于混播建植的草坪，均一性是最重要的质量指标之一。

4. 颜色

草坪颜色或色泽是肉眼对草坪反射光的光谱特征做出的评价。当辐射能投射到草坪表面的时候，某些波长的辐射能被草坪草吸收，而其他一些波长的辐射能被反射。波长范围在 380～760nm 的反射光谱作为草坪的颜色被肉眼所感受。草坪颜色是表征草坪总体状况最好的指标之一。

不同草种和品种在颜色上深浅不一，从浅绿、深绿到浓绿。在草坪草生长季节的初期和末期，这些差异将更为明显。如在夏季很难从颜色上区分一年生早熟禾和草地早熟禾，但在早春一年生早熟禾的浅绿色很容易与草地早熟禾的暗绿色区别开来。假俭草和结缕草的某些品系，秋季叶呈红色，使草坪别具一格。

草坪颜色是衡量草坪生长状况的一项重要指标。草坪失绿可能是缺乏营养、病害、虫害、线虫危害、过量的水分供应、枯萎或其他的环境胁迫的反映。不正常的暗绿色可能是施肥过量或草坪草将发生萎蔫或是患某些疾病的早期征兆。修剪质量也可以影响草坪的颜色，修剪不当，会引起叶片顶端参差不齐。修剪频率过低，一次修剪量过多，将给草坪草留下一个参差不齐的茎叶末端，使草坪出现灰白色到灰褐色的坪面。

草坪草的颜色是很难定量测定的。因为草坪中含有大量绿色的、棕黄色的、褐色的草叶。叶绿素含量是在每平方分米面积中测定叶绿素的毫克数的定量指标，可作为草坪颜色评价的一项参考。草坪的颜色评价与个人喜好有关。例如，美国人喜欢深绿色，日本人喜好淡绿色，英国人则喜好黄绿色。在我国，大多数人比较喜欢深绿色。

由于目测法具有一定的主观性，所以质量评定最好由几个评价者相对独立地做出。最终的评分等级取这几个评价者评定结果的平均。这种方法的可靠性与评价者的经验和技艺有关。目测法在一个测试区中有一定的定量性，但要比较不同的地方、不同的年份，不同的评价者之间的结果在某种程度上来说是不太可靠的。尽管有这种限制，到现在为止还没有更好的定量方法可以替代这种方法，所以，在草坪质量评价中，它还会作为主要的方法继续使用。

4.2　草坪功能质量

草坪功能质量也称草坪的使用质量，即草坪承担一定的使用目的所表现出来的特性。草坪功能质量评价依据利用目的不同而异，特别是不同运动场草坪对功能质量要求存在差异。如高尔夫球场对草坪的密度和均一性要求甚高，叶宜细而柔软，对平滑度也颇为重视。足球、橄榄球等运动场和赛马场跑道的草坪，因常受到运动员的踩踏或马蹄的践踏，对草坪的耐践踏性要求较高。草坪的功能质量既受外观特性的影响，也受草坪的刚性、弹性、回弹力、恢复能力等影响。

1. 刚性

刚性是指草坪叶片对外来压力的抗性［图 4-2（a）］。它与草坪的耐践踏能力有关，是由植物组织内部的化学组成、水分含量、温度、植物个体的大小和密度所决定的。结缕草和狗牙根草坪的刚性强，可以形成耐践踏的草坪；草地早熟禾和多年生黑麦草草坪刚性则差一些；而匍匐剪股颖和一年生早熟禾刚性更差；粗茎早熟禾最差。

刚性的反义词是柔软性。只要具备一定的耐践踏能力，柔软有时也是某些草坪所希望的特征。这主要取决于草坪的用途和使用强度。

2. 弹性

弹性是指草坪叶片受到外力作用下变形、在消除应力后叶片恢复原来状态的能力［图 4-2（b）］。这是草坪的一个重要特性指标。因为大多数情况下，由于管护和使用等活动的原因，草坪不可避免地受不同程度的践踏。在初冬季节，清晨有霜冻发生时，草坪叶片的弹性急剧降低，这时应禁止一切草坪上的活动。此时践踏草坪的脚印造成的损伤是无法恢复的。当温度升高以后，草坪草的弹性会得到恢复，有时清晨喷灌可加快这一过程。如在高尔夫球场日常管理中，常采用早上喷灌的方法加快果岭草坪草弹性的恢复。

3. 回弹力

回弹力是草坪吸收外力冲击而不改变草坪表面特性的能力。草坪的回弹力部分受草坪草叶片和滋生芽特性的影响，但主要受草坪草生长介质特性的影响。如草坪上形成的

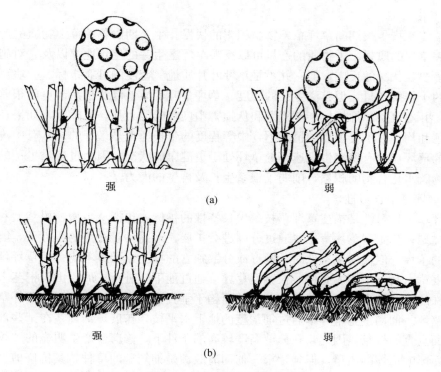

图 4-2　草坪的刚性和弹性
（a）刚性；（b）弹性

薄薄枯草层能增加草坪的回弹力。高尔夫球场果岭的草坪应具有足够的回弹力，以保持住一个恰当的定向击球。足球场草坪的回弹力对防止运动员受伤是非常重要的。

4. 恢复能力

恢复能力是指草坪受到病害、虫害、践踏及其他因素损害后，能够恢复覆盖、自身重建的能力。它受植物遗传特性、养护措施、土壤与自然环境条件的影响。土壤板结，施肥、灌溉不足或过量，温度不适宜，光照不足及土壤存在有毒物质和病害都可影响草坪草的恢复能力。一般来说，有利于草坪草生长的环境条件也有利于草坪草的再生与恢复。

4.3　其他评价指标

1. 草坪强度

草坪强度是指草坪忍受外来冲击、拉张、践踏等机械拉力而不被撕裂的能力。它是草皮卷生产中最重要的特征指标。在草皮生产中，如果草坪草的根系、地下茎或匍匐茎还没有充分发育，草皮无法进行铲取、搬运和移栽。对业余人士来说，测试草皮强度的办法通常是抓住草皮块的一头提起离开地面看草皮是否会撕裂。更定量化的测定草皮强度的方法是使用草皮强度计。这种草皮强度测定法是给草皮块施加一个均匀一致的拉力直到将草皮撕裂。它可以用来比较不同的草种、品种及某种特定的草皮栽培措施对草皮强度的影响。草坪强度也可凭经验目测，分为强、较强、中等、较弱、弱 5 个档次。

2. 生长速率

生长速率指生长期间草坪草干物质积累的快慢。生长期内草坪草干物质的产量并不真正代表草坪的质量。干物质的产量可以反映草坪滋生芽的生长速率以及它对施用的肥料或环境要素状况的反应，但它并不是草坪叶片质地、密度的可靠指标。一块草坪可能有很高的干物质产量，但其滋生芽的密度、草坪草叶片质地以及根系却可能很差。生长速率快，并不表明草坪抵抗杂草侵袭和从损害中恢复的能力强。实际上，如果在草坪密度、颜色和均一性不受损害的情况下，中等程度的生长速率是最好的。具有中等程度生长速率的草坪比具有快速生长速率的草坪处于更健康的状况。因为过多滋生芽的生长消耗了植物碳水化合物的积累，削弱了根系生长及再生的潜力。

3. 草坪草生长习性

草坪草生长习性是描述草坪草枝条生长特性的指标，包括丛生型、根茎型和匍匐茎型 3 种类型。丛生型草坪草主要通过分蘖进行扩展，在播种量充足的条件下，能形成均一性强的草坪。但在播量偏低时，则形成分散独立的株丛，导致不均一的草坪坪面。多年生黑麦草、高羊茅均属此例。根茎型草坪草通过地下茎进行扩展，由于根茎末端是在远离母株的位置长出地面，地上枝条与地面趋于垂直，因此强壮的根茎型草坪草可形成均一的草坪。匍匐茎型草坪草通过匍匐型的地上水平枝条扩展。匍匐茎在某些部位常产生与地面垂直的枝条，因此，在修剪高度较高的条件下，修剪会产生明显的"纹理"现象，进而影响草坪的质量。但狗牙根、匍匐翦股颖是匍匐型的草种，其抗修剪性强。草坪中出现斑秃时，在含有匍匐茎草种的情况下，可因匍匐茎的扩展而得到修复。

叶片的直立或水平伸展对草坪质量也有一定影响。直立型草坪草形成的草坪外观整齐，不改变球的旋转方向，对于运动场草坪来说是较为理想的。

4. 平滑度

平滑度是草坪表面对运动物体的阻力大小，是运动场草坪品质的重要因素，它影响草坪的外观质量和娱乐功能。对果岭而言尤其重要，果岭上应该没有使球滚动发生偏移的障碍和凹陷。平滑度差的草坪将降低球滚动的速度和持续时间。草坪草叶片生长特性和平滑度可以根据表观评估看球滚动的距离及是否偏向来评价。关于草坪平滑度，还没有完善、快速、准确的测定方法，但有一些试验性的方法用于测试草坪表面的摩擦度。较准确的方法是斜面法。这种方法是在一定的坡度、长度和高度的助滑道上，把球向下滚动，记录滑过草坪表面球的运动状态以确定草坪平滑性。该方法仅限于测试有相似的、均匀坡度的草坪果岭表面。它对风速的影响和方向很敏感。然而，具有相同表面的场地是很难获得的，试验用球也不可能完全一致，因此这种方法也有一定的局限性。

5. 球滚动距离

球滚动距离是指球在一定条件下在草坪表面所滚动的平均距离。可采用特定机械装置按一定速度发球后测定其滚动长度。例如，人们用果岭测速器测定高尔夫球场果岭球的滚动距离，以评估果岭质量。球滚动距离受多种因素的影响，如草坪种类、剪草高度及频率、肥水措施的运用等。

用果岭测速器测量球速或果岭球速（图 4-3）需要的用具包括果岭测速器、3 个高尔夫球、3 个球座、记录簿和 1 个 3.7～4.6m 长的带尺。测定方法如下：

图 4-3　使用测速器测量果岭球速

（1）在果岭上选择一个较平坦的地方（长和宽为 3m）。

（2）将球放在测速器后端的 V 槽中，测速器的前端固定不动，慢慢地抬起测速器后端，直到球开始向下朝前滚动，停止。

（3）用尺丈量球在草坪上的滚动距离，记录数据。

（4）如此连续重复 3 次，获得 3 个数据，取其距离的平均值为 A。3 次中，球的间距不超过 20cm，即数值较准确，如超出则重新测量。

（5）在相反的方向重复 2、3、4 做法，得另一组平均值为 B。

（6）A 和 B 的平均值即为该果岭的球速。A 和 B 的值差距大于 45cm 时，则测定的果岭球速准确性不可靠，应选择另一地方重新测量。

果岭的球速可用来监测一年中果岭养护措施的适用程度。重大比赛中球速多掌握在中快速度以上。日常球场经营时，依打球人数、会员打球的期望标准、养护预算、季节变化等来决定果岭球速的快慢。

6. 留草量

留草量是指修剪后留在表面的草坪草地上部茎叶总量。对某一特定草坪草基因型而言，留草量越多，则回弹力和刚性越好。同一基因型内，提高修剪高度可增加留草量，改善耐磨性。基因型与修剪高度一定时，留草量直接与密度相关。在同一修剪高度下比较不同基因型的留草量，可表明各个基因型在混合群体中的相对竞争力。

7. 根系生长量

根系生长量是指生长季节中任一阶段的根系总量。可采用土壤取样器或刀具取样直接用肉眼观察。如大量白根扎入土壤十几厘米深，则表明根系生长良好。如根系分布浅或局限于枯草层，则草坪容易发生问题，尤其在环境胁迫阶段。至少对于冷季型草坪草而言，养护的主要目的是在春季环境条件适宜时，培育一个强大的根系；在夏季高温干旱胁迫时，保持尽量多的根系；在秋季则促进新根的增加。

在某些情况下，还包括其他的草坪质量测定项目。如植物组成、植株高度、修剪量、病害和裸地斑块的比例以及某些与环境胁迫有关的指标如根系活力、抗氧化能力等，也可以提供关于草坪质量及活力的附加信息。

4.4 草坪质量评分标准

1. NTEP 简介

随着草坪业的发展，草坪草新品种越来越多，品种性能不断改良，加之地区间环境条件存在差异，草坪品种的质量评价变得越来越困难和复杂。

美国国家草坪品种评比项目 NTEP（The National Turfgrass Evaluation Program）是在美国全国范围内的草坪品种测试。它是由美国农业部（USDA）、农业研究局（Agricultural Research Service）和国家草坪基金会 NTF（National Turfgrass Federation）共同合作的项目。该项目开始于 1980 年，其目的在于评价草坪品种在不同的环境条件、养护管理措施和应用情况下的表现。经过 3～5 年的评比得到参试的草坪品种在不同的区域和养护管理条件下质量的正确评价。不同地区的用户可根据品种比较结果选择草坪草种和品种。到 1993 年，有 550 多个品种正式参加了 12 项试验评比项目，涵盖 17 个草坪草种，并分别在美国和加拿大 15～50 个试验点上进行。世界上有 30 多个国家的个人、公司和单位广泛使用 NTEP 的报告作为草种选择的参考。观测因素对美国 NTEP 法评价草坪外观质量的评价结果也有一定影响，具体见表 4-1。

表 4-1　美国 NTEP 法对草坪外观质量评价时的条件要求（引自孙彦，2017）

观测条件分类	NTEP 要求
观测时间	10：00-15：00
天气条件	阴天
面对太阳的方向	外观田间评价时评估者应背对太阳
修剪后的时间长度	外观评价前 24h
修剪方向	评价者从一个或相同修剪机的方向观察小区
观测小区最小面积	1.5m²
小区养护完整性	评价者有必要掌握完整的养护措施与条件
观测小区标记	评价前标记小区边界与边角

2. 草坪质量的评分标准

草坪质量的评分标准是在多年实践和运用基础上逐渐发展而形成的一套指标体系。目前国际上一般沿用 NTEP 的评分标准。评分因素不仅考虑草坪颜色、质地、密度、均一性和总体质量，而且包括环境胁迫因素。NTEP 采用 9 分制评价草坪质量。9 分代表一个草坪能得到的最高评价，而 1 分表示完全死亡或休眠的草坪。

用 9 分制评分法，1～2 分为休眠或半休眠草坪；2～4 分为质量很差；4～5 分为质量较差；5～6 分为质量尚可；6～7 分为良好；7～8 分为优质草坪；8 分以上质量极佳。对于一些指标，也采用了百分制。实际评分时可以参照以下具体标准。

（1）密度

评估正在建植的草坪时，其密度和盖度是紧密相关的。对成坪草坪的评价，要排除小块死亡区域。从草坪上方垂直往下看，小区完全为裸地、枯草层或杂草组成时，为 1 分；盖度<50％时，为 1～3 分；盖度 50％～80％时，为 3～5 分；盖度 80％～100％时，为 5～6 分；盖度达到 100％，由较稀疏到很稠密，为 6～9 分。

（2）质地

它表示草坪叶片的细腻程度。手感光滑舒适、叶片细腻的草坪质地最佳；手感不光滑、叶片宽、粗糙的草坪质地最差。对手感光滑舒适的草坪，叶片宽度为 1mm 或更窄，为 8～9 分；1～2mm，为 7～8 分；2～3mm，为 6～7 分；3～4mm，为 5～6 分；4～5mm，为 4～5 分；5mm 以上，为 1～4 分。虽然叶片较窄，但手感不好的草坪，在以上评分的基础上略减。

（3）均一性

草坪草色泽一致、生长高度整齐、密度均匀、完全由目标草坪草组成、不含杂草，并且质地均一的草坪为 9 分；裸地、枯草层或杂草所占据的面积达到 50％以上时，均一性为 1 分。

（4）颜色

颜色表明草坪草品种内的绿色状况，是草坪表观特性的重要指标。它受修剪、病害等影响，评价要在草坪不受环境胁迫条件下进行。枯黄草坪或裸地为 1 分；小区内有较多的枯叶，较少量绿色时为 1～3 分；小区内有较多的绿色植株，少量枯叶或小区内基本由绿色植株组成，但颜色较浅时为 3～5 分；草坪从黄绿色到健康宜人的墨绿色为 5～9 分。

草坪外观质量评分标准参照表 4-2。

表 4-2　草坪外观质量评分标准

指标	盖度分等	评分	指标	叶宽分等	评分
草坪密度	<50％	1～3	叶片质地	5～10mm	1～4
	50％～80％	3～5		3～5mm	4～6
	80％～100％	5～6		1～3mm	6～8
	盖度 100％，较稀疏到很稠密	6～9		<1mm	8～9
颜色	休眠或枯黄	1	均一性	高度均一	9
	较多的枯叶，少量绿色	1～3			
	较多的绿色，少量枯叶	3～5			
	浅绿到较深的绿色	5～7		50％斑秃	1
	深绿到墨绿	7～9			

（5）综合质量

综合质量评价按月进行。依据草坪的颜色、质地、覆盖度和受病、虫、干旱等影响的结果综合评分。1 分为草坪死亡或休眠，9 分为最好的草坪。表 4-3 是 2018 年参加 NTEP 评比的部分高羊茅品种（系）草坪综合质量评分。

表 4-3　高羊茅品种（系）草坪质量评分（NTEP，2018）

品种（系）名称	各试验点评分								
	NJ1	NJ2	MD1	KS1	GA1	MO1	VA1	OR1	DE1
ZRC1	7.4	6.3	6.1	5.6	6.4	5.7	7.3	5.8	6.3
RHF	7.0	6.0	5.9	5.5	6.3	5.6	7.1	5.7	6.2
RHL2	7.0	6.0	5.9	5.4	6.3	5.6	7.1	5.7	6.2
TF456	6.9	6.0	5.9	5.5	6.4	5.7	7.2	5.8	6.3
AH2	8.2	6.7	6.5	5.8	6.5	5.8	7.4	5.9	6.4
DRAGSTER	6.7	5.8	5.7	5.3	6.1	5.4	7.0	5.6	6.1
TD2	7.3	6.2	6.1	5.7	6.5	5.8	7.3	5.9	6.4

（6）冬季色泽

冬季色泽是指冬季草坪颜色保持的程度，是对整个小区颜色的评价。1分为枯黄，9分为正常绿色。

（7）盖度

盖度是指被目标草坪草所覆盖的面积百分比。通常用于表明病、虫、杂草等环境胁迫对草坪的伤害程度，在春、夏、秋各评价一次。

（8）返青

返青是反映草坪从冬季休眠向春季活跃生长过渡期的生长状况的指标。它以草坪颜色为标准。1分为休眠草坪，9分为草坪全部正常绿色。

（9）幼苗活力

通过目测比较相对生长速度参数，如用盖度和植株高度等来评价。通常在草坪成坪之前进行，1分为最弱，9分为最强。

（10）耐践踏性

它是衡量草坪受到人为践踏或机械作用下耐磨损和压迫的综合指标。磨损伤害在数小时或几天内可表现出来，而压迫伤害的表现需要较长时间。1分为100%受损伤，9分为无损伤。

（11）茎量评价

一些草种修剪后可能表观质量差，是由于它们生长周期中繁殖阶段产生许多茎，这反映了草坪均一性和质量。评价采用9分制，1分表示修剪质量最差、茎最多，9分表示修剪最好或没有茎。

（12）抗寒性或抗冻性

抗冻性通常用由受直接的低温或失水伤害造成的草坪地面覆盖减少的百分比来表示。抗寒性则用1～9分表示。1分为100%叶片伤害，9分为无伤害。

（13）抗旱性

抗旱性可用4种指标来评价：萎蔫、叶片卷曲、休眠和恢复。1分为完全萎蔫，100%叶片卷曲，完全休眠或植株不能恢复。9分代表无萎蔫，无卷曲，100%绿色（无休眠）或100%恢复。

（14）枯草层厚度

枯草层厚度指压缩后测量的枯草层厚度（单位为 mm）。常用的方法是去掉草坪绿色植株体后，在 5cm 直径上对草坪施加 1kg 压力后测定的厚度。

（15）抗病性和抗虫性

抗病性和抗虫性指草坪对病、虫害的抵抗能力。1 分为草坪因病、虫害全部死亡，9 分为无病、虫危害。

4.5　草坪质量影响因素

草坪质量受多个因素的制约和影响。草坪管理的基本目标是通过一系列措施，协调各个要素，维持一个良好的草坪生态系统，从而获得理想的草坪质量。选用适宜的草种、正确的建植方法、适当的修剪和肥水运用、合理的辅助措施以及有效的病虫害防治均有助于提高草坪质量。

影响草坪质量的各个要素综合起来主要包括草坪草的植物遗传特性、环境条件和养护措施 3 个方面。

草坪草品种的遗传特性包括草坪的质量特征和对环境胁迫的抵抗力和适应性。专业草坪工作者应该考虑草坪草的这些遗传特性，以便选择适应不同的气候环境、土壤、使用目的以及养护管理程度的恰当的草坪草种或品种。不同草种或品种间，耐性或抵抗力的程度有很大的差异。这些遗传特性的变异范围为我们进行草坪草种改良提供了种质资源或基因库。

环境因素指环境中的大气、土壤以及生物因素，它们影响草坪草的生长和生存。这些因素具体包括光照、温度、水分、营养水平、土壤孔隙和践踏强度等。这些影响因素有些可以通过养护管理得到控制。在选用草坪草时，要根据品种评价资料对其遗传背景和特性进行分析，选用对当地环境条件适应性好、品质优良的草坪草种或品种。

养护措施是影响草坪质量最可变的因素。在正确选择适应环境条件的草坪草前提下，草坪质量好坏主要取决于养护管理水平。合理运用管理措施，消除或减少不利环境因素的影响，可以改善草坪质量。

复习思考题

1. 什么是草坪外观质量评价？有哪些评价指标？
2. 常用的草坪功能质量评价指标有哪些？
3. 简述 NTEP 评价体系。
4. 进行草坪外观质量评价时应注意哪些事项？
5. 影响草坪质量的因素有哪些？

第5章

草坪建植

　　草坪建植是指采用种子或营养体等材料，运用适当措施建成成熟、稳定草坪的过程。建植措施得当，会为今后的草坪管理打下良好的基础。如果建植过程中出现失误，不仅建坪质量大大降低，还会给后期管理带来诸多困难，如病害、杂草严重、排水不良、草坪退化早等。建植过程通常包括建植设计、场地准备、草种选择、建植方法和苗期管理等程序。

5.1　草坪建植设计

　　草坪建植的首要部分是建造过程。草坪建造包括草坪建植设计和场地准备。草坪建植设计是针对专用草坪场地必不可少的环节。草坪建植设计的目的是以建植基本规划为基础，根据建植地的详细条件、对应的土地分配规划等，来决定建植地的外观形态、景观组成、景观功能及布局等，并正确地描绘出建植的全部设计图。草坪建植设计的最终目的是创造出景色如画、环境舒适、健康文明、具有特定功能的草坪场地，是草坪建植成功的前提。草坪美学的艺术，质量的好坏，功能的发挥，在很大程度上取决于是否具有完整科学的、高水平的草坪建植设计。良好的设计能够充分利用地形，减少土方工程量；能够科学选择植物配置，提高建坪成功率，提升草坪绿地的美学意境；能够充分发挥场地功能，降低后期使用中的养护成本。

5.1.1　草坪建植设计的基本原则

　　1. 生态优先原则

　　生态化是新时代的主题，凡符合生态规律、生态环境功能的景观都是美丽的。在进行草坪建植设计时，要尊重地域自然地理特征和节约保护资源环境，把生态学原理作为其生态设计观的理论基础。把尊重生态多样性、减少资源掠夺、保持水肥平衡等理念融入草坪设计中的每一个环节，才能达到生态效益的最大化，给人们一个健康、绿色、环保、可持续的休闲场所。

　　2. 以人为本原则

　　以人为本原则的内涵就是以人为基础、以人为前提、以人为动力、以人为目的。草坪建植设计要符合使用者最根本的需要，设计者必须掌握心理审美知识和人们生活的普遍规律，使设计真正能够满足人的心理需求和行为感受。公园、学校等草坪设计应充分考虑草坪中园路的位置和走向，合理的设计可以避免由于频繁践踏而使草坪出现小路的现象。在设计中还应考虑方便残障人士的无障碍设计。

3. 功能性原则

草坪是具有特殊功能性的场所，所以要秉承功能性设计原则。例如在足球场草坪设计时要着重考虑排水系统的高效性，以保证球场在大量降水时仍能够进行比赛。而在高速公路中央分隔带要注意绿化防眩的设计，以减轻夜间行车车灯眩光的影响，保障行车安全。

4. 经济性原则

草坪景观是以创造生态效益和社会效益为主要目的。如果不切实际一味地增加投入，追求奢华气派，会造成大量浪费。草坪设计时要注意节约成本、保证质量、方便管理，以最少的投入获得最大的生态效益和社会效益。

5. 可持续发展原则

草坪设计要特别注重可持续发展原则。草坪建植后的养护和维护是草坪使用中的主要工作，因此在草坪设计时要考虑后期的养护管理是否方便。好的设计能够使后期的修建、灌溉、施肥等养护措施十分方便易行。不合理的设计就会带来很大的养护麻烦，不仅增加人力、物力的成本，还有可能降低操作人员工作的安全性。因此，草坪建植设计要对未来的发展动态进行科学、合理、可行的预测，并对未来的养护、改造、升级工作留有足够的空间和发挥的余地。

6. 艺术性原则

艺术性设计原则是草坪设计中高层次的追求，它要求设计符合美学规律，具有审美艺术性，巧妙地利用草坪植物的形体、线条、色彩和质地进行构图，并通过植物的季相变化来创造不同的景观，展现其独特的艺术魅力。

综上所述，一项优秀的草坪设计，必须做到生态优先、以人为本、满足功能、经济、美观、便于养护，力争实现最大的生态效益、社会效益和经济效益。

5.1.2　草坪建植设计的依据

1. 科学依据

在任何草坪设计中，都要依据有关工程的科学原理和技术要求进行。如在高尔夫球场设计中，要依据设计要求结合原地形进行草坪的地形和水体的规划。设计者必须了解该地段的地形、地貌、地质、水文、土壤性质、地下水位、冰冻线等资料，才能做出符合科学规律的设计。草坪建植设计涉及的科学技术领域非常广泛，其中包括建筑科学技术、土方水利工程、动植物科学、园林草坪植物配置等方面。因此，草坪建植设计的首要问题是要有科学依据。

2. 社会需要

社会需要是属于上层建筑范畴，它要反映社会的意识形态，为广大人民群众的精神与物质文明建设服务。因此，草坪设计者要洞察广大人民群众的心态，了解他们对草坪绿地的不同需求，创造能满足不同年龄、不同兴趣爱好、不同文化层次使用者需要的，面向大众、面向人民的草坪。

3. 功能需求

草坪设计者要根据广大人民群众的审美需求、活动规律、功能要求等，创造出景色优美、环境卫生、情趣健康、舒适便利的绿地空间，满足人们游览、休憩、娱乐以及其他特定功能的要求。

4. 经济状况

经济是基础，经济状况是园林设计的重要依据。同一处绿地，甚至统一设计方案，由于采用不同的工程材料、不同的施工标准，其投入的资金状况也会不同。因此，草坪设计者应当在当下的投资状况下发挥设计水平，在满足工程质量要求的前提下，尽量节省开支、节约成本。

5.1.3 草坪建植设计的内容

1. 建植基础整备设计

建植基础整备设计是为了使植物能够良好地生长发育，形成人们所希望的形态和性质。同时，还要根据建植地在整体区域中的景观协调，从景观的观点进行定位后才能进行设计。整备建植基础要尽量保护表土，不破坏既存水系，使植物能正常生长发育，也就是基础整备设计应从保护和整备两方面进行。设计时主要包括以下两个部分：

（1）植物的生育基础整备。建植基础整备是为了确保草坪草等植物的良好生长发育，因而必须充分考虑草坪植物的构成、有效土层、紧实度等。在进行基础整备设计时，还应考虑坡度问题，最好是既能保持坡面的稳定性，又能在景观上形成与环境融为一体的形态和功能。

坡面稳定性主要由土方工程来实现，包括坡面的坡度、高度、宽度、土质、排水等方面。要防止坡面滑动、崩塌和水土流失，同时要符合草坪设计原则。为使坡面景观与周围环境相协调，应选择坡面与周围景观顺利连接的工程手法，最好能用坡面的绿化等手段使周围的景观互相协调。

（2）适于地域自然特征的基础整备。道路和绿地等处包括丘陵、平地、高台、填筑地等，这些场所的土地的自然特性各异，因此在整备建植基础时灵活应用这些特征是非常重要的。就自然资源而言，与构成地形的地质和土壤地下水相关，而地表又是植物生长发育的地方，它们之间相互关联，或受都市活动的影响形成了具有地域特色的某种环境。在进行建植基础整备设计时，要综合掌握这些关系，选择最合适的挖方和填方方法是很重要的。

2. 建植景观设计

建植景观设计是从景观形成的角度来考虑植物构成，以构筑优美、舒适、与周围环境相协调的空间。在进行设计时，要根据周边环境和建植地的土地特性，明确建植地整体和各部分所适合的景观之后，再确定景观的图像。

3. 建植功能设计

建植功能设计就是通过对建植工程功能效果的确定，以求构筑与规划地的目的、功能相适应的建植空间。所谓建植功能，就是草坪和树木等植物单独或群体存在时所构成的效果。建植功能设计就是根据建植目的，制定建植功能效果，进而为了达到这一功能效果确定何种建植构成最适宜的作业。建植功能设计，首先要根据规划地内部条件和规划地周边环境条件，制定出公共绿地和道路所要求的建植功能，在制定了规划地所要求的功能以后，整理并制作功能图等。

4. 确定适应的建植植物

为了达到建植目的，发挥建植效果，最好使用适应当地环境条件的植物。因为它们具有当地的气候适应性，所以在栽植后，即使进行最基本的管理也能形成持续稳定的建植景观。在确定建植植物时，首先应确认规划地所处的气候条件，在此基础上，确定能够适应规划地气候条件的主要植物，并根据规划目的，对规划地功能和景观的要求，以及植物的主要特征、特性等，最终确定适应的植物种类。

5. 建植管理设计

建植管理设计是根据建植工程的目的、功能和立地条件，确定相应的管理方法，并将其作为设计给定条件整理出来。

（1）管理条件的确定。在确定将来对建植地的管理方法前，必须先确定以下基本要素：

① 经营条件。应根据建植地的管理主体的组织、性质来确定与管理相关的基本要素。通常管理体制分为直接管理和间接管理，直接管理即建设的主体直接管理全部建植地；间接管理即将全部或部分建植地设施委托给外面的组织进行管理。

② 环境条件。建植地的自然条件和社会条件在确定管理内容和质量标准的指标中具有重要作用。自然条件是指建植地的自然环境特性条件。社会条件是指根据建植地周边的都市化程度和相邻地带土地利用特性，确定必要的管理标准。

③ 设施条件。建植地种类、都市的位置以及主要植物材料的特性等，在确定管理标准和管理内容时也是关键指标。例如，建植地位于都市中心，则利用率高，用作修景的建植多，成为以草坪和形态整齐的高大树木等为主体的建植地，一般要求高水平的管理；而郊外型建植地以周末利用为主，形成以利用现有林地为主的建植地，一般管理水平较低。

（2）管理方针的确定。在参考建植景观规划和建植功能规划的同时，根据前述所制定的管理条件来确定管理方针。具体来说，确定建植地整体的管理水平，同时注意建植地在管理上的注意事项，将它们归纳起来，制定管理方针。

6. 配置基本设计

配置基本设计是根据建植目的，依照建植景观设计和建植功能设计的结果，配置一些优美且功能好的植物材料，以形成意图建植空间而进行的确定植物构成的作业。

7. 工程水平的设定

工程水平的设定就是根据建植目的和作用、规划的内容、完成时期等，推算出工程费用，设定花费的界限，以经济的可能性为基础，预定工程费标准。在确定与建植设计内容相应的工程费用时，最重要的是要确保设计内容的实现。确定工程费的实际预算的基础是工程费概算。概算工程费，不仅要合理、经济、平衡，而且在必要时能够容易进行检查核对。

8. 制作建植基本设计图书

建植基本设计图书是建植规划与设计的汇总，相关者之间进行充分协商得出满意的结果，并将该结果作为最终成果整理出来。所谓成果，就是以图纸和报告书的形式进行的汇总。在汇总时，不仅要有最终成果，也应对确定过程和经过的草稿等进行相应的图表化，并汇总在报告书中。

5.2 坪床准备

5.2.1 场地清理

场地清理包括清理地面及地下各种障碍。在建植施工地范围内，凡有碍工程开展或影响工程稳定的地面物或地下物都应该清理，如不需要保留的树木和灌丛、废旧建筑垃圾或地下构筑物等。

1. 伐除树木

对木本植物进行清理包括树木、灌丛、树桩及埋藏树根的清理。生长着的树木可以根据其美学价值和实用价值来决定是否移走。一定数量的乔木和灌木可增加草坪的美学价值，但其造成的遮阴及其对土壤养分、水分的竞争对草坪草生长与管理都不利。凡土方开挖深度不大于50cm，或填方高度较小的土方施工，现场及排水沟的树木，必须连根拔除。但对于一些大树，尤其是一些古树，应慎之又慎，尽量设法保留。

2. 岩石和巨砾的清除

应根据其结构特点进行。一些建筑垃圾如砖瓦、混凝土块以及石块等应当及时清除。在35cm以内表层土壤中，不应当有大的砾石瓦块。50cm以内表层土壤中如果存在大的岩石或巨石，则灌溉或降雨后，前期土壤过湿，而后期由于下层土壤的水分不能充分向上供应，这些地方会变得干硬。在10cm以内表层土壤中若有碎石砖瓦等，会影响草坪的耕作管理（如打孔等），严重破坏管理机械。另外，在草坪根系生长受阻的地方杂草容易侵入，通常在种植前以过筛等方式将绝大部分石块清除，石块数量较少时，可等幼苗根系扎牢后手工捡出。

3. 杂草清除与病虫害防治

控制杂草最有效的方法是使用熏蒸剂或当杂草长到7～8cm高时施用非选择性、内吸型除草剂。为了使除草剂吸收和向地下器官运输，使用除草剂3～7天后再开始耕作。除草剂施用后休整一段时间，有利于控制杂草数量。通过耕作措施让植物地下器官暴露在表层，使这些器官干燥脱水，也是消灭杂草的好办法。在杂草根茎量多时，待杂草重新出现后，需要再次使用除草剂。熏蒸是应用强蒸发型化学药剂来控制土壤中的杂草、根茎繁殖器官、致病微生物、线虫和其他潜在有害生物的一种方法。它是一项费时、费力、花费高的方法，但如遇一年生早熟禾种子和多年生杂草或莎草科杂草根茎较多时，此方法最为有效。为使熏蒸剂的气体在土壤中充分扩散，在熏蒸前要深翻土壤。由于气体在溶液中扩散慢，而干土则会吸附大量熏蒸剂气体，从而限制气体在土壤中的移动，降低药效。因此，熏蒸时要求土壤潮润，土壤温度应在15℃以上，否则熏蒸效果会大大降低。用于草坪土壤的熏蒸剂主要是溴甲烷、三氯硝基甲烷等。溴甲烷是一种高毒、无味的气体。用聚乙烯布盖在处理场地上，然后进行熏蒸。通常它还与少量的三氯硝基甲烷（催泪气）混用。溴甲烷的用法有2种：大面积使用时，用带有自动铺布仪器的地面熏蒸设备；小面积时进行手工操作。手工操作包括：每相距10m放置一个支撑材料把塑料布撑起大约30cm的高度，然后用土壤或板材封住塑料布的边缘，最后用聚乙烯管把气体通到覆盖区，24～28h后移去塑料布，土壤通风 48h 使毒气全部排除以后才能种植草坪。

5.2.2　坪床粗平整

场地是草坪景观的载体，粗平整的主要目的是对不符合功能和景观要求的部位进行重新设计，并通过挖方、搬运、填方、整修等措施加以改造，来提高或改变原地形的利用价值。依照竖向设计图纸，使坪床在地形、坡度等方面符合草坪建植的目的和功能。在高尔夫球场的建植过程中，由于地形起伏复杂，造型工程量大，因此在坪床粗平整之前还涉及土方工程的相关作业。

填平低洼部分即进行填方作业时，除了确认填土材料的品质外，还要在目标场地中均匀铺设。此时，要十分注意确保植物生育必要的通气性、透水性和保水性，不能过度碾压。同时，填方应考虑填土的沉降问题，细质土通常下沉 15%（每米下沉 12～15cm），填方较深的地方除加大填方量外，尚需镇压，以加速沉降。填方施工中应注意以下几点：

（1）大面积的填方应该分层填筑，一般每层 20～50cm，有条件的应层层压实。

（2）注意土壤的紧实性。若无必要，不必使土壤紧实。确需土壤紧实时，土壤硬度应以根能自由伸展为宜，同时确保通气性、透气性以及适当的保水、保肥能力。

（3）表面润饰。表面润饰工程是铺设回填材料及使土壤紧实作业中的一环，是在填土工程完成后，用湿地压路机、超湿地压路机使回填土表面均匀，并具有适宜的坡度的作业。润饰斜坡时要注意找出自然的整体效果。

另外，在进行坪床粗平整作业时，需特别注意建植基床表面不应存水，因此坪床表面应有适宜的坡度，以保证地表排水的顺畅。适宜的地表排水坡度约为 2%，即直线距离每米降低 2cm。在庭院草坪设计中，为了防止水渗入地下室，坡度的方向总是要背向房屋。为了使地表水顺利排出场地中心，体育场草坪应设计成中间高、四周低的地形。

5.2.3　设置排灌系统

灌溉设施主要是给草坪供给水分，排水系统则是排走草坪中多余的水分。只有两者相互配合，才能给草坪创造一个良好的气、水环境。排灌系统应根据地域和草坪功能进行合理设计。安装排灌系统一般是在场地粗整之后进行。

1. 排水系统

排水就是利用人工或自然的方法，将植物表面由于暴雨形成的积水和土壤中由于降雨或灌溉入渗的多余水分排除。草坪需要水分，但水分过多会导致植物死亡。因此，草坪不仅需要灌溉，也需要排水。灌溉与排水同等重要。排水系统主要分为两类：

（1）地表排水系统。地表排水系统主要是排除草坪表面多余的水分，如积水、径流等。在草坪建植工程领域，地表排水主要通过地面造型来实现，即通过地面起伏或设置固定的坡度来保证排水通畅。如足球场一般设计成龟背式，即中间部分较四周边线略高，保持 0.3%～0.7% 的坡度。围绕建筑物的草坪，从建筑物到草坪边缘，应保持 1%～2% 的坡度。在高尔夫球场则通过地面起伏来达到排水的效果。

在低洼地的积水处可以设置排水管网或者旱井。在坡度较大或者长距离单一坡向的区域，如果不能改变地面造型，应在适当位置设置挡水石或者护土筋，以减少水流对表土层的冲刷。

在大面积草坪区域，如高尔夫球场、草皮生产基地等，可以设置排水管网，即在建植基床周围设置排水管道或者明渠，既可以排走地表水，又可以防止外围地表水和地下水的流入。

（2）地下排水系统。地下排水系统主要是排除土壤深层过多的水分。地下排水是在建植基床下部挖一些管沟并设置排水管道，通过排水管排走基床中过多的水分。在土壤内部排水不良的情况下，要把排水管安置在 45～90cm 的深度，管间距为 4.5～18m。在半干旱气候区，如有地下水上升引起表层土壤盐化时，排水管埋藏深度可达 1.8m。如果在填表土之前安装，埋置深度要把表土深度计算在内。

排水管安放要呈羽形或格状（图 5-1），甚至可以简单地放置在表面径流集汇处。排水设施容量要能够容纳某一地区所遇到的极端雨量。排水设施的建设要尽量考虑与现有相关资源的综合利用，下水道、湖泊、河流等可以作为排水出路。传统的排水管多由陶瓷或混凝土制成，近年来广泛使用带孔塑料管，它具有重量轻、安装方便等优点。安装过程中，在排水管的周围一般还要放置砾石来防止细土粒阻塞渗水孔，在集水区砾石可达土壤表层，这样可以起到收集地表径流的作用。此外，还可以用水泥修建从表层到排水管的圆柱型集水道。为了在集水道上种植草坪，圆柱型集水道上面可盖上带孔的金属盖或塑料盖，其上覆盖土壤，种植草坪。

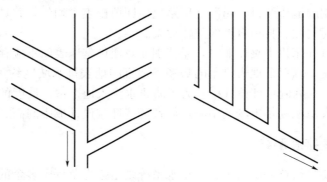

图 5-1　排水管安放形状图

2. 灌溉系统

灌水对于保持草坪旺盛的活力和健康的生长是十分重要的。草坪的灌溉方式主要有漫灌、喷灌和滴灌 3 种方式。其中，喷灌是当前最适宜草坪灌溉的灌溉方式，也是应用最广泛的灌溉方式。喷灌是把由水泵加压或自然落差形成的有压水通过压力管道送到田间，再经喷头喷射到空中，形成细小水滴，均匀地洒落在田间，达到灌溉目的的一种灌溉方式。与其他灌溉方式相比，喷灌具有以下几点优势：①喷灌近似于天然降水，对植物全株进行灌溉，可以洗去枝叶上的灰尘，加强叶面的透气性和光合作用；②水的利用率高，比地面灌水节水 50% 以上；③喷灌不形成径流的设计原则有助于达到保持水土的重要目标；④劳动效率高，省工、省时；⑤适应性强，喷灌对土壤性能特别是地形和地貌条件没有苛刻的要求；⑥景观效果好，喷灌喷头良好的雾化效果和优美的水形在绿地中既可形成一道靓丽的景观，又能增加空气湿度；⑦便于自动化管理并提高绿地的养护管理质量等。

灌溉系统的安装也要在这一时期完成。在布置喷灌系统时，根据场地、气候、草坪类型和质量要求等，可以设置固定式、半固定式和移动式喷灌系统。如果设置固定式喷灌系统，灌水管道应埋设在地表以下 50～100cm，通常在土壤冰冻线以上，防止冬季冻裂管道。

喷灌工程的施工大概分为以下几个步骤：

① 施工放线。根据实际情况，按照设计图纸进行施工放线。对独立的喷灌区域，应先确定喷头位置，再确定管道位置。

② 沟槽开挖。断面较小：为防止对地下隐蔽设施的破坏，一般不采取机械的方法。沟槽宽度：管道外径加 0.4m，深度应满足喷头的高度及管网泄水的要求，冻结地区，沟槽至少有 0.2% 的坡度，坡向指向指定的泄水点。管槽底面应平整、压实，具有均匀的密实度。

③ 管道安装。管道安装是绿地喷灌工程中的主要施工项目。管材供货长度一般为4m 或 6m，现场安装工作量较大。安装顺序一般是先干管，后支管，再立管。

④ 覆土填埋。管道安装完毕并经水压及泄水试验合格后，可进行管槽回填。回填时，对于管道以上约 100mm 范围，一般先用沙土或筛过的原土回填，管道两侧分层踩实，禁止用石块或砖砾等杂物单侧回填；然后采用符合要求的原土，分层轻夯或踩实。一次填土 100～150mm，直至高出地面 100mm 左右。填土到位后对整个管槽进行水夯；以免绿化工程完成后出现局部下陷，影响绿化效果。

5.2.4　土壤改良

土壤改良是把改良物质加入土壤中，从而改善土壤理化性质的过程。保水性差、养分贫乏、通气不良等都可以通过土壤改良得到改善。

大部分草坪草适宜的酸碱度在 6.5～7.0 之间。土壤过酸或过碱，一方面会严重影响养分的有效性；另一方面，有些矿质元素含量过高会对草坪草产生毒害，从而大大降低草坪质量。因此，对过酸或过碱的土壤要进行改良。对过酸的土壤，可通过施用石灰来降低酸度；对于过碱的土壤，可通过加入硫酸镁等来调节。

土壤理化性状如保水性、通气性等都可以通过土壤改良得到改善。但是，改良物质选择不当或使用不当会导致土壤改良效果不佳。例如，有人设想用沙子改善黏质土壤的通气状况，把少量的沙子加入细质土中，却得到了相反的结果。要改良细质土的通气性，只有当沙子的加入量比需要改良的黏质土的量还要多时才能达到目的。因此，除非已有试验证明用一定比例的沙土混合时能起到好作用，否则应避免用沙子作为黏质土的改良物。

最常用的改良剂是泥炭，因为泥炭轻，施用方便。泥炭施到细质土中能减少土壤黏性，促进土壤团聚体的形成，同时改善了土壤通气状况；在沙质土中，泥炭能提高土壤的持水性和改善土壤养分状况，同时可改善草坪的弹性。但施用量大时，投资较高，覆盖 5cm 厚需要泥炭 $500m^3/hm^2$。

腐殖质等有机改良物对土壤也有很好的改良效果。但是，在选择使用之前要鉴定其质量，因为某些腐殖质中含有相当数量的分散性黏粒或粉粒，能够阻塞土壤孔隙，减少土壤的通气性。其他具有高碳氮比（C：N）的有机物，例如稻壳或未腐解锯末，施入土壤中分解时，会吸收土壤中的氮素，从而对草坪草的生长产生不利影响。

5.2.5 施肥

在土壤养分贫乏或 pH 值不适时，在种植前有必要施用底肥和土壤改良剂。施肥量一般应根据土壤测定结果来确定，土壤施用肥料和改良剂后，要通过耙、旋耕等方式把肥料和改良剂翻入土壤达到一定深度并混合均匀。

在细整地时一般还要对表层土壤少量施用氮肥和磷肥，以促进草坪幼苗的发育。苗期浇水频繁，速效氮肥容易淋洗，为了避免氮肥在未被充分吸收之前出现淋失，一般不把它翻到深层土壤中，同时要对灌水量进行适当控制。施用速效氮肥时，一般种植前施氮量为 $50\sim80kg/hm^2$，对较肥沃土壤可适当减少，较瘠薄土壤可适当增加。如有必要，出苗两周后再追施 $25kg/hm^2$。施用氮肥要十分小心，用量过大会将子叶烧坏，导致幼苗死亡。喷施时要等到叶片干后进行，施后应立即喷水。如果施的是缓效性氮肥，施肥量一般是速效氮肥用量的 $2\sim3$ 倍。

5.2.6 翻耕或旋耕

翻耕是为了改善建植基床土壤空气缺乏及土壤过湿等不良状况而将土壤耕起的作业。翻耕是建植草坪前对土壤进行的一系列耕作准备工作。翻耕作业适宜在秋季和冬季比较干燥时进行，这样可以使翻转的土壤在较长时间的冷冻作用下碎裂。面积大时，可先用机械犁耕，再用圆盘犁耕，最后耙地；面积小时，用旋耕机耕一二次也可达到同样的效果，一般耕深 $10\sim15cm$，翻耕时必须细心破除紧实的土层。耕作有利于土壤形成团粒结构，增强土壤渗透性和持水性，使土壤通气良好，利于根系下扎，减少表面侵蚀，提高土壤耐践踏能力。耕作时要注意土壤的含水率，土壤过湿或太干都会破坏土壤的结构。看土壤水分含量是否适于耕作，可用手紧握一小把土，然后用大拇指使之破碎，如果土块易于破碎，则说明适宜耕作。土太干会很难破碎，太湿则会在压力下形成泥条。

旋耕是一种较粗放的耕地方式，通过旋耕机实施（图 5-2）。旋耕机翻土和碎土能力强，可清除表土杂物，耕作后土壤疏松，地表平整，并可将施在土壤表层的肥料及土壤改良剂等物质混入土壤中，一般一次作业就能满足草坪建植的要求，但为保证基肥、石灰、泥炭锯木屑及其他土壤改良剂等物质能够与土壤混合均匀，通常要旋耕 $2\sim4$ 次。

5.2.7 碾压

翻耕或旋耕后，如土壤过于疏松，可用碾磙进行轻微碾压。碾压是坚实土表层的作业。通常可用 $100\sim150kg$ 的碾磙或耕作镇压器镇压坪床。碾压应在土壤潮湿时以垂直方向交叉进行，直到床面几乎看不到脚印或脚印深度小于 $0.5cm$ 为止。翻松的床土压实 $2.5\sim5.0cm$ 属正常现象。

5.2.8 细平整

细平整是平滑地表为种植做准备的操作。在小面积的地块上，人工平整是理想的方法，用一条绳拉一个钢垫也是细平整的方法之一。大面积细平整则需要使用专用设备，

图 5-2　旋耕场地

包括土壤犁刀、耙、重钢垫、板条大耙等。细平整前应留有充分的时间使土壤沉降，通常可通过灌溉或滚压等方式加速土壤沉降。细平整应在播种前进行，最好是在播种前两天喷一次水，播种前一天进行细平整，用细齿耙将坪床耙一遍，必要时可再次进行轻微镇压。

为了促进草坪草幼苗生长，可在细平整后对坪床施入种肥，种肥通常施在坪床表面，以利于新生根的充分吸收和防止淋失。种肥可以是复合肥，其养分比例以 1：2：1 或 1：1：1 为宜，其中氮素施用量约为 $5g/m^2$，且所施用的氮肥应有一半以上为缓效氮肥。

5.3　草种选择

草种选择是建植草坪时需要考虑的首要问题，也是建坪成功的关键，同时又关系到后期的养护管理。

5.3.1　草种选择依据

影响草坪草种或具体品种选择的因素很多，主要包括气候环境、土壤条件、草坪草特性、草坪质量要求（或使用目的）和管理水平等。

1. 气候环境

我国地域辽阔、地形复杂，不同地区气候因子差异很大。气温（包括最低/最高温度、高温/低温持续时间）、无霜期、降水量等是影响草种选择的主要气候因子。建坪时，常根据建坪地的气候条件确定选用冷季型草坪草还是暖季型草坪草。冷季型草坪草适宜在我国黄河以北的地区生长，暖季型草坪草则适宜在长江以南的地区生长。在黄河以南、长江以北的过渡带地区，冷季型草坪草绿色期较长，但在高温高湿的夏季易感染病虫害；而有些暖季型草坪草在过渡带地区不能安全越冬，或虽能正常生长（如结缕草、狗牙根和野牛草），但绿色期要比在南方短得多。此外，冷季型草坪草还可以在南方高海拔地区生长，并且表现优良。

2. 土壤条件

土壤条件如质地、结构、酸碱度和土壤肥力等也影响草种选择。一般来说，草坪草在质地疏松、具有团粒结构的土壤上生长最好，在黏性土壤中生长不良。草坪草对酸碱度和土壤肥力的适应性也不同。冷季型草坪草中，匍匐翦股颖对土壤肥力要求较高，而紫羊茅较耐瘠薄；暖季型草坪草中，狗牙根对土壤肥力要求高于结缕草。一般草坪草最适宜的 pH 值为 5.5～7.0，但假俭草较喜酸性土壤，而海滨雀稗、野牛草、结缕草等更耐盐碱。

3. 草坪草特性

草坪草种类繁多，在生长性状、抗旱、抗寒、抗病虫、耐热、耐阴、耐践踏、耐低修剪、再生性、需肥量和绿色期等方面存在差异（参见本书第 2 章相关内容）。

4. 草坪质量要求

选择的草种最终要满足草坪的质量要求或使用目的。不同使用目的的草坪，草种选择也有很大不同。用于水土保持和护坡的草坪，要求草坪草出苗快、根系发达、能快速覆盖地面，以防止水土流失，但对草坪外观质量要求较低，管理粗放，北方多选用高羊茅、野牛草、结缕草等，南方多选用普通狗牙根、巴哈雀稗等。运动场草坪草则要求有耐频繁低修剪、耐践踏和恢复能力强等特点。例如，足球场草坪在北方多选用草地早熟禾、高羊茅、结缕草等，南方多选用狗牙根、细叶结缕草等；高尔夫球场果岭草坪在北方多选用匍匐翦股颖，南方多选用杂交狗牙根、海滨雀稗。

5. 管理水平

管理水平对草种选择也有较大影响。管理水平包括技术水平、设备条件和经济水平三个方面。许多草坪草在低修剪时需要较高的管理技术，同时也需用较高级的管理设备。例如匍匐翦股颖和杂交狗牙根等草坪草质地细，可形成致密的高档草坪，但养护管理需要价格昂贵的滚刀式剪草机和较多的肥料、灌溉以及病虫害防治等，因而养护费用也较高。而高羊茅、结缕草和野牛草等需要的养护管理强度较低。

5.3.2 草种组合类型

由于不同草种甚至品种在生长特性和环境适应性方面存在差异，在建植草坪时，常根据实际情况采用不同的草种或品种组合类型。

1. 单播

单播（single seeding）是指用一种草坪草的单一品种播种建植草坪的方法。单播不存在种间或品种间的竞争问题，形成的草坪颜色、外观均匀一致。但由于遗传背景单一，建植的草坪对环境的适应能力较差，容易受到环境胁迫而发生严重的问题，因此需要较高的养护管理水平。目前，单播多用于暖季型草坪草，如狗牙根、野牛草、钝叶草等，冷季型草坪草中匍匐翦股颖有时也采用单播。

2. 混合

混合（blend）是指用一种草坪草的两个或两个以上的品种进行混合来建植草坪的方法，也称"种内混播"。与单播相比，混合播种主要是为了提高草坪的环境适应性。由于是同一草坪草种，草坪的外观均一性也较高。通常，为实现混合目的，至少要选择三个品种进行混合。

3. 混播

混播（mixture）是指两种或两种以上的草种混在一起播种建坪的方法。混播提高了草坪群落的生物多样性，可以实现草种间的优势互补，提高草坪的总体抗逆性和适应性，促进快速成坪，增强受损后的恢复能力，延长草坪绿色期和使用寿命等。混播多用于冷季型草坪草，除个别草种外，暖季型草坪草很少混播。

混播组合中，每一草种的含量应控制在有利于混播中主要草种发育的范围。按照混播组合中各草种的数量及作用，可分为建群种、伴生种和保护种三个成分。

① 建群种。建群种也称基本种，是指建植的草坪稳定后起主要作用的草种，通常占比在50％以上。

② 伴生种。伴生种也称辅助种，是指当建群种受到环境胁迫时在草坪中起辅助作用以维持草坪功能和提高草坪环境适应性的草种，通常占比在30％左右。

③ 保护种。保护种也称先锋种，是指在草坪建植初期对建群种和伴生种起临时保护作用的草种。保护种通常发芽快、生长迅速，可以在建植初期发挥"先锋"作用，防止杂草入侵，但寿命较短，一般在1～2年后就退化消亡，混播中占比通常不高于20％。

近年来，混播草坪越来越多，但草坪草种选择或比例搭配不当常常也会出现很多问题，不能形成理想的草坪。因此，混播时应遵循以下几个原则：①掌握各草种的环境适应性，做到合理优化组合，目标明确，取长补短，优势互补；②不同混播草种间在叶片颜色和质地、生长习性等方面应尽量一致或具有兼容性，能够实现共生互补；③混播组合的草种数量不宜过多，以2～3个为宜，但每个草种应至少含有2个品种；④作为建群种的草种和品种在当地应具有较强的抗逆性，能够满足建坪的主要目的和功能。

例如，紫羊茅是常见的耐阴草坪草种，遮阴环境下，在草地早熟禾或黑麦草中加入一定比例的紫羊茅可提高草坪耐阴性；少量的草地早熟禾在以高羊茅为主的草坪中可以提高草坪的美观性和自我修复能力；反之，粗质地的高羊茅在以草地早熟禾或多年生黑麦草为主的细质地草坪中则很像是杂草；匍匐翦股颖质地细腻，分生能力极强，与其他类型的草坪草如多年生黑麦草、草地早熟禾混播时，容易出现块斑状分离现象，使草坪的总体质量下降。

5.3.3　种子质量和标签认定

1. 种子质量

种子质量主要是指种子的纯度和活力。纯度是指某一栽培品种种子中含纯种子的百分率。种子中的杂质（如沙粒等）、杂草种子和其他作物种子等会降低其纯度，甚至对草坪建植产生严重影响。种子纯度是以质量为基础，且不同草种允许的最低纯度相差较大，多数在70％～95％之间。活力是指活种子的百分率或在某一标准实验条件下的发芽率。种子的活力在生理成熟期最高（收获后几个月内），随着时间的延长，活力逐渐下降。活力下降的速率取决于环境条件，低温干燥的储存条件有利于延长种子的活力。活力下降还与采收加工过程中的机械损伤、加工清除的精细程度、生长条件是否适宜、病虫损伤等因素有关。以某个试样品种发芽的种子数量计算，多数草坪草种子的发芽率在60％～90％之间。纯度和活力的乘积就是纯活种子百分率。例如，某一种子纯度是

90％，活力是 75％，则纯活种子百分率是 67.5％。用每千克种子的费用除以纯活种子百分率，再乘以 100，则可得到每千克纯活种子的实际费用。利用这些简单的计算可以比较种子的实际价格。

2. 种子标签

通常附在包装袋上的标签，是用户了解种子质量的最好信息来源。标签上标明了袋内每个草种或栽培品种的种类、质量、种子纯度、发芽率、杂质含量、杂草种子、其他作物种子、批号、恶性杂草百分数，非种子杂质含量不应超过 2％～3％。

对于进口种子，如果种子公司所在地政府法律没有明确规定，一般标签上不列出特殊杂草种子和其他作物种子的含量。恶性杂草种类因地而异。同一杂草在某一地方属恶性杂草，在另一地方则可能不属于恶性杂草，而是归入"其他作物种子"一栏内，购买时要特别注意这类杂草种子。

3. 种子监督

种子监督是一项为确保种子质量而对种子田间生产和精选包装进行监视的过程。种子监督机构是独立的、受政府管理的行政部门，对监督过程负有责任，以保证进入市场的草坪种子达到一定标准。种子监督机构一般将种子分为 4 个级别：育种家种子（breeder seed）、基础种子（foundation seed）、注册种子（registered seed）和许可种子（certified seed）。

育种家种子是所有许可种子（商业化种子）的基础。育种家种子是育种人员或研究单位提供的，作为基础种子的基本种源。基础种子是用育种家种子在大田种植生产出来的种子，这类种子包装袋上带有白色许可标签。注册种子则是用基础种子在田间生产出来的，主要目的是提高供应量，注册种子包装上带有紫色许可标签。消费者购到的是许可种子，许可种子是用基础种子或注册种子生产出来的，这类种子包装袋上带有蓝色标签。

5.4 建植方法

草坪的建植方式包括种子建植和营养体建植两种。选择使用哪种建植方式常依据建植费用、时间要求、草坪草生长特性、场地条件以及供应状况等因素而定。种子建植费用最低，但速度较慢。营养体建植中，铺草皮费用最高，但速度最快。对于多数草种，例如匍匐翦股颖，用上述两种方式均可建坪。而有些草种由于得不到纯正或具有高活力的种子，则不能使用种子建植。

5.4.1 种子建植

种子建植是最常用的草坪建植方式，又称有性建植。大部分冷季型草坪草都能用种子建植建坪。暖季型草坪草中，能够获得种子的普通狗牙根、海滨雀稗、假俭草、结缕草、地毯草、野牛草等也可用种子建植草坪。依据具体的操作方法或技术，可将种子建植分为种子直播建植法、喷播建植法和植生带建植法。

5.4.1.1 种子直播建植法

种子直播建植法是应用最多的草坪建植方法，是指在制备好的坪床上直接播种草籽来建植草坪。在实际操作中，需要注意以下几个关键因素。

1. 播种时间

为保证草坪建植的成功率，草坪草最佳播种时间是在生长季节内适宜温度持续时间最长的阶段到来之前。这样可使新建草坪在逆境到来之前有足够的时间生长，在逆境中能更好地生存下来。

冷季型草坪草种子发芽适宜温度为 10～30℃，适宜的播种时间是春季、夏末和秋初，但夏末、秋初播种更有利于快速成坪。夏末、秋初气温和土壤温度非常适宜种子萌发和幼苗生长，草坪草种子发芽快，出苗后幼苗能旺盛生长。同时，秋季低温和霜冻会限制恶性杂草的生长和生存。如果在初夏播种，冷季型草坪草的幼苗根系生长不充分，抗性差，常因受热和干旱而不易存活。同时，在夏季，一年生杂草也会与冷季型草坪草发生激烈竞争，容易造成遮阴而影响草坪草进行光合作用。如果播种延误至晚秋，则较低的温度会不利于种子的发芽和生长，幼苗越冬时出现发育不良、缺苗、霜冻，随后的干燥脱水会使幼苗死亡。

特殊情况下，冷季型草坪草有时也可用休眠（冬季）播种的方法来建植草坪。播种要在土壤封冻前和土温低于 10℃时进行，低温可抑制种子萌发直到第 2 年春季天气回暖。该方法要预防种子风干以及地表径流或大风造成的种子流失，因此需要适当增大播种量和铺设覆盖物对种子进行保护。

暖季型草坪草种子发芽适宜温度为 21～35℃，在温带地区适宜的播种时间是春末或夏初。此时种子发芽快、幼苗生长健壮，在冬季来临之前，草坪已经成坪，具备了较好的抗寒性，利于安全越冬。夏末或秋季（南方除外）播种，由于温度较低，形成稳定草坪所需的时间往往不够，草坪草根系发育不完善，植株不成熟，冬季易发生冻害。

2. 播种量

播种量的多少受多种因素影响，包括草坪草生长特性、种子纯度与发芽率、种子大小、环境条件、苗床质量、使用目的、播后管理水平、种子价格等。一般由 2 个基本要素决定：生长特性和种子大小。每个草坪草种的生长特性各不相同，匍匐茎型和根茎型草坪草一旦发育良好，其扩展能力将强于母体。因此，相对低的播种量也能够达到所要求的草坪密度，成坪速度要比播种丛生型草坪草快得多。通常，种子越小，单位重量的种子数量就越多，所需的播种量也越小。

播种量大小对草坪质量影响很大。播种量过低，幼苗密度低，不仅减缓成坪速度，还会给杂草留出生长空间，降低草坪质量。当播种量太大时，幼苗过于致密，空气通透性差，容易造成植株生长不良和发病率增高。从理论上讲，每 $1cm^2$ 有一株成活苗即可满足建坪要求。播种量的最终确定标准，是以足够数量的纯活种子确保单位面积上的额定株数，通常为 1 万～2 万株/m^2。以草地早熟禾为例，当纯活种子为 72%（纯度 90%，发芽率 80%）、每 1g 含 4000 粒种子时，理论播种量为 3.5～7.0g/m^2。这个计算是假定所有的纯活种子都能出苗。但是，由于种子质量和播后环境条件等因素影响，幼苗死亡率可达 50% 以上，因此其实际播种量一般不低于 8g/m^2，最高可达 15g/m^2。

表 5-1 中所提供的推荐播种量仅适用于种植单一草种。当混播时，每个混播成分的播种量需参照其在群落中的比例和单播种量来确定。如在 70% 高羊茅＋20% 草地早熟禾＋10% 多年生黑麦草的混播组合中，高羊茅的播种量应为其单播种量的 70%，即

$21g/m^2$；相应的草地早熟禾和多年生黑麦草的播种量分别为 $2g/m^2$ 和 $3g/m^2$。

此外，在不利于种子萌发的条件下（如苗床质量较差、水分供应无保障等），或者草坪质量要求较高时，应酌情加大播种量，有时甚至增大 2～3 倍。反之，可适当减少播种量。

表 5-1　常见草坪草种子播种量和发芽天数

暖季型草坪草	单播量/（g·m^{-2}）	发芽天数/d	冷季型草坪草	单播量/（g·m^{-2}）	发芽天数/d
普通狗牙根	5～8	6～15	多年生黑麦草	25～35	3～10
结缕草	10～15	7～16	草地早熟禾	8～10	6～28
海滨雀稗	4～6	6～12	粗茎早熟禾	8～10	6～21
地毯草	8～12	5～15	匍匐翦股颖	4～6	4～10
假俭草	5～25	6～15	细弱翦股颖	4～6	4～10
巴哈雀稗	30～40	8～15	高羊茅	25～35	5～12
野牛草	15～30	7～14	紫羊茅	20～30	5～12

3. 播种方法

播种应在无风情况下进行，要求把种子均匀地撒于坪床上，并把它们混入 5mm 深的表土中。播种深度取决于种子大小，种子越小，播得越浅。播得过深或过浅，都会导致出苗率低。如播得过深，在幼苗进行光合作用和从土壤中吸收营养元素之前，胚胎内储存的营养不能满足幼苗的营养需求而导致幼苗死亡。播得过浅，没有充分混合时，种子会被地表径流冲走、被风刮走或发芽后干枯。

将种子均匀地撒于坪床上是播种的关键。通常，先将建坪地划分为若干适当面积的地块并按照播种量分别称取相应的种子，然后在平行和垂直的两个方向上交叉播种，将种子播在对应的地块里，再轻轻地耙平和滚压一遍，使种子与表层土壤接触良好。

当播种面积小时，通常使用手推或肩挎式小型播种机进行播种，也可用人工播种的方法，但要求播种者技术熟练，保证撒播均匀。小型播种机一般有旋转式和下落式两种类型（图 5-3）。下落式播种机的料斗底部有一条缝隙，播种时种子依靠重力经过缝隙直接落在地面上，缝隙大小可以调节以适应不同种子和播种量。下落式播种机的播种宽幅有限，工作效率较低，适合在风力稍大的天气或草坪边缘区域播种作业。旋转式播种机在播种时，种子通过料斗底部的开口下落到一个星形转盘上，水平旋转的转盘产生的离心力将种子向周围甩出，播种量通过料斗底部的开口大小进行调节。旋转式播种机播种宽幅较大，工作效率高，但易受风力和种子大小的影响。大面积播种时需要使用播种机械，有些大型播种机，不但效率高、播种质量高，还能实现播种、滚压一次完成。在生产中，某些设备既可用于播种，也能用于施肥，统称播种施肥机。

4. 覆盖

草坪播种后有条件的情况下应采取覆盖措施。覆盖不仅可以保护种子，还为种子发芽和幼苗生长提供一个更为有利的微环境，提高草坪建植的成功率，主要表现在以下几个方面：①使土壤和种子免受风和地表径流的侵蚀；②调节土壤表层温度变化，保护已发芽的种子和幼苗不受温度急剧变化的伤害；③减少土壤表层水分的蒸发，并提供土壤

图 5-3　旋转式（左）和下落式（右）播种机

内或土壤表层较湿润的微环境；④缓冲来自降水和灌溉水滴的击打，以减少土壤表层结壳。

　　常用的覆盖材料较多，包括植物秸秆（如小麦秸秆、水稻秸秆、干草、草帘等）、松散的木质材料（包括木质纤维素、木质碎片、刨花、锯末等）和无纺布等。植物秸秆和松散木质材料虽然具有成本低、可降解等优点，但也存在使用不方便、透光率低、容易携带杂草甚至与草坪草竞争养分等不足。目前，生产上最常用的覆盖材料是无纺布，它具有透光、透气、保湿、质轻和可重复使用等特点，使用快速方便，可自然分解，是建植较高质量、大面积草坪的首选。但无纺布价格稍高，在预算较低的低养护草坪建植中应用受到限制。

　　在小型场地上，通常用人工来完成覆盖工作。在大型场地上，也可用专业机械来完成。多数情况下要对覆盖物进行加固以防止被风吹走或掀开。对于松散的木质覆盖材料和有机残留物，还可在覆盖之后，把一种乳化沥青喷到覆盖材料上进行固定。此外，使用覆盖材料后应密切监测草坪草的出苗情况，及时掀开覆盖物以利于幼苗进行光合作用，否则可能出现柔弱的幼苗被强烈的阳光灼伤或被干热风损伤等问题。

5.4.1.2　喷播建植法

　　喷播是一种通过高压泵把预先混合均匀的含有草坪草种子、黏合剂、纤维覆盖物、肥料、保湿剂、着色剂和水的浆状液体喷射到土壤表面来建植草坪的方法，常用于边坡绿化、矿山修复和大面积草坪建植。

　　与种子直播建植法相比，喷播建植法受自然条件的影响较小，具有抗雨、抗风、抗水冲等优点，能够满足多种场地条件的建坪需求，而且播种均匀，效率高，可以实现施肥、混合、播种、覆盖等工序一次完成，特别适宜陡坡场地，如高速公路、堤坝等大面积草坪的建植。在坪床质量要求较高的小面积草坪建植中，为避免由于播种设备和操作人员的进入对坪床产生破坏，也可以使用喷播法提高建坪质量。该方法中，混合材料选择及其配比是保证播种质量效果的关键。喷播后，种子留在表面，不能与土壤混合和进行滚压，必要时可采用秸秆或无纺布等材料进行覆盖处理以获得更好的建坪效果；当气候干旱、土壤水分蒸发太快时，应及时喷水。

5.4.1.3 植生带建植法

草坪植生带是指把草坪草种子均匀固定在两层无纺布或纸布之间形成的草坪建植材料。有时为了适应不同建植环境条件，还加入不同的添加材料，例如保水的纤维材料、保水剂等。生产植生带的材料要为天然易降解有机材料，如棉纤维、木质纤维、纸等。铺设植生带时，先将植生带边缘进行固定，然后顺序打开植生带，平铺在坪床上，边缘交接处要重叠 1～2cm。铺设后，均匀覆细土或沙土混合物 0.5～1.0cm，轻微镇压。

植生带具有无须专业播种机械、铺植方便、适宜不同坡度地形、种子固定均匀、防止种子冲失、减少水分蒸发等优点。但也存在以下缺点：建植成本升高；小粒草坪草种子（如草地早熟禾和匍匐翦股颖种子）出苗困难；运输过程中可能引起种子脱离和移动，造成出苗不齐；种子播量固定，难以适应不同场合。

5.4.2 营养体建植

营养体建植，又称无性建植，是通过草坪草营养器官的扩繁来建植草坪的方式，主要包括铺草皮、塞植法和枝条匍茎法三种基本方法。除铺草皮外，以上方法仅限于具有强匍匐茎或强根状茎生长习性的草坪草扩繁建植草坪。有些草坪草，由于缺乏足够的扩展能力，也不能使用除铺草皮外的其他营养体建植方法。

1. 铺草皮

质量良好的草皮应均匀一致，无病虫害和杂草，根系发达，在收获、运输和铺植操作过程中不会散落，并能在铺植后 1～2 周内扎根。起草皮时，带土厚度越薄越好，所带土壤以 0.5～1.0cm 为宜，且草皮中无或有少量枯草层。有时也可把草皮所带土壤洗掉以减轻重量和促进扎根，并能减少草皮土壤与移植地土壤质地差异较大而引起的分层问题。

目前，依据宽幅大小，生产的草皮主要分为两种类型：宽幅为 20～45cm 的传统草皮主要用于公共绿地和普通运动场草坪建植；宽幅为 1～1.2m 的大型草皮主要用于高质量运动场草坪建植。草皮一般采用机械（起草皮机）收获，以平铺或卷状形式运输，传统草皮多采用人工铺植，大型草皮常使用机械铺植。

为了避免草皮（特别是冷季型草皮）受热或脱水而造成损伤，收获的草皮应尽快铺植，一般要求在 24～48h 内铺植好。草皮堆积在一起，由于植物呼吸产生的热量不能排出，使内部温度升高，可导致草皮损伤或死亡。在草皮堆放期间，气温高、叶片较长、植株体内含氮量高、病害、通风不良等都可加重草皮发热产生的危害。长期暴露在外的草皮也容易发生干燥失水，特别是高温、大风以及干燥的土壤等可加重草皮脱水，影响草皮的外观和成活率。因此，如果不能立即铺植，购买的草皮应放置在凉爽处并保持湿润。

铺草皮的坪床准备参照本章"坪床准备"一节。草皮土壤应与建植地土壤类型相同或相近，如两者不一致，往往导致分层和根系不下扎等问题，使得草坪抗性下降。土壤较贫瘠时，可适当施用高磷肥料以利于草皮生根。如果土壤表面干燥、温度较高，应在铺草皮前轻微喷水，润湿土壤。理论上，在生长季的任何时间均可铺植草皮，但适宜的铺植时间与草坪草适宜的播种时间一致。

　　铺草皮时，为防止草皮移动，应采用砖墙式交错铺植，使相邻草皮块首尾和边缘紧密相接，尽量减少由于收缩而出现裂缝。草皮之间的缝隙可用过筛的土壤填充以减轻草皮的脱水问题，填缝隙的土壤应不含杂草种子。在斜坡上铺植时，草皮应垂直于坡面走向以防止产生滑动，且当坡度大于10%时，需用木桩固定草皮，等到草坪草充分生根（至少2周）并能够固定草皮时再移走木桩。

　　铺植后，应轻微滚压或立即充足灌水以促进草皮与土壤接触良好，预防根系失水死亡。浇水要浸透草皮下层的土壤，但不宜过多。新铺的草坪应根据草坪草生长状况和1/3原则及时进行修剪。新铺的草坪不能承受高强度践踏或娱乐活动，一般至少需要2～3周的恢复时间。

　　虽然铺草皮建植草坪成本较高，但它能在短时间内生成草坪，因此也有人把它形象地称为"瞬间草坪"。在工期紧张的情况下，铺草皮是最理想的方法。

　　2. 塞植法

　　塞植法是将草塞均匀栽植在坪床上的一种草坪建植方法（图5-4左图）。草塞通常是块状或柱状小草皮，边长或直径为5cm左右，带有约5cm厚的土壤。栽植时，按照一定的行间距（通常为20～40cm）将草塞植入提前挖好穴的坪床上，使草塞顶部与土壤表面齐平。该方法一般适用于匍匐茎和根状茎较发达的暖季型草坪草，可以节省草皮，分布也较均匀，但成坪速度较慢。成坪速度主要受塞植行间距、草塞大小和草种生长特性影响，如结缕草生长速度较慢，成坪时间长，而狗牙根扩展较快，成坪时间短。若由于挖穴、栽植或灌溉等原因，场地的平整度受到破坏，塞植后可少量覆土或轻微镇压。

　　此外，草坪打孔通气过程中产生的草束也可用来建植新草坪。例如，将高尔夫球场果岭打孔得到的杂交狗牙根或匍匐翦股颖草束撒在坪床上，然后滚压使草束与土壤紧密接触并保持坪面平整，再进行养护管理即可。

　　采用塞植法建植草坪时，也要注意草皮或草束的发热、脱水等问题，保持坪床湿润，及时栽植以提高草塞的成活率。

　　3. 枝条匍茎法

　　枝条匍茎法是利用草坪草的营养体（通常是匍匐茎和根状茎或者能够产生匍匐茎或根状茎的分蘖株）快速繁殖进行草坪建植的方法，多适用于匍匐茎发达的草坪草，如狗牙根、钝叶草、细叶结缕草、匍匐翦股颖等。一般可以采用以下两种操作形式。

　　① 将具有2～4个节的匍匐茎或根状茎（或含有3～5个蘖的株丛），按照一定的行间距栽植在条沟（或穴）中，沟（或穴）深3～7cm。依据建坪速度要求，行间距15～50cm，茎或枝条可首尾相接或间隔5～15cm。栽植时，要在条沟（或穴）填土后使一部分茎或枝条（约1/4）露在土壤表面以利于恢复生长（图5-4右图）。此法也可使用机械进行栽植。

　　② 将匍匐茎剪成小的茎段，每个茎段应含2～4个节。将茎段均匀地撒在湿润的坪床表面，少量覆土0.5cm左右或通过轻耙使匍匐茎部分地插入土壤中，也可撒茎后直接用无纺布等材料进行覆盖。

　　栽植后要立刻适度滚压和灌溉，以加速草坪草的恢复和生长。枝条匍茎法所需的营养繁殖材料较少，依据不同的扩繁比例，$1m^2$的成熟草坪生产的匍匐茎可建植5～50m^2

新草坪，通常可在 2～4 个月内覆盖坪床表面。需要注意的是，与铺草皮和塞植法不同，这种建植方式的草坪草枝条和匍匐茎上不带土，因此它们在干、热条件下更易脱水，得到枝条或匍匐茎后应尽快栽植，以减少受热和脱水所造成的损伤。如果必须临时储存，应保存在冷、湿环境条件下。

图 5-4 塞植法（左）和枝条匍茎法（右）建植草坪

5.5 苗期管理

随着草坪草的生长，为了确保其正常生长发育，管理措施必须及时到位。这些措施包括灌溉、修剪、施肥、地表覆土和病虫草害防治等。

1. 灌溉

对于刚完成播种或栽植的草坪来说，灌溉是一项保证成坪的重要措施。水分供应不足往往是造成草坪建植失败的主要原因。草坪播种或栽植后，第一次浇水应充足灌溉，浸润 10～15cm 的土层，但要避免产生地表径流。之后要掌握少量多次的灌溉原则，保证地表以下 2～5cm 的土层湿润即可。灌溉时尽量避免大水漫灌，以喷灌为首选；在干旱地区或炎热时期，应适当增加灌溉次数，防止地表土层发生干旱。随着新建草坪草的生长，灌溉次数逐渐减少，但每次的灌溉强度应逐渐加强。随着单株植物的生长，其根系占据更大的土壤空间，枝条变得更加健壮。只要根区土壤持有足够的有效水分，土壤表层不必持续保持湿润。随着灌溉次数的减少，土壤通气状况得到改善，当水分蒸发或排出时，空气进入土壤，这有利于草坪草根系向土壤深层生长发育，增强草坪草抗旱性。另外，随着新生草坪草的进一步成熟，除灌溉之外，其他的管理措施（修剪、施肥、施用农药）也变得更加重要。因此，在建坪后期，土壤表层需要足够干燥，才能支撑修剪、施肥等机具的重量。

2. 修剪

新建的草坪要及时进行修剪。依据草坪草的种类和计划管理强度，当新枝条至少长到 2cm 或更高时再开始修剪。修剪时要遵循 1/3 原则，即每次修剪时，剪掉部分的高度不能超过草坪草地上部茎叶垂直高度的 1/3。修剪要在土壤较硬时进行，剪草机的刀片要锋利，修剪高度调整适当，否则容易将草坪草幼苗连根拔起，特别是当土壤潮湿时这种现象会更严重。如果土质疏松，可以在修剪前适度滚压以促进幼苗根系与土壤紧密接触。修剪应该在草坪草叶片较干燥的情况下进行，并尽量避免使用重型修剪设备，以免对幼苗造成过度伤害和压实土壤。

3. 施肥

如果在坪床准备时施用的基肥较多，则新建草坪在 2 个月内通常不用追加施肥。若基肥施用较少，或幼苗出现叶片黄绿色、生长缓慢时，应进行苗期施肥。此外，苗期灌溉频繁，质地较粗的土壤表层养分易发生淋洗，导致表层土壤养分缺乏，因此也有必要进行施肥。苗期施肥需遵循少量多次的原则，施肥频率依土壤质地和草坪草生长状况而定。通常，施肥以氮素为主，但不宜过多，否则过高的养分浓度将直接损伤植株和阻碍根系及侧枝的生长。适宜的施氮量约为 $25kg/hm^2$（速效氮肥）或者 $50kg/hm^2$（缓效氮肥）。对于营养体建植的草坪，施肥量可以稍高些。虽然多数情况下最有可能发生缺氮，但其他营养元素缺乏也可限制幼苗的生长。此时可根据实际情况选用合适比例的复合肥补充磷、钾等营养元素。

4. 地表覆土

覆土主要是用来促进匍匐茎草坪草的生长。覆土有利于根的发育和促进由匍匐茎上长出的地上枝条的生长，对高尔夫果岭和发球区形成光滑、平整的草坪表面非常重要。

地表覆土使用的土壤应与坪床土壤的质地相同。否则，土壤会形成一个妨碍根区内空气、水和营养物质运移的分层。由于土壤沉实深度不同，常造成草坪表面不平整，影响修剪质量以及对草坪的使用。连续而有效的地表覆土具有填充凹陷的效果。覆土操作时要十分仔细，土壤不要过多覆盖植物组织，以避免草坪草因得不到充足的光线而受到损伤。

5. 病虫草害防治

新建草坪中，杂草往往是最大的问题。杂草较少时，一般可通过修剪加以控制，待草坪草密度逐渐增大，杂草的生存空间就越来越小。杂草严重时，可通过人工拔除或使用除草剂进行防除。但多数除草剂对草坪草幼苗具有一定的毒害作用，有些除草剂还会抑制或减慢匍匐茎的生长。因此，除草剂的使用应推迟到草坪草发育到足够健壮的时候进行。有些萌前除草剂如环草隆可在冷季型草坪草春季播种后立即使用，这样能够有效防治大部分夏季一年生禾草和阔叶杂草。在第一次修剪前，通常不使用萌后除草剂或除草剂减至正常用量的一半使用。使用萌后除草剂防治新铺草皮缝隙间的杂草时，时间应推迟到铺植后 3~4 周。

只要种植时间和播种量适宜，新建草坪一般不易发生病虫害。但过于频繁的灌溉和播种量过高造成草坪群体密度过大时，幼坪也容易感染病害。因而，控制灌溉次数和草坪群体密度可避免大部分苗期病害。蝼蛄常在幼苗期危害草坪，造成幼苗根系与土壤分离而导致植株干旱死亡。当幼坪发生病虫害时，应及时喷施杀菌剂和杀虫剂，但药量不能超过说明书推荐用量。

复习思考题

1. 草坪建植设计应当遵循哪些基本原则？
2. 如何选择适宜的建坪草种？

3. 简述草坪混播的优势及其注意事项。

4. 场地准备包括哪些步骤？

5. 种子直播建植草坪方法有哪几种？

6. 说明冷季型和暖季型草坪草播种建植草坪的最佳时间。

7. 营养体建植草坪的方法有哪几种？

8. 幼坪养护需要注意哪些问题？

第6章

草坪修剪

俗话说"三分种，七分管"，草坪亦是如此。建成的草坪需要日常和定期的养护管理来改善或维持其草坪质量和使用寿命等。对于大多数草坪来说，修剪、施肥和灌溉是其最基本的三项养护管理措施，而修剪又是其中工作量最大、费用支出最高的一项。除人工外，修剪还需要专用设备及其保养措施、燃料等。

6.1　修剪概述

修剪又称剪草或刈割，是指为了维护草坪美观或者满足特定使用目的，使草坪保持平整而进行的适度剪除多余枝叶的措施。

正确、合理的修剪对草坪质量和养护管理具有积极的作用。

（1）修剪对草坪草产生适度刺激，抑制其垂直生长，可促进分蘖、横向葡萄茎和根茎的发育，从而提高草坪密度。在一定范围内，修剪次数与枝叶密度成正比。

（2）修剪可使草坪草叶片变窄，提高草坪草质地，让草坪更加美观。

（3）修剪可抑制草坪草生殖生长，提高草坪的观赏性和使用性能，预防草坪衰退。

（4）修剪能够抑制杂草的入侵，减少杂草种源。对于生长点位于植株顶部的双子叶杂草，修剪可剪除其顶部生长点，使杂草生长受到抑制并逐渐被消除。单子叶杂草的生长点虽然剪不掉，但由于修剪后其光合面积减少，从而降低杂草竞争能力。多次修剪还能够抑制杂草结穗和种子的形成，减少杂草种子的来源。

（5）修剪能改善草坪通风状况，降低草坪冠层温度和湿度，从而有利于减少病虫害。

但是，作为草坪管理中最常见的养护措施，修剪对草坪草而言也是一种外力伤害。修剪减少了草坪草植株进行光合作用的叶面积，使得碳水化合物的生产和积累受到影响，严重时需要调用根系中储藏的营养物质以供顶端叶片的再生之用。因此，根系的生长会受到抑制，甚至出现暂时的停止生长，从而影响草坪草的生长发育，使草坪草在生理上和形态上发生较大变化。修剪在使叶片变窄的同时，也会增加叶片的多汁性，给虫害的发生提供有利环境。此外，修剪产生的开放伤口，使得病原菌在伤口愈合之前有机会进入叶片，造成草坪病害。

草坪草之所以能忍耐修剪，是因为其具有亚顶端分生组织和从茎基、横向茎节上发育新植株的能力。其主要表现在：①剪掉上部叶片的老叶可以继续生长；②未剪到的幼叶尚能长大；③基部的分蘖节可产生新的枝条；④根和茎基储藏着一定的营养物质，可以保证再生组织对营养的需求。因此，草坪草具有很强的再生能力，可以忍耐频繁修剪。在草坪草能忍受的修剪范围内，草坪修剪得越低，均一性和平整度就越好，草坪更加美观。草坪若不修剪，草坪草参差不齐，降低其观赏价值和效果。

因此，正确的修剪措施对于维持一个健康、实用和令人心情愉悦的草坪具有非常重要的作用。不正确的修剪，如修剪次数太多或太少、留茬过低、剪草机刀片钝等，都会严重降低草坪质量，甚至加速草坪草死亡和草坪退化。

6.2　修剪高度

修剪高度是指修剪后的草坪地上部茎叶的垂直高度。在保证草坪质量和使用功能的前提下，适宜的修剪高度能减少对草坪草的伤害，维持其正常生长。因此，确定草坪适宜的修剪高度在草坪管理中至关重要。实际上，常依据草坪草种及品种、草坪质量要求、环境条件、发育阶段、利用强度等因素来确定草坪适宜的修剪高度。

不同草坪草种甚至品种的耐修剪能力存在不同程度的差异，这与其生长特性直接相关。丛生型的草坪草一般不耐低修剪，如高羊茅的修剪高度在3.8cm以上。具有匍匐茎或根状茎的草坪草则能够忍耐较低的修剪高度，如匍匐翦股颖在高尔夫球场果岭上可以被修剪到3mm。多数草坪草及其品种能够在一定程度内改变它们的生长方式以适应较低的修剪高度，如减小茎秆与土壤表面之间的生长角度和产生更多幼小分蘖等，而且分蘖适应能力在品种间也存在差异。常见草坪草的耐修剪高度范围见表6-1。多数情况下，在这个范围内可以获得令人满意的草坪质量，甚至在较高的养护强度下还可以修剪得更低。

表 6-1　常见草坪草的参考修剪高度

暖季型草坪草	修剪高度（cm）	冷季型草坪草	修剪高度（cm）
普通狗牙根	2.5～6.4	多年生黑麦草	2.5～7.6*
杂交狗牙根	0.5～3.2	草地早熟禾	2.5～7.6*
结缕草	1.3～6.5	粗茎早熟禾	3.0～6.0
海滨雀稗	0.5～5.0	一年生早熟禾	0.3～2.0
地毯草	2.5～8.0	匍匐翦股颖	0.3～1.3
假俭草	2.5～6.4	细弱翦股颖	0.8～2.5
钝叶草	5.0～10	高羊茅	3.8～9.0
野牛草	3.8～7.5	紫羊茅	2.5～7.6

* 某些品种可以忍耐更低的修剪高度。

在草坪草能够忍耐的范围内，草坪质量要求越高，修剪高度就越低。高质量要求的草坪，如高尔夫球场的果岭区，为了获得一个最佳的击球表面，常常将修剪高度控制在0.3～0.64cm；而粗放管理的草坪，如高尔夫球场的高草区草坪修剪高度可允许在7.6～12.7cm范围内，护坡和水土保持绿地甚至可以不修剪。

原则上，当草坪草遇到环境胁迫时，通常需要提高修剪高度。如冷季型草坪草在夏季应适当提高修剪高度以增强忍耐高温和干旱的能力，而暖季型草坪草在生长期的前期和后期应提高修剪高度以增加草坪的光合作用面积和增强耐寒性；遭受病虫害和践踏等损伤的草坪，在恢复期也应提高修剪高度，以加快恢复速度；局部遮阴的草坪常常生长较弱，修剪高度提高有利于复壮生长。

在返青期或生长期开始之前，可适当降低修剪高度。通过较低的修剪，可以清除大量枯死的叶片和对草坪进行全面的清理，有利于增加地面的太阳辐射，加快土壤温度的升高，减少病虫等寄生物宿存侵染的机会，促进草坪草快速返青和健康生长。

使用强度也是影响草坪修剪高度的因素之一。此时首先应考虑草坪承受的创伤破坏力，其次考虑草坪高频率使用时的美观和使用要求。对于足球场、橄榄球场受高强度践踏的运动场草坪，修剪高度可适当提高以利于草坪恢复。对于像高尔夫球场、保龄球场等轻型运动的草坪而言，为保证运动成绩，必须严格控制修剪高度，以形成光滑的坪面质量。

虽然为了提高草坪的景观效果，大多数草坪管理者喜欢将草坪剪到草种或品种能忍受的最低限度。但是，如果草坪被修剪得过低，大量的绿色叶片被剪掉，就会降低草坪草的再生能力和光合作用，导致根系变浅，使得草坪草从土壤中吸收养分和水分的能力减弱，从而消耗自身储存的营养物质，容易导致草坪的退化（图6-1）。这在草坪管理中常被称为"削皮"或"剃头"现象。修剪太低还会降低草坪草对环境胁迫和病害的抵抗能力，造成杂草入侵，增加草坪养护管理需求。

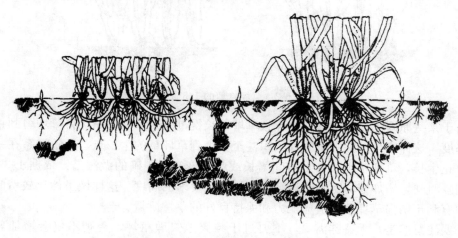

图6-1　不同修剪高度对草坪草根系的影响

同样，修剪太高也有不利的影响。较高的草坪给人一种蓬乱、粗糙、不整齐的感觉；叶面积的增大也加速了水分的损失；修剪太高导致枯草层加厚以及由此带来一系列的问题。另外，修剪太高会给病害发生造成有利环境；叶片质地变得粗糙，草坪密度减小。

6.3　修剪频率

修剪频率是指在一定的时期内草坪修剪的次数，它和修剪周期（连续两次修剪的间隔天数）呈反比。修剪频率主要取决于草坪草的生长速率和对草坪的质量要求。

冷季型庭院草坪在温度适宜的春、秋季和保证水分的条件下，草坪草生长旺盛，每周可能需要修剪两次，而在高温的夏季生长受到抑制，每两周修剪一次即可；相反，暖季型草坪草在夏季生长旺盛，需要经常修剪，在温度较低、不适宜生长的其他季节则需要降低修剪频率。此外，不同草种的草坪其修剪频率也不同。如多年生黑麦草、高羊茅等生长量较大，修剪频率高；生长较缓慢的假俭草、野牛草等则需要较低的修剪频率。

草坪质量要求越高，修剪高度越低，修剪频率就越高。如在每年生长季节，高尔夫球场果岭草坪几乎每天修剪，普通的庭院草坪每周修剪1~2次即可，而护坡等设施草坪仅需要修剪几次甚至不修剪。

对于正常管理的草坪，常用1/3原则来确定修剪频率。1/3原则是草坪修剪应遵循的基本原则，即每次修剪时，剪掉部分的高度不能超过草坪草地上部茎叶垂直高度的1/3（图6-2）。如草坪修剪高度为4cm，当草长到6cm高时就应该进行修剪，或当草坪草长到修剪高度的1.5倍时应进行修剪。1/3原则对维持草坪草体内一定的碳水化合物储存和正常生长以及保证草坪质量十分重要。如果剪掉的部分超过1/3，将导致草坪草光合能力急剧下降，进而使大量根系无足够养分供应而生长受到抑制。

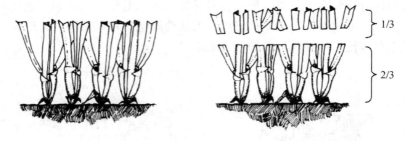

图 6-2　草坪修剪的 1/3 原则

由于某些原因不能及时修剪而导致草坪草长得过高时，不要一次将草坪剪到正常的留茬高度，这样容易去除大量叶片组织甚至伤害到草坪草的生长点，导致根系在一段时间内停止生长，草坪草生长恢复时间增长或难以恢复。正确的做法是：依据1/3原则，缩短间隔时间，增加修剪次数，逐渐将草坪降到要求的高度。这样做虽然比较费时、费工，但有利于增强草坪草的适应能力和保持良好的草坪质量。

需要注意的是，无特殊需要，不要过于频繁地修剪草坪，否则不仅会增加养护费用，还会引起草坪草根系减少、养分储存量降低以及病原菌入侵等一系列问题。

6.4　修剪模式

草坪修剪应按照一定的模式来操作，以保证不漏剪并获得良好的景观效果和使用性能。由于修剪方向的不同，草坪草茎叶倾斜方向也不同，使茎叶对光线的反射方向发生变化，在视觉上就会产生明暗相间的条纹状（图6-3），更加美观。但也要注意，同一块草坪，每次修剪应变换行进方向以保证茎叶向上生长，避免在同一地点、同一方向的多次重复修剪，防止叶片出现定向倾斜生长而影响植株健康或使用性能。例如，在高尔夫球场果岭区，定向生长产生的纹理会影响击球质量。变换修剪方向还可避免剪草机轮子在同一方向上对草坪进行重压而形成压槽和土壤板结。

图 6-3　不同修剪方向形成的明暗相间条纹

6.5　草屑处理

草屑是指修剪草坪时剪下的草茎、草叶等碎屑。通常，如果剪下的叶片较短，在不影响运动功能的前提下，可直接将其留在草坪内分解，这样不仅使大量营养返回到土壤中，减少养分浪费和肥料投入，还可减轻工作强度和草屑堆放问题。这时遵守 1/3 原则就很重要，因为剪下的茎叶越短，越容易落到土壤表面，既不影响美观，草屑还可迅速分解，不会形成枯草层。草叶太长时，要将草屑收集并带出草坪，以免影响草坪草的光合作用，避免滋生病菌。收集的草屑可以用石灰腐熟后，作为有机肥施到草坪上。但是，在草坪质量要求较高的运动场上，草屑的存在会影响草坪运动功能的发挥。例如，在高尔夫球场果岭上，即使残留的草屑非常细小，也会影响球的滚动，因此必须清除出去。对于发生病害的草坪，剪下的草屑无论长短，均应清除出草坪并进行妥善处理，以免病菌蔓延。

6.6　修剪机械

6.6.1　剪草机类型

目前，草坪修剪主要采用机械修剪方式，剪草机是草坪养护管理的最常用设备。根据工作装置、剪草方式不同，剪草机主要分为滚刀式、旋刀式、连枷式、甩绳式。每种类型的剪草机所适应的草坪和草坪立地环境不尽相同。

1. 滚刀式剪草机

滚刀式剪草机（reel mower）的剪草装置由带有刀片的滚筒和固定的底刀组成，滚筒的形状像一个圆柱形鼠笼，切割刀（又称滚刀）呈螺旋形安装在圆柱表面上（图 6-4）。滚筒旋转时，把叶片推向底刀，滚刀与底刀逐渐摩擦产生剪切效应而将叶片剪断，剪下的草屑被甩进集草袋。常见的滚刀式剪草机有手扶自走式、坐骑式和牵引式等。

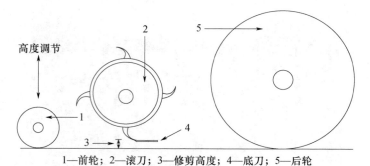

1—前轮；2—滚刀；3—修剪高度；4—底刀；5—后轮

图 6-4　滚刀式剪草机剪草装置示意图

滚刀剪草机的工作原理类似于剪刀的剪切，其剪草质量主要取决于滚刀数量、刀片锋利程度、滚刀转速以及底刀与滚刀的间隙等。通常，滚刀数量越多、越锋利、转速越快，剪下的草越细，修剪质量越高。底刀和滚刀的间隙要合适，间隙过大，容易出现切口不整齐，影响草坪质量；间隙过小则容易造成过度摩擦而损伤刀片。常通过转动刀片切割报纸或专用测试纸来判断底刀与滚刀间隙是否合适。在 1cm 宽的切口上如果有 2~3 根拉出的纤维最合适，如果没有或纤维较少，则间隙偏小，反之则间隙大。

滚刀式剪草机常用于修剪高尔夫球场果岭、发球台、球道以及高质量运动场等草坪，是高质量、低修剪草坪的首选（图 6-5）。滚刀式剪草机的修剪高度通常在 0.3~2.0cm 之间，某些机型可将高尔夫球场果岭草坪修剪至 0.25cm。然而，滚刀式剪草机对具有硬质穗和茎秆的禾本科草坪草的修剪存在一定困难，无法修剪某些具有粗质穗部的暖季型草坪草和修剪高度超过 2.5cm 的草坪，而且价格比较昂贵。因此，只有在具有相对平整表面的草坪上使用滚刀式剪草机，才能获得最佳的效果。

图 6-5　手扶自走式果岭剪草机

使用滚刀式剪草机还应注意，由于滚刀与底刀之间是金属的接触，如果剪草机在空转时，滚刀与底刀摩擦生热会引起金属膨胀，从而使刀片出现严重磨损。而修剪草坪时，草叶伤口处的汁液是一种天然润滑剂，可防止滚刀与底刀摩擦生热以及引起的金属膨胀。因此，在两个剪草地点间行走时，要切断滚刀传动。此外，要及时研磨刀片以防止底刀和滚刀出现缺口或刀刃变钝。

2. 旋刀式剪草机

旋刀式剪草机（rotary mower）的主要部件是横向固定在直立轴末端上的刀片，通过高速旋转的刀片将叶片水平切割下来，为无支撑切割，类似于镰刀的切割作用（图 6-6 和图 6-7）。常见的旋刀式剪草机主要有手推式、手扶自走式、坐骑式和气垫式等。

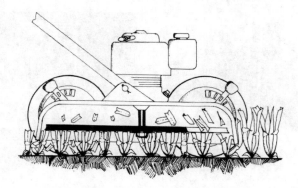

图 6-6　旋刀式剪草机的工作原理

图 6-7　旋刀式剪草机的剪草刀片

旋刀式剪草机的修剪质量主要取决于刀片锋利程度和转速。不锋利的刀片修剪的草坪切口不整齐，容易在某些草坪草上留下拉出的纤维丝，俗称"拉毛"现象，草坪外观呈灰白色；不整齐的伤口愈合慢，损失水分增多，也给病菌侵染增加了机会。因此，要定期检查剪草机的刀片和被剪叶子的末端，判断刀片是否锋利，若刀片变钝或有缺口时，应及时研磨或更换。

与滚刀式剪草机相比，旋刀式剪草机保养简单，通用性强，可用于修剪生长高度较高或具有粗质穗部的草坪草和杂草，修剪高度范围在 2～12cm 之间。其修剪质量虽不能满足高质量草坪要求，但如果刀片保持锋利，仍能达到令人满意的效果，常用于修剪高度在 2.5cm 以上的庭院、绿化和运动场草坪等。

气垫式剪草机是一种特殊的旋刀式剪草机，特殊的部分在于它是靠安装在刀盘内的离心式风机和刀片高速转动产生的气流形成气垫托起剪草机修剪，托起的高度就是修剪高度。气垫式剪草机没有行走机构，工作时悬浮在草坪上方，特别适合于修剪地面起伏不平的草坪，如高尔夫球场沙坑边坡草坪。

3. 连枷式剪草机

连枷（甩刀）式剪草机（flail mower）的刀片铰接在与地面平行的旋转轴上，当旋转轴转动时，刀片在离心力作用下崩直，将草坪草茎叶切断并抛向后方（图 6-8）。连枷式剪草机的刀片与旋转轴铰接，当碰到硬物时可以避让而不致损坏机器，适用于修剪公路两侧和河堤等管理粗放的绿地，修剪高度通常在 10～30cm 之间，但修剪质量很差。

图 6-8　连枷式剪草机（左）及其刀片（右）

4. 甩绳式剪草机

甩绳式剪草机是利用割灌机的附加功能，即将割灌机工作头上的圆锯条或刀片用尼龙绳或钢丝代替，高速旋转的绳子与草坪草茎叶接触时将其击碎，从而实现剪草的目的（图 6-9）。

图 6-9　使用甩绳式剪草机修剪树下草坪

甩绳式剪草机一般辅助其他类型剪草机来使用，修剪障碍物周围的草坪、细灌木或杂草等。如其他类型剪草机操作困难的树干基部以及雕塑、灌木、建筑物等与草坪临界的区域。

甩绳式剪草机的缺点是操作人员要熟练掌握操作技巧，否则容易损伤树木和灌木的韧皮部以及出现"剃头"现象，而且转速要控制适中，否则容易出现"拉毛"现象或硬物飞弹伤人事故。

6.6.2　修剪质量

修剪质量的好坏主要取决于剪草机的类型和修剪时的草坪状况。当草坪处于不良状态时，即使使用最好的剪草机也难以获得较好的剪草效果。若草坪状况良好，剪草机的选择与使用成为影响修剪质量的关键因素。选择适宜的剪草机类型常考虑草坪质量、草坪用途、修剪高度、草坪草种类及品种、地形特点、修剪宽度及配套动力等因素。总的原则是在达到草坪质量要求的前提下，选择经济实用的机型。同时，要正确使用和保养剪草机，充分发挥其性能才能保持良好的修剪质量。

6.6.3　修剪注意事项

随着草坪业的发展，草坪管理的机械化程度越来越高。如果机械操作不规范，不但会缩短剪草机的使用寿命，同时也会损伤机械，甚至对周围的人造成伤害。在事故中曾有不少人被伤及手指或脚趾。因此，任何人在操作剪草机之前都应该认真学习和掌握一些必备的使用注意事项。

（1）操作剪草机前，请认真阅读使用手册，了解正确使用机械的方法。

（2）剪草前应清除草坪内较大的石块、砖头、树枝等垃圾。

（3）启动发动机前，首先要掌握如何迅速停止发动机运转，以便发生意外时紧急停机；其次要检查汽、机油是否需要添加或更换。如需加油，则须将剪草机移到草坪外，以免燃料溢出而伤害草坪。

（4）启动时，要注意将手脚尽量远离刀片；在相对平坦的地方启动机器；启动手扶自走式剪草机时，一只脚踏在剪草机底壳上，另一只脚离开剪草机一段距离，踩在实地上。

（5）剪草过程中，不要让非操作人员尤其是儿童靠近剪草机，保持足够的安全距离。

（6）当离开剪草机时，即使时间很短，也要关闭发动机。

（7）定期检查刀片的锋利程度和平衡性。检查刀片前，最好先拔下火花塞，以防发动机意外启动。

（8）剪草机工作时，要及时清理草袋，保持草袋通气性。

（9）操作剪草机时，操作人员应做好身体防护，鞋底应有良好的摩擦力，以防滑倒。

（10）手扶自走式剪草机切忌在自走过程中向后拉，强行倒退容易损坏机械装置。剪草机在向后拉时，一定要注意安全，以防伤到操作者的脚。

（11）在斜坡上剪草，手推/扶式剪草机要横向行走，坐骑式剪草机则顺着坡度上下行走。

（12）草坪潮湿时，尽可能不修剪。如刚刚下过雨或灌溉后的草坪，很容易因滑倒等造成安全事故，而且还可能增加草坪病害的发生。

（13）发动机发热时，禁止向油箱里加燃料，要等发动机冷却后，再加注燃料。

（14）剪草时要保持头脑清醒，长时间操作剪草机，要注意休息，切忌操作时心不在焉。

新型的剪草机一般都安装了安全装置，当操作者松开控制手柄或离开座位时，发动机会立即停止，发动机关闭 3 秒后，刀片也随即停止转动。管理者在选择购买何种类型或样式的剪草机时，也需考虑其安全性。

6.7　化学修剪

化学修剪是指利用某些植物生长调节剂（主要是生长抑制剂）来抑制或延缓草坪草地上部的垂直生长，以达到减少修剪次数和草屑量、降低草坪养护成本的目的。

化学修剪的效果受抑制剂的种类和作用机理影响较大。早期研发的用于草坪的植物生长抑制剂主要局限于某些粗放管理的区域，如高尔夫球场的高草区、公路两侧等低养护草坪和石阶、公墓、树边、池塘边等机械修剪困难的地方，主要目的是减少修剪次数，外观质量并不重要。因此，虽然这些植物生长抑制剂会对草坪草产生一些不利的影响，但直到今天，仍有一些产品在低养护草坪上使用。20 世纪 80 年代以来，随着新型植物生长抑制剂的不断研发成功，对草坪植物生长抑制剂的相关研究和应用也不断深入。研究领域包括草坪生长抑制剂的吸收运转、作用机理、草坪草生理生化反应、对抗逆性和病虫害的影响、施用技术等，其应用范围也从低养护水平草坪向中、高养护水平草坪发展。有些植物生长抑制剂（如抗倒酯）已成功用于高尔夫球场果岭和球道草坪。这些植物生长抑制剂能够在不降低甚至提高草坪外观质量的前提下，有效控制草坪草茎叶的顶端生长，达到既能减少修剪次数，又不影响草坪外观质量的目的。

6.7.1　植物生长抑制剂的作用机理与种类

植物生长抑制剂控制草坪草生长一般通过两条途径：第一，不同程度地抑制顶端分生组织的活动；第二，阻止节间伸长，促进侧芽生长和分蘖，但不破坏顶端分生组织。

较早的分类方法是将植物生长抑制剂分为Ⅰ型和Ⅱ型两个组。Ⅰ型植物生长抑制剂又称细胞分裂抑制剂，主要经叶片吸收，通过抑制顶端分生组织的细胞分裂和分化，控制营养和生殖生长。一般处理后 4～10 天即可产生抑制作用，药效可持续 3～4 周（与药剂浓度有关）。由于此类植物生长抑制剂容易对草坪草产生毒害作用而降低草坪质量，因此多用于中、低养护水平的草坪上和修剪较为困难的地方。早期研制的植物生长抑制剂多属此类，如抑长灵、青鲜素等。某些除草剂在低浓度时也能起到类似的作用，它们主要通过中断氨基酸和脂肪酸的生物合成来抑制草坪草的生长发育，通常，这些除草剂只在低养护草坪上施用，以减少修剪次数和控制杂草。Ⅱ型植物生长抑制剂又称赤霉素合成抑制剂，主要通过抑制赤霉素的生物合成，使细胞伸长停止，节间变短，整个植株生长减缓。这类生长抑制剂对顶端分生组织没有影响，对花芽形成不起作用。此类植物生长抑制剂一般起效较慢，但药效持续时间更长。新型植物生长抑制剂多属此类，如抗倒酯、多效唑等。

近年来人们把植物生长抑制剂细分为 4 类，即 A 类、B 类、C 类和 D 类（表 6-2）。A 类和 B 类植物生长抑制剂（早期分类中属于Ⅱ型）通过抑制赤霉素的合成，减小细胞伸长而抑制植株生长。A 类植物生长抑制剂（如抗倒酯和调环酸钙）主要抑制赤霉素生物合成途径中接近末端的反应步骤，而 B 类植物生长抑制剂（如多效唑和调嘧醇）抑制赤霉素生物合成途径较前端的反应步骤。A 类植物生长抑制剂只为枝条吸收，可在草坪覆播时使用；而 B 类植物生长抑制剂为根部吸收，易对幼苗造成伤害。B 类植物生长抑制剂的一个最佳用途是抑制匍匐翦股颖草坪中的一年生早熟禾。与 C 类植物生长抑制剂不同，A 类和 B 类植物生长抑制剂一般不能抑制抽穗，但能抑制穗梗节间伸长而使穗子高度大大降低，而且对枝条向上生长的抑制时间较长。A 类和 B 类植物生长抑制剂对侧生枝条（主要是分蘖）和根的生长的抑制效应较小，有时还有促进作用。此外，A 类和 B 类植物生长抑制剂还可增强植物对高温、低温、干旱的抵抗力，改善草坪耐阴性、果岭球速，增强杀菌剂效果等（图 6-10）。这两类生长抑制剂对草坪草和双子叶植物均有效。

表 6-2　常用植物生长抑制剂及其使用特点

名称	类别	吸收部位	抑制特点		适用草坪的养护水平	适用草坪草种
			茎叶	抽穗		
抗倒酯 （Trinexapac-ethyl）	A	叶	√	部分	低，中，高	几乎所有常见草坪草
调环酸钙 （Prohexadione-calcium）	A	叶	√	部分	低，中，高	几乎所有常见草坪草
多效唑 （Paclobutrazol）	B	根	√	部分	低，中	匍匐翦股颖，草地早熟禾，多年生黑麦草，羊茅属，狗牙根，钝叶草
调嘧醇 （Flurprimidol）	B	根	√	—	低，中	匍匐翦股颖，草地早熟禾，多年生黑麦草，狗牙根，结缕草，钝叶草
青鲜素 （Maleic hydrazide）	C	叶	√	√	低	草地早熟禾，羊茅属，多年生黑麦草，狗牙根，巴哈雀稗
抑长灵 （Mefluidide）	C	叶	√	√	低，中	草地早熟禾，一年生早熟禾，多年生黑麦草，羊茅属，狗牙根，结缕草，假俭草，钝叶草

图 6-10　抗倒酯（右）对狗牙根生长的影响

C类植物生长抑制剂（早期分类中属于Ⅰ型）通过抑制植物分生组织区域细胞分裂与分化而抑制生长发育。这类植物生长抑制剂可有效减少抽穗和穗子发育，对抑制一年生早熟禾生殖生长有应用价值。这类植物生长抑制剂为叶片所吸收，效果较快。它的使用范围主要在禾本科草坪草，对双子叶植物效果不明显。常用的C类植物生长抑制剂包括青鲜素和抑长灵等。

D类植物生长抑制剂主要指某些除草剂，如草甘膦和呋草黄等。草甘膦是一种广谱性除草剂，在低用量时可抑制草坪草生长。呋草黄可抑制冷季型草坪中的一年生早熟禾。但有些冷季型草坪草，特别是多年生黑麦草，对呋草黄有较强抗性。

6.7.2 植物生长抑制剂的应用

一般情况下，某种植物生长抑制剂只对几种草坪草起作用，而且植物生长抑制剂的使用常常取决于草坪用途和养护水平。同时，在某些情况下和使用不当时，植物生长抑制剂也会造成草坪褪色、密度下降、根量减少、恢复能力降低，引起杂草入侵和病害持续时间延长等问题。此外，在混播草坪中，由于草坪草对植物生长抑制剂的敏感性不同，施用抑制剂可能破坏草坪的均一性，影响草坪美观。因此，在选择和施用植物生长抑制剂时，应遵循"适草适药"的原则，综合考虑草种、抑制剂种类及浓度、所处环境、生长时期等因素，不能盲目施用。

根据吸收部位的不同，植物生长抑制剂的施用方法有喷施法和土施法。多数植物生长抑制剂可采用喷施法，且该法简便易行，见效快，是调节草坪草高度的常用方法。由于植物生长抑制剂的用量小，易被土壤固定或土壤微生物分解，因此不宜采用土施法。但有些植物生长抑制剂若采用喷施的方法，会使叶片变形或抑制顶端分生功能，这时则采用土施法。土施法不仅省药，而且药效期长。对于叶片吸收的植物生长抑制剂，喷施后24h内若遇降雨或灌溉，将影响药效；而根部吸收的植物生长抑制剂施用后，需及时灌溉。施用时，应注意避免出现漏施和重施。

植物生长抑制剂都有其适宜的施用浓度范围，浓度过低往往不起作用，过高则会产生毒害，甚至导致死亡。因此，施用植物生长抑制剂应谨慎小心。在无确切参考信息的情况下，不要盲目施用或小面积试验后再确定是否应用。

植物生长抑制剂的施用应在草坪草生长旺盛期来临前或快速生长初期进行，以达到最佳的控制效果。冷季型草坪草应在春季或夏末秋初施用，暖季型草坪草则应在春末或夏初施用。在使用植物生长抑制剂控制生殖生长时，应在草坪草抽穗前2～3周施用，否则效果不佳，甚至完全失败。不要在未成坪草坪上使用植物生长抑制剂，以免伤害幼苗、延缓成坪。也不要连续重施植物生长抑制剂，以防草坪退化。植物生长抑制剂的抑制作用通常持续4～6周，可根据当地气候条件和草坪类型来确定施用次数，一般一年内施用1～2次，最多不超过4次。

复习思考题

1. 修剪对草坪有哪些正面和负面影响？
2. 如何确定草坪适宜的修剪高度？

3. 说明草坪修剪的 1/3 原则及其对修剪频率的影响。
4. 简述常见草坪剪草机的类型和工作原理。
5. 简述植物生长抑制剂的种类和作用原理。
6. 在草坪上使用植物生长抑制剂时应注意哪些问题？

第7章

草坪施肥与灌溉

7.1　草坪营养与营养元素的作用

7.1.1　草坪草生长需要的营养元素

目前，已确定草坪草生长发育所必需的营养元素有 17 种。它们分别是碳（C）、氢（H）、氧（O）、氮（N）、磷（P）、钾（K）、钙（Ca）、镁（Mg）、硫（S）、铁（Fe）、锰（Mn）、铜（Cu）、锌（Zn）、硼（B）、钼（Mo）、氯（Cl）、镍（Ni）。生长旺盛的草坪植株所含水分占 $75\%\sim85\%$，其余 $15\%\sim25\%$ 的干物质则主要由这 17 种营养元素组成的有机化合物构成。草坪草的生长对每一种元素的需求量有较大差异，通常按植物对每种元素需求量的多少，将营养元素分为 3 组，即大量元素、中量元素和微量元素（表 7-1）。这 17 种必需营养元素中，除碳、氢、氧主要来源于空气和水外，其他 14 种元素由草坪草的根系从土壤中吸收获得，称为矿质元素。其中，对氮、磷、钾的需求量比其他 11 种元素要大，它们是草坪草生长的重要矿质养分，故被称为大量元素。这些大量元素必须随肥料定期加入土壤中，以满足草坪草生长的需要。在氮、磷、钾 3 种元素中，按草坪草生长需要量排序，依次为氮、钾、磷。

表 7-1　草坪草生长所需要的矿质元素

分类	元素名称	化学符号	有效形态
大量元素	氮	N	NH_4^+，NO_3^-
	磷	P	HPO_4^{2-}，$H_2PO_4^-$
	钾	K	K^+
中量元素	钙	Ca	Ca^{2+}
	镁	Mg	Mg^{2+}
	硫	S	SO_4^{2-}
微量元素	铁	Fe	Fe^{2+}，Fe^{3+}
	锰	Mn	Mn^{2+}
	铜	Cu	Cu^{2+}
	锌	Zn	Zn^{2+}
	钼	Mo	MoO_4^{2-}
	氯	Cl	Cl^-
	硼	B	$H_2BO_3^-$
	镍	Ni	Ni^{2+}

钙、镁、硫为中量元素，草坪草生长对它们的需求量低于大量元素。而铁、锰、铜、锌、硼、钼、氯、镍为微量元素。需要特别指出的是，尽管草坪草生长对这些微量元素的需求量相对很低，但微量元素对草坪草生长所起的作用与大量元素和中量元素是同等重要的。对于大多数土壤来说，一般不需要施用微量元素（铁元素除外），只有当土壤测试或草坪草表现出微量元素缺乏时才施用。

无论是大量、中量还是微量营养元素，只有在适宜的含量和适宜的比例时，才能保证草坪草的正常生长发育。根据草坪草的生长发育特性，进行科学、合理的养分供应，即按需施肥，才能保证草坪各种功能的正常发挥。

7.1.2　营养元素的作用

各种营养元素无论在草坪植物体中的含量多少，对草坪草生长均是同等重要的。任何一种元素的缺乏都会对草坪草生长造成不利影响，并在草坪草外观上表现出特有的缺素症状，极大地影响草坪质量。目前，在草坪草养分缺乏问题的快速诊断中，常常以缺素症状为依据，但值得注意的是，有时草坪草失绿或一些不正常的特征出现并非是源自养分的缺乏，而是由于病害或其他一些不相关的外部因素（如环境胁迫）所致。因此，应将外观诊断、草坪草养分测定和土壤测试结合起来方可作为草坪草营养水平的判断。掌握必需元素的作用和缺素症状对在草坪管理中正确地选择肥料、合理施肥是十分重要的。

1. 大量元素

（1）氮

氮是除碳、氢、氧外草坪草生长需求量最多的元素。对于健康生长的草坪草植株，其含量通常为 3%～5%，在草坪草生长发育中，氮作为草坪草叶绿素、氨基酸、蛋白质、核酸及其他物质的构成成分，对草坪草的生长发育至关重要。氮也是施肥项目中最关键，且施用量最大的营养元素。

在草坪草生长过程中，氮的丰缺不但直接影响根、茎的生长、草坪色泽和密度，而且对抗高温、抗寒、抗旱、抗病等抗逆能力以及草坪草受损后的恢复速度和草坪群体构成等产生重大影响。当氮供应不足时草坪草的生长会受到抑制，草坪草色泽褪绿转黄，密度下降，使草坪变得稀疏、细弱、抗性下降，这时的草坪不但易被杂草侵占，还易感染线斑病、锈病、红丝病等草坪病害。

但是，草坪过量施氮有时比氮素缺乏带来的弊病更大。过量施氮会引起草坪草的某些变化，如细胞壁变薄、茎叶组织多汁、养分储存减少等。这些变化常使草坪抗性和耐践踏性下降，感病性增强，导致叶斑病、褐斑病、镰刀霉病等病害极易发生。草坪施氮过多也常导致地上部生长过旺、修剪次数增多，增加养护工作强度；并且草坪草的根及根茎生长也会受到抑制，使根系下扎深度和扩展范围缩小，影响水分和养分的吸收。因此缺氮和氮过量均会对草坪产生不利影响。

氮素吸收。对于多数草坪来说，草坪草吸收的氮虽然部分来自土壤有机质分解，但更主要的是来自肥料的施用。在土壤溶液中，氮素是以 NH_4^+ 和 NO_3^- 形式被草坪草吸收，并直接进入有机氮库。其他形式的氮在被吸收之前需转化为 NH_4^+ 或 NO_3^-。通常情况下，氮素较其他 16 种元素更易缺乏。这一方面由于土壤中含量不丰富，另外当施用氮肥后还常发生由于 NO_3^- 淋溶和氨挥发造成的氮素损失。因此，在沙壤土上建植并经常大量灌水的草坪，如将修剪掉的草屑带出草坪，氮肥供应不及时则极易导致草坪草的氮营养缺乏。

缺氮症状。当氮素缺乏时，草坪草首先表现生长受阻，叶片和分蘖的减少使单个植株长势变弱，草坪密度明显下降。叶色表现为草坪草老叶首先褪绿，进而变黄。对于狗牙根草坪，缺氮首先表现出茎叶生长缓慢，接着变为金黄，如果氮素继续缺乏，叶色变为淡紫色，随之坏死。而且氮素缺乏，狗牙根易于结穗，极大影响草坪质量。

（2）磷

在草坪草植物体中，磷含量一般为 0.15%～0.55%，平均为 0.3%～0.4%，草坪草利用磷的量低于氮和钾，但不同草坪草在磷吸收上差异较大，草地早熟禾磷含量最高，而地毯草、海滨雀稗、狗牙根相对较低。据报道，结缕草叶片中含 0.05%～0.1% 的磷为正常含量。

磷在植物体内起着重要的作用。它不但是细胞质遗传物质的组成元素，在植物新陈代谢过程中，还起到能量的传递（以 ATP 形式）和储存作用。大量的磷集中在幼芽、新叶以及根顶端生长点等代谢活动旺盛的部位。因此，在草坪草生长过程中，有效磷供应充分会促进草坪草根和根茎的生长，使草坪草生长迅速，分蘖增多，提高草坪的抗寒、抗旱和抗践踏能力。磷能促进根系的早期形成和健康生长，对于新建植的草坪来说显得更为重要。因此，在建植草坪时应施足磷肥，且应施在离种子较近的土层，以保证快速建植成坪。

磷的吸收。植物对磷的吸收主要是以 $H_2PO_4^-$ 形式，其吸收过程受环境 pH 值影响较大，一般在土壤 pH 值 6～7 和草坪草快速生长阶段吸收最快。与在植物体内正好相反，磷在土壤中移动性较差，不易从根层中淋失。但是，当磷肥施入土壤后极易转化为难溶形态使其有效性降低。不过，可溶性磷与难溶性磷之间存在着动态平衡，当有效磷库因植物吸收而降低时，一些难溶性磷可以转化成可溶性磷来维持作物的正常生长。但研究表明，当土壤中有效磷含量过高时，对杂草的防除效果有影响。因为在利用无机砷制剂防除一年生杂草的地方，随土壤有效磷浓度的提高，杂草根系吸收砷的量会下降。有效磷水平越高，就需要更高量的砷才能得到理想的除草效果。因此，土壤中有效磷含量不应过高，以便在较低的砷水平下得到较好的杂草控制效果，节省开支。

缺磷症状。在草坪建植过程中，如果土壤基质含磷量低（一般认为＜5mg/kg）时，草坪草在苗期即可表现出缺素症状。对于大多数成熟草坪，当草坪草叶片中磷含量为 0.08% 时，植株缺磷症状已相当明显。由于磷和钾一样，是植物体内易于移动的物质，当磷供应不足时，磷由老叶向新叶移动，使磷缺乏症首先在草坪草的老叶出现。老叶片变成深绿色，接着变成暗绿色，叶脉基部和整个叶缘变成紫色。从外型看，植株矮小，叶片窄细，分蘖少。但磷素缺乏时，不同草坪草反应略有差异。对草地早熟禾草坪，其外观变化过程为叶尖紫色→暗红色→整个叶片变红→叶尖死亡→整个叶片死亡。而对于狗牙根草坪，草坪草叶片表现是由深绿色变为灰绿色，但茎生长受阻较轻。

（3）钾

草坪草对钾的需求仅低于氮，草坪草中钾含量为 0.9%～4.0%，多为 2%～3%。

钾在草坪草生长快速的幼嫩部位含量会更高，但当植物接近成熟时，含量显著降低。

钾虽不是活细胞的构成成分，但钾在大量化合物如氨基酸、蛋白质、碳水化合物的合成中起重要作用，在许多生理过程也起调节与催化剂的作用（如调节植物呼吸、蒸腾、催化大量酶促反应等）。因此，尽管从草坪色泽、密度和生长中或许肉眼难以看出钾对草坪的影响，但实际上钾是维持草坪健康生长必不可少的养分。尤其在促进根与根茎的生长发育，提高草坪草抗旱、抗寒、抗热能力和增强草坪草抗病性与耐践踏能力等方面，钾的作用相当重要。钾供给不足时，草坪草的氮代谢和碳水化合物的平衡被打破，蛋白质合成受阻，氨基酸等水溶性含氮化合物含量上升；水分含量提高，淀粉等高分子碳水化合物的合成停止，易溶于水的低分子糖类含量增高，这样就为病原菌活动提供了适宜的寄主。此外，缺钾可导致细胞壁变薄和易损，使草坪在修剪后更易为病原菌提供理想的入侵场所。当钾在植物体内浓度增加时，植物的吸水和持水等功能得以合理地协调，植物细胞壁增厚，叶片挺拔，萎蔫减轻，从而增加草坪的耐践踏性。同时，在较高的钾含量下，草坪草还减少了褐斑病、线斑病、红线病、镰刀霉斑病等病害的发生。有研究表明，草坪草叶片内氮：钾比例为 2∶1 时是适宜含量水平，过多的钾也会影响植物对钙、镁及其他养分的吸收。

钾的吸收。钾通常以 K^+ 形式被草坪草吸收，并以离子态水溶性无机盐的方式存在于细胞及组织中。当土壤中钾含量高时，植物可吸收高于自身需求量很多的过量钾，并储存在草坪草组织中，这种现象通常被称作钾的"奢侈吸收"。在这种情况下，如将草屑移出草坪，那么，同时也会有大量的钾随之带出。在土壤中，钾含量变化较大。虽然土壤中全钾量较高，但多为黏土矿物固定态钾，对植物生长是无效的，仅有少部分存在于土壤溶液中的有效钾才可被草坪草吸收利用。由于在土壤中由无效钾向有效钾的转换是一个缓慢的过程，而钾盐又易溶于水，也易于从土壤中淋失，尤其是在沙性土壤中，其淋溶较黏重土壤更为严重。因此，在草坪生长季节施入钾肥时也应本着少量多次的原则，特别是在沙性土壤上更应如此。

缺钾症状。钾素缺乏在匍匐剪股颖和紫羊茅上的最初表现为叶片下垂，倾斜方向更加水平。用手触摸时叶片发软，且下部老叶片的叶尖和叶片脉间变黄，接下来叶尖卷曲、枯萎。如钾继续缺乏，叶脉也会变黄。当狗牙根缺钾时，最初特征是茎变细，随之老叶叶尖坏死，如继续缺钾，狗牙根则表现生长缓慢，叶片变为棕色。

2. 中量元素

（1）钙

草坪草中钙含量多在 0.2%～0.5%，含量较高。钙主要存在于草坪草的叶片和茎中，并大量存在于分生组织中，是细胞壁的重要组成成分。有资料表明，充足的钙供应可促进根的生长，尤其是根毛的生长和发育。钙还具有中和细胞内毒素的功能，对钾和镁的吸收也有影响。缺钙常易导致草坪草感染红丝病和枯萎病。

钙的吸收。草坪草对钙的吸收通常以 Ca^{2+} 的形式。在不同母质，不同质地土壤中钙含量变化很大。质地粗、渗漏强的土壤中钙的含量偏低。钙对土壤酸度和土壤结构有强烈的影响，它可改善土壤结构，增强土壤通透性与持水性能。由于钙是石灰的主要成分，可使土壤 pH 值升高，在不同程度上影响其他养分的有效性。

缺钙症状。钙在植物体内难以移动，当钙缺乏时，症状首先出现在幼嫩叶片，叶片边缘变为红棕色，并逐渐延伸到中脉。但缺钙常随植株年龄而异，在较老的植株上，首先是脉间部分变为红棕色，接着变为淡红色，再变为玫瑰红色，最后叶尖枯萎。狗牙根缺钙时常表现出茎叶生长缓慢、新叶坏死等。

（2）镁

草坪草中镁含量范围一般为 $0.11\%\sim0.7\%$，不同草坪草含量有差异。匍匐翦股颖平均为 0.7%，草地早熟禾为 0.4%，紫羊茅则为 0.29%。在草坪草生长过程中，镁是叶绿素分子的重要组成成分，因此，它是草坪草生长和绿色保持所必需的。镁还作为许多酶系统的辅酶并参与植物体内磷的转运，有助于对磷的吸收。镁在植物体内活动性相对较强，可以由老叶转移到幼嫩组织再被利用。尽管在茎尖和根尖部位有镁的累积，但通常镁在叶片中的含量是最高的。

镁的吸收。镁在土壤中以 Mg^{2+} 的形式被草坪草吸收。它在土壤中不如 Ca^{2+} 含量高，也不如 Ca^{2+} 对土壤的理化性状影响大。Mg^{2+} 虽然被土壤胶体吸附，但并不增加土壤的团聚性；相反浓度过高还会引起凝聚作用下降。

缺镁症状。缺镁后草坪草的色泽变化有点像缺钙，但缺镁是发生在下部的老叶，叶片呈带状樱桃红色，最后叶片坏死。狗牙根缺镁时表现出叶片灰绿，茎生长减慢；如镁继续缺乏，则老叶片变黄、坏死。

（3）硫

草坪草中硫的含量与磷较为接近，但硫在植物体内多均匀分布。在草坪草生长过程中，硫是蛋白质中某些氨基酸的组成成分，没有硫，植物则不能利用氮。因此，土壤缺硫会导致蛋白质合成受阻，直接影响草坪草生长发育。对于草地早熟禾，缺硫会增加粉霉病的发生概率。

硫的吸收。硫主要以 SO_4^{2-} 形式被草坪根系吸收，少量以气体 SO_2 的形式通过叶片吸收进入植物体。虽同为中量元素，但硫在土壤中的数量较钙、镁要低得多。大多数土壤中的硫存在于有机质中，有机质分解后硫才有效。因此，表层土壤含硫量较底层高。

缺硫症状。在匍匐翦股颖和紫羊茅草坪中，缺硫与缺氮的症状相似，也是于下部的老叶首先出现，叶片由灰绿转为黄绿，叶缘枯萎，最后整个叶片枯死。

3. 微量元素

微量元素主要包括铁、锰、铜、锌、硼、钼、氯、镍八种元素。"微量"一词并非意味着这些元素不重要，只表明植物所需要的量相对较少。由于植物需求量低，大多数土壤中不缺乏。但某些元素易受环境条件的影响，造成在土壤中的溶解性下降，对植物的有效性降低，从而导致一种或几种元素的缺乏。这些因素主要包括：土壤磷素水平；土壤有机质含量过高；枯草层积累过厚及土壤紧实；排水条件太差和土壤酸碱度不适宜等。但是，如果土壤中微量元素浓度过高，对草坪草的生长也会造成毒害，尤其是锰、铜、锌、硼。

（1）铁

在植物体内铁的含量不高，且难以移动。因此，在所有的微量元素中，草坪草最易表现缺乏的是铁，且以暖季型草居多，如结缕草、狗牙根和假俭草等。虽然铁不是叶绿体组成成分，但是是合成叶绿素所必需的，因此，草坪色泽受有效铁水平的影响。当铁缺乏时，最初表现是生长旺盛的叶片和幼嫩叶片脉间变黄（这与缺氮症状很相似，但缺铁首先出现在幼叶上）。如继续缺铁，幼嫩叶片变为白色或象牙白色，并扩展到老叶片，但一般叶片不坏死。

（2）锰

草坪草中锰的含量相当低。锰不但参与叶绿素的合成，还参与植物体内的一些氧化还原反应。在土壤中，锰的有效性受溶解度制约。在酸性、排水性差或紧实的土壤中，有效锰的含量较高，而碱性或渗漏的土壤易发生缺锰。缺锰导致草坪草叶子下垂，叶脉间失绿（似缺铁），并有些小的坏死斑点布满叶片，若继续缺锰，则整个叶片失绿、萎蔫，卷曲。

（3）锌

草坪草中锌的含量极低，含量过高则会产生毒害（尤其对于匍匐茎）。锌在表层土壤中的含量相对较高，但在板结、频繁灌溉及碱性的土壤条件下，其有效性会降低。由于锌参与植物中某些生长促进物质的合成，因此，生长受阻是缺锌的首要症状。缺锌伴随着幼叶变薄、褶皱，同时叶片色泽变暗、脱水。在狗牙根草坪中，由于渗出液结晶，叶片上常出现白斑。

（4）钼

草坪草对钼的需求极低。钼在植物叶片和生长旺盛的部位含量较高，在土壤中、上层较下层含量高。在碱性土壤条件下，钼的移动性增大，有效性提高。钼作为某些酶的辅酶，对草坪草生长有一定的影响。当钼缺乏时，下部的老叶褪绿变灰，脉间有黄色斑点，最后叶片坏死，生长受阻。

（5）硼

在植物体内，硼是难移动元素。在土壤中，硼的有效性受土壤反应的影响很大，在强淋溶的酸性土壤和碱性土壤条件下，硼的有效性均较低。缺硼时，草坪草生长点的发育受阻，叶脉间失绿、变红。在狗牙根草坪中曾出现过缺硼现象，但在草地早熟禾草坪与匍匐翦股颖草坪中很少发生。

（6）铜

铜在植物体内生理生化活动中作为多酚氧化酶、抗坏血酸氧化酶等的辅基，起传递电子的作用，在呼吸作用的氧化还原反应中起重要作用。铜也是质体蓝素的成分，参与光合电子的传递。植物缺铜时，叶片生长缓慢，呈现蓝绿色，幼叶缺绿变枯。缺铜还可能造成植株因蒸腾过度而发生萎蔫。

（7）镍

镍在 1988 年才被确定为植物的必需元素。在 17 种必需元素中，植物体内镍的含量几乎是最低的。镍是脲酶的必需辅基，脲酶的作用是将尿素水解为 CO_2 和 NH_4^+。无镍时，脲酶失活，尿素在植物体内积累，首先会出现叶片尖端和边缘组织坏死，严重时叶片整体坏死，从而影响植物的正常生长发育。草坪草中极少发生缺镍现象。

（8）氯

虽然草坪草对氯的需求较低，但在植物体内氯的含量很丰富，通常不易发生植物缺氯。缺氯时，植物叶片萎蔫，失绿坏死，最后变为褐色。同时，根系生长也会受到抑制。

7.2 草坪肥料

草坪肥是指那些含有 1 种或多种草坪草生长所必需的养分，将其施入土壤后可增加有效的养分供应，以保证草坪理想质量的物质材料。由于草坪草对氮、磷、钾需求量最大，多数草坪肥主要含有这三种养分。

7.2.1 肥料的养分表达方式

养分含量。指肥料中某种养分的质量百分比。传统上以元素氮的质量百分比（N％）来表示肥料的含氮量，用 P_2O_5％表示有效磷、用 K_2O％表示有效钾的含量。表 7-2 列出了常用草坪肥料的养分含量。在肥料袋子上一般出现的 3 个数字，如 20-5-10 即代表此肥料以质量表示含有 20％的 N、5％的 P_2O_5 和 10％的 K_2O。那么，一袋 50kg 的肥料则分别含有：$50 \times 0.20 = 10kg$ N，$50 \times 0.05 = 2.5kg$ P_2O_5 和 $50 \times 0.10 = 5kg$ K_2O。

表 7-2　常用草坪肥料的养分含量

肥料名称	分子式	养分含量（质量百分数,％）		
		N	P_2O_5	K_2O
硝酸铵	NH_4NO_3	33	0	0
硫酸铵	$(NH_4)_2SO_4$	21	0	0
尿素	$CO(NH_2)_2$	46	0	0
磷酸铵	$(NH_4)H_2PO_4$	11	48	0
磷酸二铵	$(NH_4)_2HPO_4$	20	50	0
过磷酸钙	$Ca_n(H_nPO_4)_2+CaSO_4$	0	20	0
重过磷酸钙	$Ca_n(H_nPO_4)_2 \cdot H_2O$	0	45	0
氯化钾	KCl	0	0	60
硫酸钾	K_2SO_4	0	0	50
硝酸钾	KNO_3	13	0	44

养分比例。指肥料中 N、P_2O_5 和 K_2O 所占的份数比。如 30-10-10 的肥料其养分比例为 3：1：1，20-5-10 其比例为 4：1：2。当草坪专家推荐您选用 2：1：1 的肥料时，您可选用 20-10-10，10-5-5，14-7-7 或 18-9-9 的肥料。但选用何种比例的肥料较为适宜，多依赖于土壤测试得出的土壤有效磷和有效钾含量、草坪草植株的测定结果和营养诊断的综合结果。

7.2.2 常用草坪肥料

1. 氮肥

氮肥是草坪管理中应用最多的肥料。按照肥料释放氮的速度快慢，常将氮肥分为速效氮肥和缓效氮肥。

（1）速效氮肥

速效氮肥是指速效和可溶性氮肥，主要包括无机氮源硫酸铵、硝酸铵、磷酸铵、硝酸钾、氯化铵和有机氮源尿素等。它们多数是由大气中的氨与其他化合物反应而成的。

速效氮肥具有以下特点：①高水溶性；②施肥后的草坪草反应迅速；③养分的有效性受温度影响较小；④可以溶解在水中作为叶面肥喷施；⑤肥效持续期较短，一般在4～6周内（肥效期的长短与施肥量高低、土壤质地、水分供应多少以及草坪管理强度有关）；⑥易于以 NO_3^- 的形式淋失；⑦施用不当时易烧苗；⑧相对于缓效肥，每单位纯氮的价格较低。由此可以看出，速效氮肥有优点，也有不足。速效氮肥的高水溶性可以快速有效地被草坪草根系吸收（只要土壤水分适宜），但施用后易造成草坪草徒长，肥效的持续期也短。

（2）缓效氮肥

缓效氮肥指在肥料中有一定比例的氮可不立即溶解于水，释放氮的时间相对较长的一类肥料，也称缓释氮肥。此肥料中氮的释放要经过微生物的分解或一些物理化学过程才能供植物利用。缓效氮肥包括天然有机物和合成的缓效氮肥两大类。

缓效氮肥的共同特点是：①水溶性较低；②释放氮的速度缓慢；③对草坪草叶片的灼伤危险性低；④与速效氮肥相比，每单位纯氮的价格较高；⑤氮素渗漏损失较低；⑥肥效持续期较长。

1）天然有机物

天然有机物主要有活性废弃物、饼肥、有机肥、发酵后的残渣等。天然有机氮源中的氮包含在复杂的有机化合物中，不易溶于水，其氮的释放依赖于微生物对有机化合物的分解以及温度的变化。因此，在温度适宜微生物活动的条件下，某些氮源的氮素释放速度较快，但当温度低于 10℃ 时，有机物分解会受到抑制。因此，在春季希望草坪快速返青时，应用此类肥料在草坪上的效果不太理想。此种肥料除含氮以外，还常含有一定量的磷和钾及微量元素。

2）合成的缓效氮肥

合成的缓效氮肥是由尿素与其他物质经过化学合成或物理合成过程形成的缓慢释放氮素的肥料。常见的缓效氮肥有脲甲醛（UF）、异丁叉二脲（IBDU）、硫包衣尿素（SCU）、塑膜包衣尿素（PCU）等（图 7-1）。

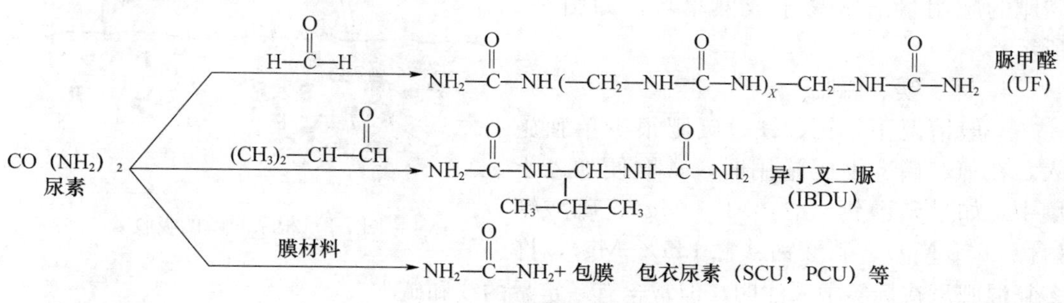

图 7-1　缓效氮肥生产流程

脲甲醛是由尿素与甲醛类化合物化合而成的有机氮化物。肥料中可溶性氮的高低受尿素与甲醛之比（U∶F）的控制。当尿素与甲醛比例为1.3∶1时，产品中的缓溶性氮占67％，其他33％称为冷水溶性氮。冷水溶性氮由未进行化合反应的尿素与一些低分子产物组成，较易溶解于水、易分解，且易被草坪草吸收。当尿素与甲醛比例为1.9∶1时，冷水溶性氮可达67％，草坪草可有丰富的氮素供应。

异丁叉二脲的溶解度与脲甲醛相似，但其中氮的释放不依赖微生物的分解。异丁叉二脲的颗粒大小对溶解度有较大影响。产品中，小颗粒较大颗粒的溶解和氮素释放更快。因此，在实际应用中常根据草坪草的需要，将不同粒径的异丁叉二脲混在一起，以形成均匀供氮的肥料。

硫包衣是水溶性的尿素颗粒被硫和蜡包衣所形成的肥料。目前也有用天然合成树脂、聚合物或塑料包衣的氮肥。当水分扩散至里面的尿素颗粒并将其溶解后，氮才可能释放。通过膜的厚度与膜上细孔的数量，可以控制氮的释放时间和残效时间。因此，常将包膜厚度不一的颗粒混合起来，以达到氮的均匀释放。

2. 钾肥

目前常用钾肥有氯化钾、硫酸钾和硝酸钾等。氯化钾价格相对较低，应用更为广泛，但一次用量过高会对植物产生灼烧。硫酸钾是草坪施肥的理想钾源，不但供钾更为平稳，而且在钾施入的同时还可增加土壤硫的含量，但其价格要比氯化钾高。硝酸钾含有13％的氮，水溶性高，由于其运输和储藏不如前两者方便，应用不太广泛。由于钾较易淋失以及植株的"奢侈吸收"，钾的单次施用量不可过高。

3. 磷肥

大多数磷肥源于磷矿石，矿石经磨碎、分选，再用酸处理后则成为磷肥。磷肥（如过磷酸钙、重过磷酸钙等）中不但含有磷，还含有大量的可溶性钙和一定量的镁、硫等元素。磷酸二氢铵、磷酸二氢钾也是常用的化学磷源。骨粉是商业上常用的有机磷源，其中磷的释放依赖于对有机物质的分解。由于磷肥施入土壤后，有效磷易被固定，且在土壤中难以移动，所以为提高磷肥的施用效率，不宜在建坪前过早施入磷肥或施到离草坪草根层较远的地方。有条件的地方，可在草坪施入磷肥前，先打孔、后施用磷肥，以利于磷进入根层被吸收。

对于新建植的草坪，由于草坪草根系吸收面积相对较少，草坪草生长速度快，故磷肥的施用量通常高于成熟草坪，如图 7-2 所示。

4. 钙、镁、硫肥

一般情况下，钙、镁、硫肥很少单独施入，在氮、磷、钾肥施用时，常顺便加入土壤中。如过磷酸钙（含 0.3％ Mg）、硫酸钾（含 0.6％ Mg）、硝酸钙（含 1.5％ Mg），许

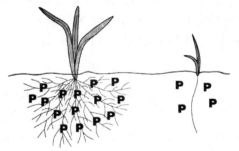

图 7-2　根系对磷的吸收

多复混肥虽在标签中未注明，但常含有一定量的镁和硫。

常见的肥料（如硫酸钾、硫酸铵、普通过磷酸钙）中含有大量的硫，大气中的 SO_2 也可被草坪草直接吸收或经土壤吸附后再被草坪草利用。

5. 微量元素肥料

多数情况下，微量元素肥料（简称微肥）的施用是不必要的。一方面，土壤中微量元素的含量虽然很少，但对于草坪草的生长已经足够；另一方面，微量元素常伴随其他肥料的施用而进入土壤。如果草坪草未表现出缺乏微量元素的症状，则过多施用微肥常常是有害无益的。

目前，市场上的草坪专用肥种类较多。理想的草坪专用肥不但要按照草坪草生长的不同需求调整氮、磷、钾等元素的适宜比例，还应含有适量的水溶性氮与一定量的非水溶性氮，合理控制氮素的释放，以保证草坪既有较快的肥效反应，也有较长的肥效持续期。

7.3　草坪合理施肥

草坪施肥是草坪养护管理的重要环节。通过科学施肥，不但为草坪草生长提供所需的营养物质，还可增强草坪草的抗逆性，延长绿色期，维持草坪应有的功能。修剪、灌溉和施肥是改善和保持草坪质量的三大决定因素，并且施肥是草坪管理中维护草坪质量最省钱、省时的措施之一。

草坪研究和管理人员多年以来在草坪草营养和肥料施用（包括肥料种类、施肥量、施肥时间）等方面做了大量的试验和研究，积累了丰富的经验。但由于草坪施肥受诸多因素的影响，故没有一种施肥方案能够适合各种条件下的草坪应用。例如，草坪草种不同、要求的管理质量不同、所应用区域有差异，对肥料的需要和施用都是各不相同的，这就要求我们在掌握草坪生长发育规律和养分需求特性的同时，还要掌握草坪施肥的基本理论，在具体条件下作具体分析，并根据日常的草坪管理经验对草坪施肥计划做适当的调整。

7.3.1　合理施肥的影响因素

一般说来，草坪施肥是否合理以及施肥效果的好坏，不但取决于肥料本身的特性，而且取决于肥料的应用技术。进行草坪合理施肥应考虑以下几项因素：

1. 养分的供求状况

草坪草对养分的需求和土壤可供给养分的状况，是判断草坪草是否需要肥料和施用何种肥料的基础。主要包括：①草坪草外观诊断；②草坪草养分分析；③草坪土壤养分测定。

外观诊断是指草坪管理者用肉眼直接观察草坪草的生长发育状况，来判定草坪的养分供应状况。通常，草坪管理者多根据草坪草是否表现出缺素症状来判断某种养分缺乏与否或缺乏程度，以提出草坪是否需要施肥和施用何种肥料。在应用中管理人员还必须了解有些特征并非都是由于养分缺乏所致，不可忽略其他一些相关因素对草坪草生长影响的可能性。如草坪常易发生的各种病害、虫害、土壤板结或积水、盐害以及其他一些不适宜生长的环境条件，如温度、水分胁迫等。草坪管理人员必须将这些因素造成的后果排除之后，才可根据植株的外观症状来判断某种养分的丰缺。因此，该项技术不但需要诊断人员有专业的理论知识，更要有丰富的实践经验才可做出正确的判断。此外，该方法虽然简单直观，但当用肉眼能够观察到缺素症状时，草坪草体内往往已经出现某种养分的严重不足。所以，在应用中外观诊断应与其他两项技术结合起来应用更准确一些。

草坪草养分分析是通过化学分析方法测定草坪草体内某种养分的含量。该方法的优点在于可以直接测定到草坪草实际吸收与转化的养分量，能够准确判定现时草坪草的营养水平，尤其对分析和判定草坪草微量元素的营养状况更为重要。草坪管理人员在分析草坪草测试结果时，一定要将测试结果同植株样品的取样时期结合起来。例如，草坪植株含氮量偏低，除了土壤氮素缺乏外，也有可能是其他因素所致，如生长的胁迫期（温度过低或过高）植株吸收养分能力弱、草坪病害、虫害等。因此，需要对多因素进行综合判断。

草坪土壤养分测定是指通过对草坪草生长的土壤或基质进行养分化验分析，来判定土壤的养分供应水平。草坪管理者在施肥时，经常依此指标来确定肥料的某些养分构成、养分间的适宜比例和肥料施用量等，尤其是磷、钾肥料的施用主要取决于土壤中的有效养分含量。当与氮肥同时施用或组合含三种元素的混合肥料时，保证营养元素间适宜的比例和平衡至关重要。这样可保证所施用养分被最大程度吸收和在草坪上发挥理想的效果，尤其是氮和钾之间的平衡。因此，定期进行的土壤测定可帮助草坪管理者逐步完善其施肥计划。在多数情况下，草坪建植前进行土壤测定是非常必要的。

在实践应用中，常将以上三项或其中的两项结合起来，通过综合分析，确定适宜的施肥量和养分比例。

2. 草坪草的养分需求特征

草坪草种或品种不同对养分需求常存在一定的差异，尤其对氮素的需求差异更为显著。在保持理想草坪质量时，有的草种需氮量中等或较高，也有一些草种可耐受的肥力水平较宽。例如紫羊茅对氮素需求较低，高氮供应反而会降低草坪密度和质量。结缕草在高肥力下表现更好，但也能够耐受低肥力条件。狗牙根的一些改良品种对氮需求较高，而野牛草、假俭草、巴哈雀稗等生长量较小，对肥力要求较低。

3. 环境条件

当环境条件适宜草坪草快速生长时，要有充足的养分供应以满足其生长需要。此时，充足的氮、磷、钾供应对增强植株的抗旱、抗寒和抗胁迫能力十分必要。但在胁迫到来之前或胁迫期间，要控制肥料（特别是氮肥）的施用或谨慎施用。当环境胁迫除去之后，应该及时保证养分供应，以利于受到胁迫伤害的草坪草快速恢复。例如，夏季高温高湿来临前，冷季型草坪的氮肥施用要相当小心，此时若氮肥用量过高，则常伴随严重的草坪病害发生。

4. 草坪质量要求

对草坪质量的要求决定肥料的施用量和施用次数。草坪质量要求越高，所需求的养分供应也越高。如运动场草坪、高尔夫球场果岭、发球台和球道草坪以及作为观赏用草坪对质量要求较高，其施肥水平也比普通绿地及护坡草坪要高得多。表7-3、表7-4分别列出了暖季型草坪草和冷季型草坪草作为不同用途时对氮素的需求状况，以供参考。

表 7-3 不同暖季型草坪草对氮素的需求状况

暖季型草坪草		每个生长月的需氮量（N kg/hm²）		
		普通绿地草坪	运动场草坪	需氮程度
狗牙根	普通狗牙根	9.8～19.5	19.5～34.2	中低
	杂交狗牙根	19.5～29.3	29.3～73.2	中高
结缕草	一般品种	4.9～14.6	14.6～24.4	中低
	改良品种	9.8～14.6	14.6～29.3	中低
海滨雀稗		9.8～19.5	19.5～39.0	中低
巴哈雀稗		0～9.8	4.9～24.4	低
野牛草		0～14.6	9.8～19.5	很低
钝叶草		14.6～24.2	19.5～29.3	中低
假俭草		0～14.6	14.6～19.5	很低

表 7-4 不同冷季型草坪草对氮素的需求状况

冷季型草坪草		每个生长月的需氮量（N kg/hm²）		
		普通绿地草坪	运动场草坪	需氮程度
一年生早熟禾		14.6～24.4	19.5～39.0	中低
加拿大早熟禾		0～9.8	9.8～19.5	很低
细弱剪股颖		14.6～24.4	19.5～39.0	中低
匍匐剪股颖		14.6～29.3	14.6～48.8	中高
邱氏羊茅		9.8～19.5	14.6～24.4	低
匍匐紫羊茅		9.8～19.5	14.6～24.4	低
硬羊茅		9.8～19.5	14.6～24.4	低
草地早熟禾	普通品种	4.9～14.6	9.8～29.3	中低
	改良品种	14.6～19.5	19.5～39.0	中
多年生黑麦草		9.8～19.5	19.5～34.2	中低
粗茎早熟禾		9.8～19.5	19.5～34.2	中低
高羊茅		9.8～19.5	14.6～34.2	中低

5. 肥料成本

在考虑肥料成本时，人们不应仅看肥料的价格，还要考虑其他相关因素。这些因素包括：①单位养分的价格。草坪管理者要核算一下所购买的肥料单位养分的价格高低，在不考虑其他肥料特性的情况下，这对肥料的成本投入起决定作用。②肥料对草坪草叶片的灼伤力大小。养护高质量草坪的管理人员对肥料灼伤力大小更应注意，一定要严格控制施肥量，以免出现事与愿违的后果。③有效期长短。对于人手紧张的部门，可优先考虑选用有效期长的缓释肥，以减少施肥次数，降低用工成本。④造粒特性是否均匀一致、易于撒施。质量与粒径均匀的肥料颗粒便于撒肥机操作，可提高撒肥效率。⑤有机肥料还是无机肥料。在土壤结构或质地较差的情况下，有机肥料或有机无机复合肥料有改善草坪土壤理化性质的功能。⑥是否为草坪专用肥。普通农作物肥料的养分比例不一定适宜草坪草的生长需求，而且许多农用肥料的颗粒大小对质量要求较高的草坪草不适宜施用。在实践中，经常发现修剪高度很低的草坪草所选择的农用肥颗粒很大且不均匀，草坪草湿润后会造成很严重的烧苗现象。而且如果长期盲目地选用农用肥，有时会造成某些养分的不均衡供应。因此，应尽量选用适宜本地区草坪草生长特性和与质量要求匹配的草坪专用肥。

6. 草坪草生长速度要求

在选择供肥水平，尤其是氮肥水平时，要考虑施肥的目的是维持现有草坪质量水平，还是促进草坪草生长而提高质量水平，或是受损后的草坪快速恢复。如果是为了维持现有高质量的草坪，则应该选择较低的供氮水平，并且随着季节气温的变化，根据草坪草生长速度来确定施肥量。相反，如要使密度较低、长势较弱或受环境胁迫、病虫侵害的草坪尽快得到改善和恢复，则需要较高的施氮水平。此外，新建植草坪的需氮量通常比老草坪要高。

7. 土壤的物理性状

土壤的质地对施入养分的保持能力影响很大，也直接影响肥料的施用。颗粒粗的沙质土壤持肥能力差，并易于通过渗漏淋失。对于保肥能力差的土壤，降低某种养分的渗漏损失需要几项栽培措施的共同作用。常用的方法是：①施用缓释性草坪专用肥；②少量多次施肥；③改善沙土中阳离子交换能力；④提高根系的扩展深度和吸收能力；⑤避免单次灌水量过多。组合应用这些措施，可提高肥料的利用效率。

8. 栽培管理措施

影响草坪施肥的栽培管理措施主要包括草屑是否移出草坪以及草坪灌溉方式。研究表明，在修剪产生的草屑干重中，通常含有 2%～5% 的氮、0.1%～1% 的磷、1%～3% 的钾及其他养分。如果草屑留在草坪中，则每年不仅可以提供所需氮素的 20%～35% 及其他养分，而且还有利于增加土壤有机质含量，改善土壤结构。但对于高尔夫球场的果岭或足球场、网球场草坪，修剪后的草屑如果留在表面，不仅影响美观和限制通风透光，增加发生病害的危险，还会对球的滚动和球员运动产生不利影响。因此，对于低修剪的草坪，需要把草屑移出。对于普通绿地草坪，移出草屑有助于改善草坪草的通气并减少病害的发生概率。此外，频繁地灌溉容易造成土壤养分的淋溶和含量下降，也会增加草坪对肥料的需求。

7.3.2　施肥方案

草坪施肥的主要目标是：补充养分，消除草坪草的养分缺乏；平衡土壤中各种养分；保证特定场合、特定用途的草坪质量水平，包括密度、色泽、生理指标和生长量。此外，施肥还应该尽可能地将养护成本和潜在的环境污染概率降至最低。因此，制订合理的施肥方案，提高养分利用率，不论对草坪草本身，还是对经济和环境，都十分重要。

一个理想的施肥计划应该是保证草坪草在整个生长季表现出均匀一致并且健康的生长状态。尽管这一目标会由于温度和水分的波动难以完全达到，但是可以通过合理选择肥料类型、确定适宜的施用量、施用次数和施肥时间，采用正确的施肥方法等，使计划更科学、更合理。

1. 施肥量

施肥就像给人用药一样，根据对象的现状采用适宜剂量是非常有益的，过量服用或不必要的应用均会导致一系列问题。确定草坪肥料施用量主要应考虑下列因素：①草种类型和所要求的质量水平；②气候状况（温度、降雨等）；③生长季长短；④土壤特性（质地、结构、紧实度、pH 值、有效养分等）；⑤灌水量；⑥草屑是否移出；⑦草坪用途等。

氮是草坪施肥首要考虑的营养元素。氮肥施用量常根据草坪色泽、密度和草屑的积累量来定。颜色褪绿转黄且生长稀疏、缓慢，剪草量很少是草坪需要补氮的征兆。根据不同草种或不同品种以及不同用途，草坪对氮肥的需求都存在较大差异。例如，草地早熟禾的多数品种与坪用型多年生黑麦草需氮量稍高，而高羊茅略低些。暖季型草坪草较冷季型草坪草的需氮范围要宽。

在草坪施肥中，钾肥和磷肥的施用量通常根据土壤测定结果来确定。在一般情况下，推荐施肥中 N：K_2O 之比选用 2：1 的比例，除非测定结果表明土壤富含钾。也有一些管理者在草坪草遭到胁迫的季节，为了增强草坪草抗性，有时采用 1：1 的比例。磷肥的施用对于老草坪来说，每年施入 $5g/m^2$ 磷即可满足需要。但是对于即将建植草坪的土壤来说，可根据土壤测定结果，适当提高磷肥用量，以满足草坪草苗期根系生长发育的需要，以利于快速成坪。在对草坪草进行化学分析未发现缺乏微量元素时，很少施用微量元素肥料（除铁外），但在碱性、沙性或有机质含量高的土壤上易发生缺铁。草坪缺铁可以喷 0.3％～0.5％ $FeSO_4$ 溶液，每 1～2 周喷施一次。也可以喷施 EDTA 铁溶液，根据草坪草的品种、外观表现、土壤缺铁程度来确定喷施量和频率。

气候条件和草坪生长季节的长短也会影响草坪的需肥量。在我国南方地区和北方地区气候条件差异较大，温度、降雨、草坪草生长季节的长短都存在很大不同，甚至栽培的草种也完全不同。因此，施肥量的确定必须依据具体条件加以调整。

2. 施肥时间

草坪管理者多年的实践经验认为，当温度和水分状况均适宜草坪草生长的初期是最佳的施肥时间，而当有环境胁迫或病害胁迫时应减少或避免施肥。对于暖季型草坪草来说，在打破春季休眠之后，以晚春和仲夏时节施肥较为适宜，第一次施肥可选用速效肥。但夏末秋初施肥要小心，防止草坪草受到冻害。对于冷季型草坪草而言，春、秋季施肥较为适宜，仲夏应少施肥或不施，或者进行叶面喷施。晚春施用速效肥应十分小心，这时速效氮肥虽促进了草坪草快速生长，但有时会导致草坪抗性下降而不利于越夏。必要时选用适宜释放速度的缓效肥，有助于草坪草生长健壮和度过夏季高温高湿的胁迫。

3. 施肥次数

实践应用中，草坪施肥次数取决于下列多种因素：①草坪土壤供肥现状；②用户对草坪质量的要求；③草坪的用途；④草坪草的生长现状；⑤草坪管理强度等。

在草坪草的整个生长季节，根据草坪草生长对土壤肥力现状的反应或者施用肥料后的反应来及时调整肥料的施用。例如，对于每年只施用 1 次肥料的低养护管理暖季型草坪草（如野牛草护坡草坪）的施肥时间，选择在初夏时施用较为适宜；低养护管理的冷季型草坪草在每年春季返青时节和秋季各施用一次。对于中等养护管理的草坪，冷季型草坪草或者暖季型草坪草以不表现出明显的缺肥症状即可。对于高养护管理的草坪，在草坪草适宜生长的季节，无论是冷季型草坪草还是暖季型草坪草，至少每月施肥 1 次。如果施用缓效肥料，其施肥次数可根据肥料缓效程度及草坪反应做适当调整。

根据多年的施肥经验，在制订施肥计划时，尤其是在氮肥的施用上，应遵循少量多次的施肥原则。少量多次施肥可以提供一个相对均匀且适量的氮素供应水平，避免过量施氮或不均衡施氮产生的草坪草徒长、生长速率波动变大、抗性下降以及氮素淋洗等问题。少量多次施肥特别适宜在下列情况下采用：①在保肥能力较弱的沙质土壤上，且处于雨量丰沛的季节；②以沙为基质的高尔夫球场和运动场草坪；③夏季有持续高温胁迫的冷季型草坪草种植区；④降雨量大且持续时间长的气候区；⑤采用灌溉施肥的草坪。

4. 施肥方法

由于单株草坪草的根系占面积较小，所以施肥均匀才能达到草坪理想的施肥效果。目前，草坪施肥方法主要有颗粒撒施、叶面喷施和灌溉施肥。

（1）颗粒撒施

一些有机或无机的复混肥是常见的颗粒肥，可以用下落式或旋转式施肥机具进行撒施。这两种施肥机的工作原理与下落式（或旋转式）播种机相同（参见第 5 章）。

对于颗粒大小不匀的肥料，宜选用下落式施肥机，并能很好控制用量。但它的施肥宽度有限，工作效率较低。另外，下落式施肥机具对操作人员的技术要求较为严格，因为既不能使双向行走施肥的路径重叠产生重复施肥，又不能间隔太大造成肥料漏施，必须做好标记以保证施肥均匀。

对于颗粒较均匀的肥料，可选用旋转式施肥机。它的工作效率较高，尤其适用于大面积草坪施肥。但当肥料颗粒不匀时，大小不一的颗粒被甩出的距离远近不同，将会影响施肥均匀性。

在草坪进行施肥时，为了保证施肥均匀，通常将定量的肥料至少分成均等的两份分两次垂直交叉施用。

（2）叶面喷施

将可溶性好的一些肥料制成浓度较低的肥料溶液或将肥料与农药一起混施时，可采用叶面喷施的方法。叶面喷施具有节省肥料、效率高、叶片直接吸收和不受土壤条件影响等特点，但不适于溶解性差的肥料或缓效肥料。在草坪管理中，常采用叶面施肥的情况有：

① 在高降雨、沙基质、易产生渗漏的地区；

② 草坪土壤氨挥发、反硝化发生较严重的区域；

③ 草坪草根系受损，养分吸收受影响时；

④ 气候条件恶劣，草坪草吸收养分能力较差时，如在我国北方地区潮湿炎热的夏季，冷季型草坪草遭受高温胁迫的情况下；

⑤ 草坪土壤条件差，土壤 pH 值过高或过低，不利于对养分的吸收时；

⑥ 对于微量元素肥料的施用，采用叶面喷施会提高吸收效率。

进行叶面喷施的操作，也容易产生一些问题。例如，有时会发生叶片细胞的脱水、切口盐害引起灼烧，要施足够的量而不产生烧苗从技术操作上会有难度，对技术应用人员的要求较高；有些草坪草因叶片具有厚角质层而对养分的吸收量低，如果气候干燥，会发生叶片吸收前液体风干的现象；叶面喷施也可能因径流、淋洗、挥发等造成养分损失；喷施后的修剪会将养分随草屑移出而带走。因此，要科学操作，以避免不必要的损失。

下列情况不宜采用叶面喷施：

①溶解性差的肥料；②大风天气或者气温过高（气温高于32℃）；③降雨、灌溉之前；④植物萎蔫、缺水情况下；⑤草坪修剪之前；⑥草坪草的气孔处于关闭状况下。

（3）灌溉施肥。灌溉施肥是经过灌溉系统将肥料与灌溉水同时经过喷头喷施到草坪上。目前仅在高养护管理水平如高尔夫球场上会用到。

7.4　草坪的水分需求

水是植物的重要组成成分。草坪草生长发育的各种生理代谢过程中，水起着非常重要的作用。水分可通过降雨、灌溉进入草坪土壤而被草坪草根系吸收。一般情况下，降雨并不能满足草坪草整个生长过程中的水分需求，即使在湿润地区，为了保证草坪质量也需要灌溉。在干旱地区，水分往往成为限制草坪发展的重要因素。良好的水分供应可以促进草坪草健壮生长，避免高温伤害。草坪草对水的需求包括生理需水和生态需水两方面。直接用于草坪草生命活动与保持植物体内水分平衡所需的水分成为生理需水，包括植物蒸腾和保持植株鲜嫩的水分。生态需水是指草坪草植株间土壤蒸发的水分。为了保持草坪质量，生态需水是必要的，也是无法避免的水分消耗。但过量的水分也会对草坪草产生不利影响，如植株组织变得柔软、多汁，容易受高温、干旱和病害等环境胁迫；水分饱和的土壤会影响根系功能，从而对整个植株生长不利。因此，了解草坪草的需水特性对于促进草坪草健康生长和提高水分利用效率显得格外重要。

蒸腾耗水体现了草坪草对水分的需求量。相关内容在本书第3章已做阐释，在此不再赘述。以下从两个方面对草坪的水分需求予以介绍。

7.4.1　草坪土壤水分及其利用

1. 土壤水分

各种水分来源包括降水、灌溉、地下水等都需要转化成土壤水才能被植物吸收利用，土壤中的营养物质只有溶解在水中才能被植物所吸收。土壤中水分的多少还决定着土壤的通气状况。土壤水分对土壤温度、养分转化、微生物活动以及土壤理化性质具有显著影响。所以，水是土壤肥力诸多因素中最重要、最活跃的因素，是调节土壤肥力的关键因素。

水分是土壤最重要的部分，它支持着植物和土壤生物的生命活动，土壤水中包含有各种溶解的矿物质、溶解氧以及二氧化碳，土壤含水率的多少对植物生长具有重要影响。植物的正常生长要求土壤水不能缺乏也不能过多。

2. 土壤水的形态

土壤水有吸湿水、毛管水和重力水三种形态。

（1）吸湿水

吸湿水是土壤颗粒表面吸附的一层膜，土颗粒对水分的吸附力极强，吸湿水不能运动，无溶解能力，不能被植物吸收利用，是无效水，对植物生长没有意义。

（2）毛管水

毛管水是保持在土壤颗粒之间空隙或毛细管中的水。随着供水增加，吸湿水逐渐加厚，水逐渐充满土壤空隙，当毛细管中的水分张力与重力平衡时，毛管水便保持在土壤空隙中。毛管水是对植物生长最有用的水分，它是土壤溶液和营养物质的载体。土壤结构、土壤质地、土壤有机质以及土壤胶体都对毛管水含量产生影响，一般是细质地土壤毛管水含量比粗质地土壤高，有机质含量越大毛管水含量就越高。

（3）重力水

当供水充分增加，使水充满整个土壤空隙，土壤达到饱和状态，此时土壤水分张力远远小于水分重力，在重力作用下水便向下运动。通过土壤大孔隙在重力作用下运动的水就叫重力水。重力水除一些水生植物外一般不能被植物吸收利用。

草坪的水分库存在于浅层土壤中（图7-3）。了解草坪如何从水分库中获取所需水分及水在土壤中的存在状态和如何移动是十分重要的。土壤颗粒之间较大的孔隙通常充满空气。水经过这些大孔隙向下移动太快，不能为植物利用。植物所能利用的水分主要存在于微孔隙中。土壤质地对水分移动、储存和有效性具有重要的影响。粗质地的土壤排水好，但持水量有限。黏土排水较慢，但持水量多。壤土的排水和持水性均属中等。

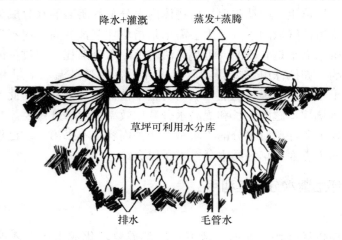

图7-3 草坪水分平衡示意图

土壤吸收水分的速率通常用渗透率来表示，它是指单位时间内渗入土壤中的水量。由于沙土有许多大孔隙，所以渗透率较大，为7.6cm/h，而黏土大孔隙少，其渗透率通常为0.25cm/h。土壤结构对水渗透的快慢也有很大影响。紧实的土壤，土壤颗粒紧紧地压在一起，大孔隙的数量变少，渗透率将降低。

渗漏是指水经过土壤向下移动。一般来讲，粗质地土壤的渗漏速度快，而细质地土壤则慢。水在沙质壤土中30min可渗入0.6m深，但在黏质壤土中，水渗到同样深度则需要4h。

土壤持水能力和质地也有直接的关系。一般地，黏土的持水量约为壤土的2倍，沙土的4倍或更多。在生长季节，生长在粗质地土壤上的草坪比细质地土壤上的需水量大，因为它排水和蒸发失水都比较多。

了解大雨、灌溉期间及其之后的水分运动变化，对于指导灌溉是有帮助的。如果土壤质地细或结构紧实，渗透作用不好，水就会流失掉或形成积水。如果是斜坡，不能渗入土壤的水会形成地表径流并侵蚀土壤。在平坦或者较低的地方，水聚积在土壤表面，形成泥坑，会妨碍养护工作和行人往来，且会导致土壤紧实。在阳光辐射强，炎热的中午，积水会使草坪草灼伤焦枯。

大雨或灌溉后，土壤表层所有的空隙都充满了水，这时的土壤水分达到饱和状态。但土壤仅在较短时间内维持饱和，不久大孔隙内的重力水就会向下移动排入渗层。重力水从上层土壤完全渗漏后，土壤含水量达到田间持水量。此时，水不再向下移动。土壤上层的水保留在小孔隙里，成为土壤颗粒周围的水膜。此时土壤含有植物可以利用的最大量水分。随后由于蒸散作用土壤含水量下降到田间持水量以下。土壤水分85%的损失是由于蒸散引起的。由于这些损失，可利用的水量连续减少，直到下雨或灌溉后，土壤含水量再增加为止。

根系层的水不能完全被植物利用。这是因为土壤中的水有不同的存在状态。仅毛管水和部分膜状水可被植物利用。土壤水分张力的大小表明了土壤中水的可利用状态。土壤颗粒与水分子之间的吸引力越大，土壤水分张力就越高。含水量多的土壤比含水量少的土壤对水的吸引力小。水趋向于从含水量高的地方向含水量低的地方移动，这是由于含水量少的土壤产生的水分张力或吸引力大的缘故。

毛细管作用对土壤中水分的移动有很重要的意义。土壤中小孔隙内的水能够依靠毛细管作用向上输送到比较干燥的地方。当土壤表面变干后，由于毛细管水不断被输送到表面，保证了土壤表层的湿润。

根系的吸水过程中也利用了毛细管作用。当根细胞产生的水分张力比土壤颗粒的持水力高时，水进入根系。导致根系周围的土壤水分张力增高，毛细管作用使水从邻近土壤向根区移动。这时的水才能为根系所吸收。但是水的毛细管移动是缓慢的，因此根系主要是靠伸入含水量较高的区域，而不是毛细管长距离输送来吸收水的。

7.4.2 草坪水分消耗

草坪可利用水分主要存在于根系分布区中。灌溉和降水后，根层的水一部分经由地表蒸发、植物蒸腾散失到大气中，另一部分从土壤的大孔隙中排入土壤深层。随着根层土壤水分的不断减少，根层以下的土壤水分会补充上来。但这部分水运移得很慢，不足以满足草坪的水分需求。由此可见，草坪水分的消耗主要在地表蒸发、植物蒸腾和土壤大孔隙排水三个方面。一般情况下，深层排水的量很少，所以地表蒸发和植物蒸腾是草坪水分消耗的主要原因。草坪的地表蒸发和植物蒸腾合称为草坪蒸散（ET）。不同草坪草的草坪在一定的环境条件下蒸散量有很大差别（表 7-5）。

不同的草坪草种及品种间根层的入土深度与活根数量有时存在较大的差异，如高羊茅在 10cm 土层以下的根系数量可以占到其总根系的 50%，而草地早熟禾在同样深度下只有 25%，因此，高羊茅可从土壤水分库中吸收更深层的水分，这在高温和干旱胁迫期尤为重要，使得高羊茅在遭受严重水分胁迫时能够延缓其休眠。有时，叶片结构及形态变化也能够减少某种草坪草的水分消耗。如细叶羊茅能够在水分胁迫时通过叶片内卷来达到降低蒸腾速率、减少水分损失的目的。较深的根系穿透能力和保水能力较强的叶片结构是大多数植物避免干旱的有效机制。因此，理想的抗旱草种首先应具有较深的根系和保水的叶片形态，使其在土壤表层水分缺乏的情况下能够吸收更深层的土壤水分和减少蒸腾耗水；其次，较强的低修剪适应能力和水分蒸散后较轻的伤害程度都能够进一步提高草坪草的抗旱能力。

表7-5　草坪草平均蒸散率

草种		夏季平均蒸散率	相对排序
冷季型草坪草	暖季型草坪草	（mm/d）	
	野牛草	5.0～7	很低
	杂交狗牙根	3.1～7	低
	假俭草	3.8～9	
	普通狗牙根	3.0～9	
	结缕草	3.5～8	
硬羊茅		7.0～8.5	中等
邱氏羊茅		7.0～8.5	
紫羊茅		7.0～8.5	
	巴哈雀稗	6.0～8.5	
	海滨雀稗	6.0～8.5	
	钝叶草	3.3～6.9	
多年生黑麦草		6.6～11.2	高
	地毯草	8.8～10	
	狼尾草	8.5～10	
高羊茅		3.6～12.6	
匍匐剪股颖		5.0～10	
一年生早熟禾		＞10	
草地早熟禾		4.0～＞10	

影响草坪草需水量的主要因素主要有以下几点：

（1）环境气候条件

气温、空气相对湿度、风速、光照条件均会影响草坪需水量。气温高、空气干燥、风速大、辐射强烈，草坪草的需水量就大。但风速过大往往会导致气孔关闭反而抑制了蒸腾作用的发生。

（2）土壤条件

坪床土壤肥力状况和土壤有效水分含量影响草坪草的生长量、叶面积、生根深度和范围，从而影响草坪草的需水量。

（3）草坪草种类及其生长发育状况

生长期长、叶面积大、生长速度快、根系发达的草坪草需水量就大。根层的深度决定了作为"水分库"的表层土壤体积的大小。根层深的草坪比根层浅的草坪对灌溉需求要低，但草根层厚的草坪每次灌溉的需水量大于草根层薄的草坪，浅根草坪需要比深根草坪强度小但很频繁的灌溉。一般 C_3 类草坪草需水量要大于 C_4 类草坪草。

（4）养护管理水平

草坪修剪会影响草坪需水量。低茬修剪、修剪周期短，可以减少草坪需水量。草坪均匀整齐，其需水量就大。草坪繁茂生长，其需水量也会增大。

生长季内草坪群落和其环境在不断变化，草坪灌溉也要相应变动。因此，草坪灌水不可能有一个固定的模式。但大体可遵循如下原则：在条件适宜草坪草新根生长时，灌溉必须利于草坪根系向深层发育；当环境条件不良时，灌溉应尽可能保持良好发育的根系。

7.5 草坪灌溉

7.5.1 灌溉水的选择

1. 水源

草坪的水源应在整个生长季能供给草坪草充足的水量，这是确定供水源的先决条件。草坪灌溉水源主要分为地表水资源和地下水资源。

（1）地表水资源

地表水资源包括静止的地表水体（湖、水库和池塘）和流动的地表水体（河流、溪水）等。此外，利用处理后的城市污水进行灌溉在水源日趋紧张的一些城市中显得越来越重要。大河流是可靠的水源，但污染程度可能妨碍其利用。小河流和溪水可以改造成小型水库而作为灌溉源。作为灌溉源的小河及溪流，其年流量必须大于灌溉的需水量。流水常携带颗粒物质，使用时必须进行必要的净化处理以防止阻塞灌溉系统。

（2）地下水资源

地下水资源包括泉水以及来自深水井的水，在地下水丰富的地方，可以打井为草坪提供一个独立的灌溉水源。由于井水中不含杂草种子、病原物和各类有机成分，因此是比较理想的水源。在整个供水期间，水质的一致性和盐分含量的稳定性，是井水的另一优点。井水是否适宜使用，关键在于危害性盐分的含量。因此，井水通过测定，可确定是否适宜灌溉。钠、碳酸氢盐、硼和氯的含量浓度过高，不适于灌溉。有些地方，由于地下水的过量开采或持续干旱，可能引起井水位的下降，甚至干枯，这是应考虑的问题。

高尔夫球场和其他某些大型的草坪设施，常备有小的湖泊或池塘，它们是良好的灌溉水源。如位置得当，其储备水可由泉水、地面排水、降雨和自来水补充。这种水池管理时应注意不使静止水体污染或藻类和水生杂草蔓延。

2. 水质

灌溉水的质量取决于溶解或悬浮在水中的物质类型及浓度。过高浓度的盐分、颗粒物质、微生物及其他最终直接危害草坪草或通过对土壤的作用间接危害草坪草的物质对草坪是不利的。决定水质量的因素是盐浓度、钠和其他阳离子的相对浓度。总的盐分（含盐量）可通过水的电导率（EC）来确定。按 EC 值通常可将水分为 4 级：当 $EC<250\mu$ hos/cm 时，表明盐分含量偏低；$EC=250\sim750\mu$ hos/cm 时，在有适当量淋溶作用的条件下可被利用；$EC=750\sim2250\mu$ hos/cm 时，这种水在限制排水的土壤或排

水良好的土壤但具有盐敏感性草种的草坪要避免使用；$EC > 2250 \mu m \, hos/cm$ 时，这种水一般不适宜灌溉。

植物吸收水比吸收离子要快得多，饱和土壤溶液的 EC 值常比灌溉水高 $2 \sim 10$ 倍。因此，土壤溶液的盐浓度常比灌溉水高得多。草坪草种对盐化土壤的敏感性是不同的。普通早熟禾、细弱翦股颖和紫羊茅对盐性反应敏感，高羊茅，多年生黑麦草则不太敏感，狗牙根、钝叶草和匍匐翦股颖的某些品种则较耐盐。

土壤中高含量钠离子对草坪是有害的。钠和镁、钙一样，是灌溉水中主要的阳离子，这些阳离子的相对浓度影响草坪灌溉用水的质量。灌溉水中在有高浓度碳酸氢盐离子（HCO_3^-）存在的条件下，钙和镁都有沉淀的趋势，结果增加了土壤溶液中钠的吸收率。如果剩余 $NaHCO_3$ 的浓度大于 $2.5 mEq/L$ 时，这种水不宜用于草坪灌溉，如低于 $1.25 mEq/L$ 则灌溉水是安全的。

硼是一种重要的微量元素养分，但在灌溉水中浓度超出 $1mg/kg$ 时，它对草坪将造成毒害。

在水源中，可能引起草坪毒害的还包括高浓度的各种微量元素及其离子，如铬、镍、汞和硒等。各类有机和无机颗粒可能悬浮在水流中，特别是那些流动的水，如溪水和河水。在可能的情况下，应过滤后使用以避免对灌溉系统的危害。

选择水源，首先应满足水量、水质的要求，注意安全防护、经济并结合草坪所在地的发展。如城市公园或近郊风景区草坪可直接从城市的供水管网系统中接入。大型草坪区域或远离城市的草坪可考虑地下水和地表水。

7.5.2　灌溉方案

确定灌溉方案就是确定供水间隔和每次供水量。理想的灌溉方案应使水分供应恰到好处，充足而不过量，保持草坪草始终处于良好的水分状态。

1. 确定草坪灌溉时机

草坪何时需要灌水，是草坪管理者面临的复杂但又必须解决的问题。草坪灌溉时间的确定需要丰富的管理经验，要求对草坪草和土壤条件进行细心观察和认真评价。确定草坪何时需要灌溉主要有以下几种方法：

（1）观察草坪草缺水征兆：当土壤水分不足以补充草坪蒸散时，草坪草体内的水分含量减少，细胞膨压降低，叶子萎蔫，草变成蓝绿色或灰绿色，失去弹性。人走过或机器驶过草坪后，若能看到脚印或轨道痕迹，则表明草坪草已遭受缺水的影响。但是这种办法对践踏强度大的草坪是不适宜的，如高尔夫球场果岭，因为草坪出现缺水征兆时耐践踏的能力大大降低，高强度的使用会损伤草坪。

（2）检查土壤干湿程度：用一把小刀或土壤探测器检查土壤。如果 $10 \sim 15cm$ 深处的土壤是干燥的，就应该浇水。多数草坪草的根系位于土壤上层 $10 \sim 15cm$ 处。干土壤色淡，湿土壤颜色较深暗。

（3）测量土壤含水量：主要使用张力计来测量土壤的水势，确定土壤中草坪草可利用的水分含量。张力计下部是一个多孔的陶器杯，连接一段金属管，另一端是一个能指示出土壤持水张力的真空水压表。张力计中装满水，插入土壤中，当土壤干燥时，水从多孔杯里吸出，张力计指示较高的水分张力（即土壤水势变低）。草坪管理者能根据测量的数据，决定灌溉的恰当时间。

也可用装有电极板的石膏块、尼龙和玻璃纤维块测量土壤中可利用水分含量。方法是通过测量这些材料电极之间的电阻，来决定可用水的百分数。多孔材料埋在土壤里，水在孔内或孔外移动，取决于土壤水分张力的大小。这些材料连接在水分计量器上，田间持水量的读数为 100%，萎蔫点的读数为 0%。

（4）测量草坪的耗水量：在光照充足的开阔地，可安置蒸发皿来粗略判断土壤中损失的水分。除大风天气外，蒸发皿的失水量大体等于充分灌溉的草坪因蒸散而失去的耗水量。草坪管理者可以找出蒸发皿损失的水量同草坪缺水所呈现的征兆之间相关性。通常，蒸发器皿内损失水深的 75%～85% 相当于草坪的实际耗水量。

另外，草坪是否需要灌溉不仅仅取决于土壤或植株的水分状况。如在土壤并不缺水的情况下，由于土壤紧实或地下害虫使根系受到限制或伤害，植株也不能够从土壤中吸取足够的所需水分。所以上面所指出的确定草坪灌溉时机的方法是以草坪和草坪土壤处于正常状态时为前提的。

2. 灌水量

草坪每次灌水的总量取决于每两次灌水期间草坪的耗水量。它受草种和品种、生长状态、土壤类型、养护水平、降雨次数和降雨量，以及天气条件如湿度和温度等多个因子的影响。

草坪灌溉中需水量的大小，在很大程度上取决于草坪坪床土壤的性质。细质的黏土和壤土持水力大于沙土，水分易被保持在表层的根层内，而沙土中水分则易向下层移动。一般而言，土壤质地越粗，渗透力越强，使额定深度土壤充水湿润所需水量越少。但是，一个较粗质地的土壤在生长季节内，欲维持草坪草生长所消耗的总需水量是很大的。因为与细质土壤相比，粗质土壤具有大的孔隙，高排水量和蒸发蒸腾量，使之比细质土壤失水更多。当土壤质地变粗时，每次灌水量应减少，但需要较多的灌水次数和较多的总水量才能满足草坪草的生长需要。

检查土壤充水的深度是确定实际灌水量的有效方法。当土壤湿润到 10～15cm 深时（有时会更深些，以根层的深度为准），草坪草可获得充足的水分供给。在实践中，草坪管理人员可在已定的灌溉系统下，测定灌溉水渗入土壤额定深度所需时间，从而用控制灌水时间的长短来控制灌水量。也可参考图 7-4 来估计灌水量，例如，如果管理者想浇 2.5cm 的水，且草坪草生长在黏土上，土壤湿润的深度应为 12cm 左右。作为一般规律，在较旱的生长季节，每周的灌溉量应为 3～4cm，以保持草坪鲜绿；在炎热而干旱的地区，每周必需的灌溉量为 6cm 或更多。

在特定气候条件下，维持一定的草坪质量和功能所需的最小灌水量称为草坪最适灌溉量。确定草坪最适灌溉量应以实际测定的草坪蒸散量为基础，也可以

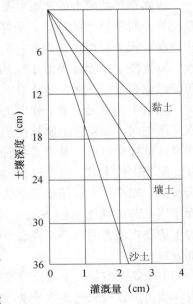

图 7-4　不同灌溉量的水可湿润
土壤的深度

用下式计算：

$$ET_a = k_c ET_0 \qquad (7-1)$$

式中　ET_a——草坪最适灌溉量；

ET_0——草坪潜在蒸散量，即草坪在供水完全充足的条件下的蒸散量；

k_c——草坪草的作物系数，即实际蒸散量与潜在蒸散量的比值。一般暖季型草坪草 k_c 为 0.5～0.7，冷季型草坪草 k_c 为 0.6～0.8。

如已知某地区草坪草的潜在蒸散量和作物系数，即可通过式（7-1）计算出最适灌溉量。除此之外，某地区草坪的最适灌溉量也可以通过试验测得，通常有两种方法：一种是先设定草坪的水分管理水平，然后直接测定维持在一定质量下的草坪蒸散量（ET_a），以此作为最适灌溉量；另一种是先测定草坪潜在蒸散量（ET_0），然后设定不同的水分管理水平，观测草坪质量的变化，对草坪耗水量和草坪质量综合分析获得最适灌溉量。

另外一种测定灌水量的方法是在一定的时间内，计量每一喷头的供水量。离喷头不同的距离至少应放置 4 个同样直径的容器，1h 后，将所有容器的水倒在一个容器里，并量其深度，然后以 cm 为单位，深度数除以容器数，来决定灌溉量。例如，使用 5 个容器，收集的总水量是 6.35cm，则灌溉量为 1.27cm/h。

3. 灌水频率

在确定灌水频率时首先要考虑草坪草的生长时期，在种子萌发期和幼苗期为防止幼芽因地表缺水而死亡，因此需要经常灌水（最好为喷灌或滴灌），但每次灌水量要少，以使地表 5cm 深的土壤湿润为宜。随着植株的成长，灌水次数逐渐减少，每次灌水量则逐渐增加，促进根系的良好发育。

成熟草坪的灌水频率则主要考虑土壤类型、天气状况、草坪用途、养护水平及健康状况等。对于健康的草坪，最好是每周大水灌溉 1～2 次。如果土壤有能力在根系层储存很多的水，可以按每周的总需水量一次灌溉。沙土每周应浇水 2 次，每 3～4 天浇一次，每次浇水量为每周需水量的一半。如果一次灌溉 2.5cm 或更多的水，大量的水则可能渗漏到根层下面，造成浪费。

通常不能每天浇水。如果土壤表面经常潮湿，根系会因靠近表土生长而变浅。在每次灌溉之间，如果使上层几厘米的土壤干燥，可使根系向土壤深处生长，去寻找水分。浅根性草坪草较弱，易遭受各种因素的伤害，受害后也不像深根性草坪草那样容易恢复。灌溉次数太多，也会引起较大的病害和杂草问题。但某些高养护水平的草坪需要每天灌溉，如高尔夫球场果岭。这些草坪往往修剪得很低，致使根系仅分布于土壤表层。而土壤上部仅几厘米的表层干燥得很快，如果不经常灌溉，草坪草就会萎蔫。此外，对于遭受病虫害的草坪，频繁而少量的喷水有助于草坪草的存活和恢复（参见叶面喷水部分）。

由于黏土或紧实土壤及斜坡上水的渗透速度缓慢，很容易发生径流。为防止这种损失，喷头不宜长时间连续开动，而要通过几次开关，逐渐浇水。例如，灌适量的水需要 30min，那么，对于渗透能力低的地区，可能要浇 3 次，每次 10min，每次间隔至少 1h。这种少量多次的方式有助于提高水分的利用效率。

7.5.3　灌溉时间

确定了灌溉方案之后，只要草坪需要灌溉，在一天的任何时候都能进行灌溉。然而，根据草坪和天气状况，选择一天中的某一特定时间灌水是比较实用的。

湿度高、温度低又有微风时是灌溉的最好时机。此时，可有效地减少蒸发损失，风还利于湿润叶面及组织的干燥。晚上或早晨浇水，蒸发损失最小，中午及下午大约喷灌水分的50％在到地面前就被蒸发掉。另外，中午浇水还容易使草坪草受到灼伤，进而影响草坪的使用和其他管理操作。

就提高水的利用率而言，黄昏是浇水的最适时间。但草坪整夜处于潮湿状态下，因高湿而引起的病害将成为草坪管理的难题。当草坪草的叶和茎保持几小时以上潮湿状态时，细菌和微生物就能侵染草坪草组织，引起草坪病害。因而许多草坪管理者喜欢早上浇灌。

有些地区或场地由于水或其他条件的限制，不可能在早晨灌水。因此，在采用诸如经常向草坪喷施杀真菌剂的预防措施情况下，施行晚上浇水。晚上浇水除具灌水蒸发损失量小的优点外，还为排水提供了较长的时间，有利于第二天草坪的使用。再如，由于运动场草坪经常受到大量的践踏，土壤容易紧实，而灌水加剧该过程。因此，运动场草坪在充足灌水后和使用前应当保证床土有足够的时间自然排水（至少24h），以防止土壤过度紧实。

7.5.4　灌溉方式

草坪绿地的灌溉方式分为传统的绿地灌溉和现代的绿地灌溉。

（1）传统绿地灌溉

我国的农业和园林有数以千年的悠久历史，其灌溉主要是依靠自然降雨或人工浇灌。传统的灌溉方式主要是通过地面渠道输水，以自流为主的地面灌溉方法。包括将地面整平，按一定规格筑埂形成的畦灌法；以树干为圆心，在地面挖成锥形坑以蓄积灌溉水的坑灌法；以树冠为依据在地面挖环形沟形成的环沟灌以及环沟与放射状沟组成的环沟灌；以乔木群体为依据，沿树干修筑输水沟的沟灌法等。此外，对于比较孤立的树木或小面积的花草，常采用人工洒水点浇。

传统灌溉方法沿用至今，首先是因为它简便易行，非常适合劳动力充足的地区；其次是这些地面灌溉方法不仅利用渠道输水灌溉，而且可以利用地面沟、畦收集雨水，将地面分散的径流收集到沟、畦中为园林植物提供水分。但是地面沟、畦灌溉方法必须将地面整平，无法满足现在草坪追求自然、起伏地面的灌溉要求，而且灌水量不易控制，水资源的浪费比较严重，灌溉效率低。

（2）现代绿地灌溉

随着草坪行业的发展，对灌溉系统提出了更高的要求。首先草坪和部分地被植物是浅根植物，而且均匀密植，这就要求为草坪的正常生长提供次数多、量少和均匀的灌溉。为此，管道化的压力灌溉系统得到了迅速发展。目前常见的草坪压力灌溉系统主要有喷灌、微喷灌、滴灌、地下滴灌、地下渗灌以及人工压力管道喷洒。

喷灌是目前最主要的草坪灌溉方法。我国草坪绿地喷灌技术正处在一个由低级向高级的发展阶段，主要表现在从人工压力管道喷洒到移动式喷灌；从地上摇臂式喷头到地埋式喷头；从手动控制喷灌到自动控制喷灌系统；从普通加压水泵到变频调速水泵等变化。大型草坪如广场草坪、公园绿地、运动场草坪和高尔夫球场草坪等采用自动化喷灌系统的越来越多，而小型草坪应用普通喷灌甚至人工洒水灌溉也比较普遍。喷灌特别适合于密植、低矮植物的灌溉，具有灌水比较均匀、增加空气湿度、改善小气候环境、能淋洗植物叶片、保持花草树木鲜嫩等优点。但是，喷灌受风影响比较大，在干旱气候条件下喷洒水滴在空气中的漂移、蒸发损失大，影响灌溉水的利用效率；园林树木喷灌时植物叶片截留部分喷洒水也影响灌溉水的利用效率；喷灌对土壤表层湿润比较理想，而深层湿润不足；喷灌需要一定的机械设备，投资较高。

微喷灌喷洒半径小，工作压力低，喷洒水量小，因而在小面积、不规则草坪和花卉中得到了广泛应用。目前主要问题是配水管道暴露在草坪上，影响草坪景观。

滴灌广泛应用在花卉、乔木和灌木的灌溉，但在草坪及其他密植植物上的应用尚不多见。滴灌的工作压力低，一般为 0.05～0.35MPa，流量小，滴头流量一般为 2～10L/h。滴灌以灌水量小、灌水次数多、灌水位置准确而著称，是目前最为节水的灌溉方法。但滴灌系统对灌溉水水质有较高要求，水源必须要经过严格的过滤，否则会堵塞滴灌灌水器或滴头。

地下滴灌非常适合园林树木的灌溉，美国也在试验高尔夫球场果岭地下滴灌技术。地下滴灌不影响地面景观，水分蒸发损失小，水直接输入到植物根部，是比较节水的灌溉技术，在草坪灌溉中具有发展潜力。

尽管喷灌、滴灌等现代草坪灌溉技术在草坪中都有应用，但在应用中仍存在一些亟待解决的问题，主要表现在以下几个方面：

① 灌溉系统集成差。无论是喷灌、微喷灌还是滴灌，都有一定的适用条件，而现代草坪类型很多，对灌溉系统的要求也不尽相同。目前许多草坪，不论什么类型，全部采用一种灌溉方法，一个灌溉模式，造成需水量大的植物灌水不足，需水量小的植物供水过剩。

② 灌溉系统自动化程度低。草坪应用自动化灌溉技术，主要目的是提高灌溉效率和灌水利用效率。人工洒水以及手动控制系统，随意性大，灌水量和灌水时间无法精确控制，使灌溉水有较大的损失。

③ 绿地灌溉管理滞后。由于科学研究跟不上实际工作需求，目前尚不完全清楚不同气候条件下当地主要绿地植物的需水量及其需水规律。其次，由于缺乏草坪灌溉管理专业技术人员，管理分散，管理水平低，造成灌溉效率下降，造成灌溉水的浪费。

7.5.5　叶面喷水

叶面喷水是对草坪进行短时间的浇水。有时候，在土壤水分充足的情况下草坪草也可出现萎蔫现象，这常与较浅的根系、过多的枯草层、病害或由于土壤紧实和渍涝导致的土壤通气状况较差有关。在任何时候，只要草坪的蒸散速率超过根系的水分吸收速率时，植株就会因体内水分缺乏而萎蔫。这种现象常发生在天气炎热的中午，尤其在修剪高度较低的草坪上较明显。此时，叶面喷水则既能补充草坪草的水分亏缺，又能降低灌层及植株温度，从而使蒸散速率下降，减少水分损失。叶面喷水还能除去叶子表面的附着物和有毒物质。

喷水的用水量很少，一般在中午草坪刚刚发生萎蔫时进行。通常，每天喷一次水就足够了。但在极端条件下，如夏天烈日炎炎的中午，应增加喷水的次数。高强度修剪的草坪，通常在清晨喷水，冲洗掉露水和叶尖吐水。轻度喷水使叶面洁净而容易变干，减少了病害的发生，从而保证了修剪的质量。近些年来，在高尔夫球场的果岭管理中，清晨喷水已基本上取代了以前用拖绳和拖杆去水的老办法。主要原因是喷水的效率高并且很经济。

叶面喷水是草坪建植过程中的重要环节。为了避免脱水，对刚刚种植的草坪包括草皮、种子、插枝等喷水，直到根系下扎。建植后 1～3 周内，每天喷一到几次水是必需的。而后灌溉的频率应减少，增加每次浇水的强度，直到完全成坪。

另外，草坪草遭受病虫害时，喷水有助于草坪草的存活和恢复。夏季斑病会破坏草坪草的根系，使其地上部枯萎，同样蛴螬啃食草根，也会降低其吸水的能力。喷水对于受损的草坪群体发育新根，恢复正常生长是非常重要的。

7.5.6　灌溉技术要点

（1）初建草坪，苗期最理想的灌水方式是微喷灌。出苗前每天灌水 1～2 次，土壤表层 3～5cm 保持湿润。随幼苗生长发育逐渐减少灌水次数，增加灌水量。

（2）为减少病虫害，高温季节应避免傍晚或夜间浇水，以清晨或上午灌水为佳。中午天气炎热而干旱时，可进行叶面喷水降温。

（3）灌水应与施肥作业相配合，施肥后立即灌水。

（4）对于沙质坪床，在冬天白天温度较高时可适当补充水分，使土壤表层湿润即可，防止出现"冰盖"。

（5）如草坪土壤干硬坚实，应于灌水前进行打孔通气，利于水分下渗。

（6）在冬季严寒少雪、春季土墒情差的地区，入冬前必须灌好封冻水。封冻水应在地表刚刚出现冻结时进行，灌水量大，要充分湿润 40～50cm 的土层。在次年春天土地开始融化、草坪草开始萌动时灌好返青水。

7.5.7　节水措施

我国水资源非常缺乏，而且在地域上分布极不均匀。因此，节水灌溉是草坪管理重要内容。下面的措施有助于减少水的消耗。

（1）适当提高修剪高度。在旱季，适当提高草坪修剪高度 2～3cm，有助于提高草坪草抗旱性，并减少土壤水分蒸发。

（2）减少修剪次数。剪草次数越多，修剪伤口造成的水分损失就越多。

（3）在干旱时期应减少施肥用量。高比例的氮肥，使草坪草生长很快，需水较多。叶片多汁，更易萎蔫。应使用富含钾的肥料以增加草的耐旱性。

（4）如果枯草层太厚，可用垂直切割机进行切割。厚的枯草层使草坪草根系变浅并且延缓渗水速率，降低草坪的水分利用率。

（5）增加土壤通气措施，可以提高草坪中水分的渗透性，改善根和茎的生长。

（6）少用除草剂，避免对草坪草根系造成伤害。

（7）建植新草坪时，选用耐旱的草种和品种。建植前，对土壤施加有机质和其他改良土壤的物质，以提高土壤的持水能力。

（8）灌溉前，注意天气预报，避免在降雨前灌溉。当降雨充沛时，可延迟灌溉或减少灌溉量。

（9）适当施用湿润剂，以增加草坪土壤中水的湿润度，促进根系吸收水分。

复习思考题

1. 简述氮、磷、钾对草坪草生长的作用。
2. 过量施用氮肥对草坪有何影响？
3. 速效氮肥和缓效氮肥有哪些优缺点？
4. 如何做到草坪合理施肥？
5. 阐述土壤特性对草坪水分利用的影响。
6. 怎样确定草坪是否需要灌溉？
7. 讨论夜间灌水的利与弊。
8. 草坪节水措施有哪些？

第8章

草坪有害生物及其防治

草坪有害生物主要指草坪中的致病病菌、某些昆虫或其他具有危害作用的动物以及杂草。它们可导致草坪发生病害、虫害和草害，不仅影响草坪建植，降低草坪外观质量和使用功能，严重时还会造成草坪建植失败以及草坪草大面积死亡和退化，使草坪失去利用价值等。因此，草坪病害、虫害及杂草防治是草坪建植管理的重要内容，而科学防治对保证建植成功率、草坪质量和持续性以及发挥草坪功能具有重要意义。

8.1　草坪病害及其防治

草坪草在生长发育过程中受到不适宜的环境条件影响或病原生物的侵害，致使其细胞或组织的功能失调，正常的生理过程受到干扰，内部结构和外部形态上表现异常，这种现象被称为草坪病害。草坪病害按照病原特征常分为非侵染性病害和侵染性病害两类，由不适宜的环境条件造成的草坪病害属于非侵染性病害，而由病原生物侵染引起的草坪病害则属于侵染性病害。

侵染性草坪病害由于其病原种类繁多，且具有传染性的特点，是当前草坪病害管理的难点。本节将重点介绍几种目前常见草坪病害及其识别特征、发生规律和防控措施。

8.1.1　褐斑病（Brown patch）

1. 发生症状

褐斑病是草坪上一种常见的病害，主要危害冷季型草坪草的叶片、叶鞘、茎，引起叶腐、鞘腐和茎基腐，根部通常受害较轻或不受害。

草坪草受害时，叶片及叶鞘上形成梭形、长条形或不规则形病斑，发病初期病斑呈水渍状，后期病斑中心枯白，边缘红褐色，严重时整叶水渍状腐烂。在温暖潮湿条件下，叶鞘和叶片病变部位生有稀疏的褐色菌丝，可在病鞘、茎基部形成白色菌核，并逐渐变为黑褐色菌核。草坪发生褐斑病后出现大小不等的近圆形枯草圈，枯草圈直径快速扩大，可从几厘米增至1m或更大。在病害恢复阶段，中央为已恢复生长的绿色草坪草，而外围的枯黄色草坪草呈圆环状（图8-1）。

在暖季型草坪草上，褐斑病又称为大斑病（large patch），其发病时间和症状不同于冷季型草坪草。该病害通常发生在暖季型草坪草植株开始返青生长的春季或即将休眠的秋季。枯草圈直径可达几米，一般无烟圈，但枯草圈外缘有叶片褪绿的新发病植株。病株叶片上几乎没有侵染点，侵染只发生在匍匐茎或叶鞘上，造成基部腐烂而不是叶枯。

图 8-1　草坪褐斑病发病症状

2. 病原

褐斑病或大斑病的病原主要为立枯丝核菌（*Rhizoctonia solani*），属鸡油菌目（Cantharellales）丝核菌属（*Rhizoctonia*）中的一种无性型真菌。该菌整个生活史中均不产生无性孢子，菌丝初期无色，后变为淡褐色至黑褐色，镜检呈近直角分枝，分枝处缢缩，其附近形成隔膜，菌丝易形成菌核。

除立枯丝核菌外，禾谷丝核菌（*R.cerealis*）、水稻丝核菌（*R.oryzae*）和玉米丝核菌（*R.zeae*）在禾本科草坪草上也有少量发生。

立枯丝核菌的宿主范围很广，可侵染草地早熟禾、粗茎早熟禾、紫羊茅、高羊茅、多年生黑麦草、细弱翦股颖、匍匐翦股颖、狗牙根、假俭草、钝叶草、结缕草等多种禾本科草坪草。

3. 发病规律

丝核菌以菌核或菌丝在病残体上越冬。菌核可抵抗各种不良的环境条件，在 8～40℃之间均可萌发，但菌核萌发的最适温度为 28℃。当土壤温度升至 15～20℃时，菌核开始大量萌发，气温达 30℃左右，空气湿度较高时，病菌侵染叶片引起病害。

丝核菌是土壤习居菌，主要以土壤传播。病菌从叶片、叶鞘或根部伤口侵入。有时病菌也能从气孔或直接穿透表皮侵入叶片。

由立枯丝核菌引起的褐斑病常在冷季型草坪草上发生严重。夏季高温、多雨、潮湿的天气条件下病害发展，草坪上迅速出现大面积枯死斑块。

枯草层较厚的老草坪，菌源量大，发病重。低洼潮湿、排水不良、田间郁闭、小气候湿度高、偏施氮肥、植株旺长、组织柔嫩、冻害、灌溉不当等因素均利于病害的流行。

4. 病害控制

（1）选择抗病品种。目前未发现褐斑病免疫品种，但品种间存在明显的抗病性差异，对褐斑病的抗性由高到低为：粗茎早熟禾＞草地早熟禾＞高羊茅＞多年生黑麦草＞加拿大早熟禾＞小糠草＞匍匐翦股颖和细弱翦股颖。想了解更多草坪草品种对褐斑病抗性情况，可在 www.ntep.org 进行查阅。

（2）栽培管理。科学养护管理，调节生态环境。避免在高温、高湿季节重施氮肥，应适量增施磷、钾肥，保持氮、磷、钾的比例均衡；科学灌溉，避免漫灌和傍晚灌溉，清晨灌溉为宜；及时修剪，夏季修剪不要过低，改善草坪通风透光条件，降低湿度。及时清除枯草层和病残体，减少菌源数量。

（3）化学防治。新建草坪提倡种子包衣或药剂拌种。可选用咯菌腈进行种子包衣；或用五氯硝基苯、苯菌灵、敌克松等进行土壤处理；或用多菌灵、苯菌灵等进行拌种。

成坪草坪应以预防为主，在发病初期喷药，北方地区防治褐斑病一般在5月初开始用药，根据气象条件及发病情况连续喷药3～4次，喷药间隔为7～10天。目前防治褐斑病效果较好的预防性药剂有甲基托布津、代森锰锌、百菌清、井冈霉素等。若病害已经发生，建议使用治疗性药剂，对褐斑病治疗效果较好的药剂有甲氧基丙烯酸酯类（QoI）、甾醇生物合成抑制剂类（DMI）、琥珀酸脱氢酶抑制剂类（SDHI）等。

8.1.2 腐霉枯萎病（Pythium blight）

1. 发生症状

腐霉枯萎病是一种毁灭性草坪病害。它可以在冷（13～18℃）湿生境中侵染宿主，但主要在天气炎热（30～35℃）潮湿时造成严重危害。当环境条件适合时，该病发展迅速，可在数小时内导致大量草坪草死亡，使草坪形成大片枯草秃斑，严重破坏草坪景观。腐霉枯萎病发病初期，在草坪上形成直径2～5cm的圆形黄褐色枯草斑。受害病株先呈水浸状，后变暗绿色，腐烂，用手触摸有油腻感（故又称油斑病），枯草斑呈圆形或不规则形，直径10～50cm。在早晨有露水或湿度很高时，尤其是在雨后的清晨或傍晚，可见一层绒毛状的白色菌丝层，干燥时菌丝体消失，叶片萎缩并变为红棕色，整株枯萎死亡，最后变成稻草色枯草圈。

2. 病原

在新的分类系统中，腐霉枯萎病的病原属于藻界（Chromista）卵菌门（Oomycota）霜霉目（Peronosporales）腐霉属（*Pythium* spp.）卵菌。在草坪上能够引起该病害的病原菌主要有瓜果腐霉 [*Pythium aphanidermatum*（Eds.）Fitzp.]，其次还有终极腐霉（*P. ultimum* Trow.）、禾谷腐霉（*P. graminicola* Subram.）、群结腐霉（*P. myriotylum* Drechsl.）、禾根腐霉（*P. arrhenomanes* Drechsl.）等。由于腐霉属病原菌具有不同于真菌的特征，草坪草腐霉枯萎病的管理方法与真菌性草坪病害有所区别。

腐霉菌菌丝常无隔，分枝或不分枝，无色透明。无性世代产生孢子囊和游动孢子，孢子囊丝状、球状、指状、姜瓣状等顶生或间生，游动孢子肾形有双鞭毛。有性世代形成卵孢子，卵孢子球形、平滑、满器或不满器。

腐霉菌可以侵染所有草坪草，尤以冷季型草坪草受害最重，如草地早熟禾、细弱翦股颖、匍匐翦股颖、高羊茅、紫羊茅、粗茎早熟禾、多年生黑麦草等；暖季型狗牙根等也可受害。

3. 发病规律

腐霉菌是一种土壤习居菌，腐生性很强。该菌以卵孢子或菌丝体在土壤或病残体中越冬。在适宜条件下，卵孢子萌发后可产生孢子囊，孢子囊释放游动孢子，游动孢子萌发产生芽管和侵染菌丝侵入草坪草，并可随流水迅速扩散侵染健康草坪草植株，造成大面积危害。病株可产生大量菌丝体及孢囊梗和孢子囊，造成多次再侵染。该病主要通过雨水、灌溉水及农事操作传播。带菌土壤可随工具、人和动物进行远距离传播。

高温高湿是腐霉菌侵染的最适条件，当白天气温达 30℃ 以上，夜间最低气温大于 20℃，大气相对湿度高于 90%，且持续 14h 以上，或有降雨条件下，腐霉枯萎病发生严重。在高氮肥条件下生长茂盛稠密的草坪最易感病，受害尤重；碱性土壤比酸性土壤发病重。

腐霉枯萎病主要危害喜凉的冷季型草坪草，也能危害暖季型的狗牙根，尤其是普通型狗牙根，不过造成的损失要比冷季型草坪草小。

4. 病害控制

（1）不同草种或不同品种混合建植

选择抗病的草种或品种进行混播。在北京地区的普通绿地建植中，以草地早熟禾为主适当混合高羊茅、多年生黑麦草等不同草种或不同品种的草地早熟禾的混合播种均利于增强草坪的整体抗病性。

（2）栽培管理

采用喷灌控制灌水量，减少灌溉次数，减少根层（10～15cm 深）土壤含水率，降低草坪小气候相对湿度。

枯草层厚度超过 2cm 时及时清除，高温季节不要过频修剪，修剪时要适当提高修剪高度。春季、秋季均衡施肥，天气炎热时避免偏施氮肥，增施磷、钾肥和有机肥。同时保持土壤偏酸也不利于腐霉枯萎病的发生。

（3）化学防治

① 药剂拌种或土壤处理：新建草坪可采用代森锰锌、甲霜灵等药剂进行药剂拌种或土壤处理，可有效防治烂种和幼苗猝倒。

② 叶面喷雾：在发病初期开始喷药，间隔 10～15 天，连续喷药 3～4 次可有效控制腐霉枯萎病。有效药剂有：芳香烃类、氨基甲酸酯类、苯基酰胺类、QoI 类等。为避免病菌产生抗药性，上述药剂最好交替轮换使用。

8.1.3 **夏季斑枯病（Summer patch）**

夏季斑枯病是夏季高温高湿时发生在冷季型草坪草上的一种严重病害，该病于 1984 年首次在美国冷季型草坪草上分离到病原菌，并以夏季斑枯病报道。在我国，1997 年在北京发现该病害，并于 1998 年分离到病原菌。

1. 发生症状

病原菌在春季侵染草坪草根部，夏初表现症状。典型的夏季斑最初为枯黄色圆形小斑块（直径 3～8cm），后逐渐扩大为圆形或马蹄形枯草圈，直径大多不超过 40cm。在持续高温天气下（白天高温达 28～35℃，夜温超过 20℃），病叶颜色迅速从灰绿色变成枯黄色，多个枯草斑块愈合成片，形成大面积的不规则形枯草斑。受害草株根尖部、根冠部和根状茎呈黑褐色，后期维管束也变成褐色，外皮层腐烂，整株死亡，潮湿情况下在病叶组织上可发现网状稀疏的深褐色至黑色的外生菌丝。

2. 病原

夏季斑枯病的病原为 *Magnaporthe poae*，是一种子囊菌门（Ascomycota）巨座壳科（Magnaporthaceae）真菌。无性世代产生分生孢子，孢子 $3\sim8\mu m$ 长，分生孢子梗为瓶梗。有性世代为子囊菌，子囊壳黑色，球形，直径为 $252\sim556\mu m$，有长 $357\sim756\mu m$ 的圆柱形的颈。子囊单层壁，圆柱形，含有 8 个子囊孢子。成熟的子囊孢子有 3 个隔膜，中间两个细胞深褐色，两端细胞无色。在自然条件下很难看到有性世代。

夏季斑枯病菌可侵染多种冷季型草坪草，以草地早熟禾受害最重，近年来，匍匐翦股颖也逐渐成为易感草种。

3. 发病规律

病菌以菌丝体在病残体和多年生的寄主植物组织中越冬。通过修剪机械以及草皮的移植而传播。越冬病菌在 5cm 土层温度达到 18.3℃时病菌就开始进行侵染，在炎热多雨的天气，或大量降雨以及暴雨之后又遇高温的天气，病害开始出现并很快扩展蔓延，造成草坪出现大小不等的秃斑。这种斑块不断扩大，可一直持续到初秋。

高温高湿条件下，该病发生严重；排水不良，草株过密的地方发病重。在适宜的条件下，病原菌可沿根部、冠部和茎组织蔓延，每周可达 3cm。采用较低的修剪高度、频繁浅层灌溉等养护方式的草坪往往发病更严重。

4. 病害控制

（1）选择抗病草种或品种。不同草种或品种对夏季斑枯病抗性有明显差异。不同草种对夏季斑抗性由高到低为：多年生黑麦草＞高羊茅＞匍匐翦股颖＞硬羊茅＞草地早熟禾。根据当地条件可选择抗病草种或品种，也可混播种植。

（2）栽培管理。科学养护可促进根系健壮生长，提高植株的抗病能力。避免低修剪，特别是高温高湿季节；尽量减少灌溉次数；打孔、疏草、通风，改善排水条件，减轻土壤紧实等均有利于控制病害。此外，当土壤 pH 值大于 6.5 时，夏季斑枯病较易发病，可通过合理施用氨态氮肥，保持土壤 pH 值在 6.0～6.5 范围可达到减轻病害发生的目的。

（3）化学防治。成坪前，可通过药剂拌种、种子包衣或土壤处理方式降低夏季斑枯病的危害，具有较好预防效果的药剂有：苯醚甲环唑、甲基托布津、百菌清等；成坪草坪需采用药剂喷雾，在春末和夏初土壤温度 18～20℃时开始用药，喷药间隔为 10～15 天，使用 3～5 次，施药时尽量将药液喷洒到植株根颈部。常用的治疗药剂有：嘧菌酯为代表的 QoI 类、丙环唑为代表的 DMI 类杀菌剂及 SDHI 类。

8.1.4　币斑病（Dollar spot）

币斑病在世界范围内分布广泛，在我国多地均有发生。该病几乎在所有冷季型和暖季型草坪草上均有发生。

1. 发生症状

在草坪上典型症状为圆形、凹陷枯草斑，斑块大小和形状类似于 1 元硬币，得名币斑病。在修剪较低的高尔夫球场草坪上，常出现细小、环形、凹陷的斑块，斑块直径一般不超过 6cm，病情严重时，斑块可形成大的不规则形状的枯草斑块或枯草区。潮湿情况下在发病的草坪上可看到白色、棉絮状或蛛网状的菌丝体。

单株症状主要表现为发病初期形成水浸状褪绿斑，后变成白色，病斑边缘呈棕褐色至红褐色，严重时病斑渐扩大至整个叶片。

2. 病原

币斑病的病原分类地位一直存在争议，初将其划分在核盘菌属（*Sclerotinia*）。最近该菌才被划分在子囊菌门柔膜菌目 *Clarireedia* 属中。目前报道能够引起币斑病的共有 5 个种，其中 *C.homoeocarpa* 和 *C.bennettii* 仅在英国等少数几个国家有报道，*C.jacksonii* 和 *C.monteithiana* 在世界范围内广泛分布，而 *C.paspali* 仅在我国暖季型草坪草上有报道。币斑病菌在病叶上可产生不育的子囊盘及散生的暗色子座，在自然条件下不产生子囊孢子、分生孢子和菌核。

币斑病菌可侵染多年生黑麦草、草地早熟禾、匍匐翦股颖、细弱翦股颖、细叶羊茅、结缕草、狗牙根、巴哈雀稗、假俭草等多种草坪草。

3. 发病规律

以菌丝体在病株上越冬。通过风、雨水和流水传播，也可通过剪草机携带传播，还可通过高尔夫球鞋和手推车携带传播。有研究报道，草坪草种子也可作为有效载体帮助病原菌进行远距离传播。该病发生的适宜温度为 15～32℃，从春末到秋季均可发病，通常夏季发病较轻。

叶片高湿且昼夜温差大时可加重病害的发生，低于 15℃ 或大于 32℃ 时病害停止扩展；氮素缺乏时，植株长势差也可加重病害的发生。

4. 病害控制

（1）栽培管理。轻施、正常施氮肥使土壤中的氮素维持一定水平，可提高植株本身的抗病能力，减轻病害的发生。提倡浇深水，尽量减少灌溉次数，避免在午后和傍晚灌溉，以减少夜间形成露珠。不要频繁修剪或修剪过低。

（2）化学防治。在发病前期可使用百菌清、代森锰锌、福啶胺等保护性药剂进行预防；发病初期可喷施内吸性杀菌剂，有效药剂有：苯并咪唑类、二甲酰亚胺类、DMI类、SDHI 类等。一般药剂间隔 10～15 天喷一次，视病害发生程度喷施 2～4 次。由于币斑病菌易产生抗药性，需合理轮换使用不同作用机理杀菌剂，以延缓抗药性的发生。

8.1.5 锈病（Rust）

锈病是一类严重破坏草坪景观的重要病害，该病分布广、危害严重。草坪草锈病种类很多，常发生的锈病主要有条锈病、叶锈病、秆锈病和冠锈病。

1. 发生症状

锈菌主要危害叶片、叶鞘或茎秆，在感病部位产生黄色至铁锈色的夏孢子堆，在生长季节后期产生黑色冬孢子堆。

2. 病原

锈病的病原为锈菌，属于担子菌门（Basidiomycota）冬孢菌纲（Teliomycetes）锈菌目（Uredinales）。草坪草锈菌主要包括柄锈菌属（*Puccinia*）、单孢锈菌属（*Uromyces*）以及夏孢锈菌属（*Uredo*）和壳锈菌属（*Physopella*）的不同种。

禾柄锈菌（*P. graminis* Pers.），引起秆锈病，主要侵染冷季型草坪草如草地早熟禾、高羊茅、多年生黑麦草等。

隐匿柄锈菌（*P. recondite* Rob. ex Desm），引起叶锈病，可侵染多种草坪草。

条形柄锈菌（*P. striiformis* West），引起条锈病，主要侵染草地早熟禾、冰草、鸭茅等。

禾冠柄锈菌（*P. coronata* Corda），能侵染几十种禾本科植物。

3. 发病规律

锈菌是严格的专性寄生菌，夏孢子离开宿主几乎不能存活。锈菌以菌丝体和夏孢子在草坪草病部越冬。在草坪草不能周年存活的地区，锈菌不能越冬，次年春季只能由越冬地区随气流传来的夏孢子引起新的侵染。夏季草坪草正常生长的地区，各种锈菌一般也能越夏，但条锈菌不耐高温，秋季发病需要外来菌源。

夏孢子随气流进行远距离传播。夏孢子在适宜温度下，叶面必须有水膜的条件下才能萌发。由气孔或直接穿透表皮侵入，有多次再侵染。

不同草种或品种对锈菌的抗性不同，应大力推广抗锈品种。养分缺乏，尤其是氮肥缺乏的草坪锈病发生严重。草坪密度大、修剪留茬过高、郁闭导致小气候湿度大的草坪发病严重。

4. 病害控制

（1）抗病草种的利用及合理布局。锈病是一种流行性极强的病害，种植抗锈病的草坪草品种是控制该病最有效的防治方法之一。由于锈菌具有明显的生理分化现象，在种植抗性草种时要注意不同抗性品种的合理利用。

（2）栽培管理。发病后适时修剪，最好在夏孢子形成释放之前进行修剪去掉发病叶片，及时收集并清除修剪的带病残叶，减少菌源数量。合理施肥，保证秋季养分供应。

（3）化学防治。新建草坪播种时药剂拌种：每 100kg 种子用有效成分 0.02%～0.03%的三唑类药剂拌种。成坪草坪在发病前，可使用代森锰锌、百菌清等保护性药剂，发病初期，防治该病的有效药剂有：DMI 和 QoI 类等。河北一般在 8 月上旬开始喷药防治，间隔 15～20 天，连续喷 3 次。

8.1.6　全蚀病（Take-all patch）

1931 年荷兰首次报道在草坪草上发现全蚀病，后在英国、北欧、新西兰、澳大利亚、北美等国家先后报道有该病发生。该病主要危害翦股颖属草坪草，也可侵染狗牙根、羊茅和早熟禾属草坪草。

1. 发生症状

主要造成病株的根茎部腐烂，发病严重时造成植株死亡。在病株茎基部 1～2 节叶鞘内侧和茎秆表面产生黑色、成束的菌丝层。秋季天气潮湿的情况下在病株茎基部特别是在叶鞘内侧出现黑色点状突起即病菌的子囊壳。全蚀病全年均可发病，以夏末至秋冬发病最重。在草坪上出现圆形或环状的枯草斑，秃斑可能扩大到 1m 或更大。

2. 病原

全蚀病的病原菌为 [*Gaeumannomyces graminis* (Sacc.) Arx & Olivier var. *avenae* (Turner) Dennis]，属子囊菌门球壳菌目巨座壳科顶囊壳属，与夏季斑病菌近缘。子囊壳生于宿主茎基部叶鞘和茎秆上。子囊壳深褐色或黑色，瓶形，有喙，具孔口和弯颈，表面生褐色茸状菌丝。子囊单囊壁，无色，棍棒状，内含 8 个子囊孢子。子囊孢子无色至略带黄色，多隔膜，线形略弯。

3. 发病规律

病菌以菌丝体在病株或随病残体在土壤中越冬。通过土壤及流水传播，也可随剪草机传播，还可随带病草皮和种子远距离传播。多雨、灌溉、积水等使土壤表层有充足水分的环境利于病原菌的侵染发病。在凉爽而潮湿的天气，病菌侵入地下组织，通过根或匍匐茎生长及植物间的接触扩展蔓延。

温度和湿度影响病害的发生程度。若冬季温暖、春季多雨低温发病严重，而冬季寒冷、春季干旱则发病轻。地势低洼易积水和灌溉条件差的草坪发病严重，土壤贫瘠、肥力不足或氮、磷比例失调可加重病情。该病害在常发病区域，若不进行防治，几年后病害的严重度通常会减轻，即病害自然衰退现象。

4. 病害控制

（1）选择抗病草种。下列不同草种的抗病性依次为：紫羊茅＞草地早熟禾＞粗茎早熟禾＞多花黑麦草＞多年生黑麦草＞早熟禾＞剪股颖。几乎所有匍匐剪股颖品种对全蚀病易感。

（2）栽培管理。多施有机肥，且保证均衡施肥，使氮、磷、钾比例协调。合理灌溉，避免造成根部积水和田间小气候湿度过大。在生长季节及时清除发病草皮，并进行土壤消毒。晚秋季节结合修剪清除病残体，以减少越冬菌源数量。全蚀病受土壤 pH 值影响显著，当土壤偏酸（pH≤6.0）时发病较轻，可通过合理施用氨态氮肥调节土壤 pH 值的方式减缓病害的发生。

（3）化学防治。新建植草坪时用适乐时或三唑类杀菌剂拌种。发病时可采用 DMI、QoI 类等药剂进行防治，一般在早春（4～5 月）和早秋（9 月）施用效果理想，生长期发病严重的地块可采用灌根的方式。

8.1.7 镰刀枯萎病（Fusarium wilt）

镰刀枯萎病是草坪草上普遍发生的一种重要病害。1950 年首次报道，目前全国各地草坪均有发生，可侵染多种草坪草，如早熟禾、羊茅、剪股颖属等。

1. 发生症状

镰刀枯萎病可造成草坪草苗枯、根腐、茎基腐、叶斑、叶腐、匍匐茎和根状茎腐烂等症状。在幼苗出土前后被侵染，种子根变褐腐烂，严重时造成烂芽和苗枯。成株叶片受害，病叶初为水渍状暗绿色枯萎斑，后由红褐色到褐色，病斑多从叶尖向下或从叶鞘基部向上变褐枯黄。严重时引起根、根茎、匍匐茎等部位干腐，潮湿时根茎和茎基部叶鞘与茎秆间生有白色至淡红色霉层。

染病初期草坪呈淡绿色的小斑块，随后迅速变成枯黄色，枯草斑圆形或不规则形，直径 2～30cm，湿度大时，病草的茎基部和冠部可出现白色至粉红色的霉层。通常枯草斑中央为正常植株，受病害影响较少，四周为枯死植株形成的环带。

2. 病原

镰刀枯萎病的病原菌属子囊菌门肉腐菌目镰孢菌属。主要有黄色镰刀菌［*Fusarium culmorum*（Smith）Sacc.］、禾谷镰刀菌（*F. graminearum* Schwabe）、燕麦镰刀菌［*F. avenaceum*（Fr.）Sacc.］、木贼镰刀菌［*F. equiseti*（Corda）Sacc.］、异孢镰刀菌（*F. heterosporum* Nees ex Fr.）、梨胞镰刀菌［*F. poae*（Peck）Wollew］等。在子座上

长出分生孢子梗，梗无色，分隔或不分隔，不分枝或多次分枝，产生两种类型的分生孢子，即大型镰刀形（或新月形）分生孢子和小型卵圆形（或椭圆形）分生孢子，有些种可形成厚垣孢子。

3. 发病规律

主要以菌丝和厚垣孢子在土壤中或枯草层中、病残体和种子内越冬。春季温度回升，湿度和营养条件适宜时，越冬病菌产生大量分生孢子，分生孢子随气流传播侵染宿主。

高温高湿有利于镰刀菌枯萎病的发生，可导致叶片和根部腐烂。春季或夏季偏施氮肥、草坪草的修剪高度过低、枯草层太厚等均利于该病的发生。土壤酸碱度对病害发生有一定影响，pH值高于7.0或低于5.0有利于根腐和茎基腐发生。

4. 病害控制

（1）选择抗病草种或品种。不同草种的抗病性差异为（由高到低的顺序）：翦股颖＞草地早熟禾＞羊茅。提倡草地早熟禾与羊茅、黑麦草等混播。

（2）栽培管理。重施秋肥，轻施春肥，注意氮、磷、钾平衡；合理灌溉，在保证草皮正常生长的情况下尽量减少灌溉次数和灌水量；及时清理枯草层；病草修剪高度应不低于4～6cm；保持土壤pH值在6～7。

（3）化学防治。草坪建植前药剂处理种子。常用多菌灵、甲基托布津、代森锰锌等药剂浸种，在发病初期可施用二甲酰亚胺、DMI和QoI类药剂进行喷施，注意药剂的合理轮换使用。

8.1.8　德氏霉叶枯病（Drechslera leaf blight）

德氏霉叶枯病是一类引起多种草坪草发生叶斑、叶枯、根腐和茎基腐的重要病害。在我国北方主要发生在早熟禾上，引起叶枯病。

1. 发生症状

早熟禾叶斑病引起早熟禾的叶斑、叶枯，也可引起烂种、苗腐、茎基部腐烂。发病初期在叶片和叶鞘上出现细小的椭圆形水渍状病斑，后期颜色变深呈红褐色至紫黑色，病斑中央坏死，病斑周围有黄色晕圈。发病严重时很多病斑形成大的坏死斑。根茎部发病形成红褐色的干腐，并逐渐变黑。

除引起早熟禾叶斑病外，德氏霉还可引起羊茅和黑麦草网斑病、黑麦草大斑病、翦股颖赤斑病、猫尾草叶斑病、狗牙根和翦股颖轮纹斑病等。

2. 病原

德氏霉叶枯病的病原菌属子囊菌门（Ascomycota）格孢腔目（Pleosporales）德氏霉属（*Drechslera* spp.），分生孢子梗曲膝状，散生或成束，直或弯，不分枝，有隔。分生孢子顶侧生，单生，少数串生。分生孢子圆柱形、倒棒形、椭圆形，3～10个隔膜，两端钝圆，脐点凹陷于基细胞内。分生孢子可由两端或中间细胞萌发。

3. 发病规律

带病种子和病土是德氏霉叶枯病的主要初侵染源。病菌以分生孢子和菌丝体在病株或以病残体在土壤中越冬。也可以菌丝体在种子中越冬。分生孢子可通过风、雨水、灌溉水传播。分生孢子萌发的适宜温度为15～18℃，20℃左右最适于侵染发病。叶面水滴是孢子萌发和侵入所必需的条件。因此，春秋季的温度、降雨、结露及其时间的长短就成了病害流行程度的重要限制因素。条件适宜时可进行多次再侵染，造成病害流行。种子带菌在新建植的草坪上还引起烂芽、烂根和苗腐。

阴雨或多雾的天气有利于该病的发生与流行；严重遮阴、郁闭、地势低洼、排水不良等有利于病害发生；管理粗放、修剪不及时、修剪过低、枯草层厚均可加重病害发生。

4. 病害控制

（1）选择抗病草种或品种。播种无病种子选育和推广抗病或耐病品种，提倡不同草种或品种混合种植。

（2）栽培管理。合理施用氮肥，增加磷、钾肥，提高植株抗病性。避免频繁浅灌，避免草坪积水，应特别注意避免傍晚灌溉。及时修剪，保持植株适宜高度，尽量不使植株太高，过于郁闭。及时清除病残体和修剪的残叶，清理枯草层。

（3）化学防治。药剂拌种，播种时用种子重量 0.2%～0.3% 的 25% 三唑酮可湿性粉剂或 50% 福美双可湿性粉剂拌种。生长期喷药，草坪发病初期喷施杀菌剂，苯并咪唑类、二甲酰亚胺类、DMI 类、QoI 类及 SDHI 类药剂均可达到较好的防效。使用药剂时，需要合理轮换使用不同作用机理药剂以避免或延缓抗药性的发生。

8.1.9 离蠕孢叶枯病（Bipolaris leaf blight）

离蠕孢叶枯病在我国发生严重，主要危害叶、叶鞘、根和根茎等部位，造成严重叶枯、根腐、茎腐，导致植株死亡、草坪稀疏、早衰，形成枯草斑或枯草区。

1. 发生症状

发病初期在叶片上形成小的暗紫色到黑色的椭圆形、梭形或不规则形斑点。随后斑点扩大，中心常变为浅棕褐色，外缘有黄色晕。潮湿条件下病斑表面生黑色霉层。当温度超过 30℃ 时，整个叶片枯黄。高温、高湿天气时叶鞘、茎部和根部也会受侵染，短时间内会出现草皮严重变薄、不规则形枯草斑和枯草区。

2. 病原

离蠕孢叶枯病的病原为离蠕孢菌，属子囊菌门（Ascomycota）格孢腔目（Pleosporales）离蠕孢属（*Bipolaris* spp.），主要包括禾草离蠕孢（*B. sorokiniana*）、狗牙根离蠕孢（*B. cynodontis*）、四胞离蠕孢（*B. cynodontis*）。分生孢子多为纺锤形、长圆形或卵圆形，直或弯。

3. 发病规律

以菌丝体在带病种子、土壤中的病残体和发病植株上越冬。分生孢子经气流和雨水传播引起发病。该病可多次再侵染。

一般在冷凉、高湿的春季和秋季发病重，根和根茎发病多在干旱高温的夏季。草坪肥水管理不良、高湿郁闭、病残体和杂草多均有利于发病，冻害和根部伤口也会加重病害发生。

4. 病害控制

防治方法同德氏霉叶枯病。

8.1.10 弯孢霉叶枯病（Curvularia leaf blight）

弯孢霉叶枯病是草坪上普遍发生的病害之一。弯孢霉菌主要侵染草地早熟禾、匍匐翦股颖、紫羊茅、黑麦草等，此外还可侵染画眉草科的草坪草。

1. 发生症状

弯孢霉叶枯病主要发生在早熟禾亚科草坪草上。发病草坪衰弱、稀疏、有不规则形的枯草斑。发病草株矮小，叶片产生斑点，呈灰白色枯死。严重时叶片皱缩凋萎枯死。不同种的弯孢病菌所致症状有所不同，在草地早熟禾和细叶羊茅上，从叶尖向叶基褪绿变黄，逐渐变棕色后变灰，直到最后整个叶片皱缩凋萎枯死。在匍匐翦股颖上，枯死病叶黄褐色，最后凋落。

2. 病原

弯孢霉叶枯病菌（*Curvularia* spp.）属半知菌亚门（Deuteromycotina）丝孢菌目（Hyphomycetales）暗色菌科弯孢霉属真菌，主要包括新月弯孢［*C. lunata*（Wakker）Boed.］、棒状弯孢（*C. clavata* Jaia）、膝曲弯孢［*C. geniculata*（Tracy）Boed.］和不等弯孢［*C. intermedia*（Shear）Boed.］、［*C. protuberata*（Nelson & Hodges）］、［*C. trifolii*（Kauffm）Boed］等。

分生孢子顶侧生，椭圆形、梭形、舟形或梨形，常向一侧弯曲，3～4 个隔膜，中间细胞增大颜色加深。

弯孢霉菌除侵染画眉草亚科的草坪草外，主要侵染早熟禾亚科的草坪草，有早熟禾、草地早熟禾、匍匐翦股颖、紫羊茅、粗茎早熟禾、加拿大早熟禾、黑麦草等。

3. 发病规律

弯孢霉以菌丝体或分生孢子在病草株及病残体上越冬，也可在种子上越冬。分生孢子通过风雨传播，有多次再侵染，夏、秋季持续发病。高温和高湿条件有利于该病的发生。生长不良、管理不善的草坪发病重。潮湿和施氮过多有利于病害发生。

4. 病害控制

防治方法同德氏霉叶枯病。

8.1.11　黑粉病（Smut）

黑粉病是草坪草上发生非常普遍的一种真菌病害，以条黑粉病（Stripe smut）的分布最广，危害最大。草坪草黑粉病主要危害花序，破坏子房，严重影响草坪草种子的生产，有时甚至导致颗粒无收。

1. 发生症状

条黑粉菌和秆黑粉菌在草坪草上引起的症状几乎完全相同。典型症状为：叶片卷曲，在叶片和叶鞘上出现沿叶脉平行的长条形稍隆起的冬孢子堆。冬孢子堆开始为白色，后变成灰白色至黑色，成熟后孢子堆破裂，散出大量黑色粉状孢子（冬孢子）。有病植株分蘖少，严重时病株死亡，使草坪上形成秃斑，造成杂草入侵。

叶黑粉菌引起的疱黑粉病（叶黑粉病）的典型症状为病叶背面有黑色椭圆形疱斑，即冬孢子堆不突破表皮，长度不超过 2mm，疱斑周围褪绿。

2. 病原

黑粉病的病原菌属担子菌亚门（Basidiomycotina）冬孢菌纲（Teliomycetes）黑粉菌目（Ustilaginales）的真菌，主要为条形黑粉菌［*Ustilago striiformis*（Westend.）Niessl］、冰草条黑粉菌［*Urocystis agropyri*（Preuss）Schroter］和鸭茅叶黑粉菌

[*Entyloma dactylidis*（Pass）Cif.]。条形黑粉菌可寄生在 26 属 48 种禾本科植物上，其中翦股颖、黑麦草、早熟禾易感病，尤其以草地早熟禾最易感病；冰草条黑粉菌可在 8 个属的禾本科植物寄生；鸭茅叶黑粉菌主要寄生在早熟禾属、翦股颖属、羊茅属等植物上。

3. 发病规律

病菌以冬孢子在种子、土壤、病残体或发病的植株中越冬。休眠的冬孢子在种子和土壤中可存活 3～4 年。通过风、雨水或灌溉水进行传播，也可通过种子进行远距离传播。黑粉菌的冬孢子萌发形成担子和担孢子，担孢子萌发侵入植物幼苗的胚芽鞘或成株的根状茎、匍匐茎和冠部。黑粉菌大多为系统性侵染，但叶黑粉病是局部侵染性病害，病原菌冬孢子萌发后产生的担孢子通过气流、雨滴飞溅、人畜和工具的接触等途径传播，由叶片侵入。

枯草层过厚以及酸性土壤可促使病情加重。土壤水分含量低以及 10～20℃ 的温度范围有利于黑粉菌属（*Ustilago*）和条黑粉菌属（*Urocystis*）病菌的侵染。条黑粉病在草地早熟禾上发生最为严重，偶尔也在翦股颖属草坪草上发生，很少在黑麦草和羊茅属的草坪草上发生，在结缕草属和狗牙根属的草坪草上还未见报道。

4. 病害控制

（1）选择抗病草种和品种。建植新草坪时，根据当地黑粉病菌的群体结构，选择抗病草种，注意抗病草种的混合种植。种植无病种子，使用无病营养体繁殖材料。

（2）栽培管理。适期播种，避免深播，缩短出苗期，减少条形黑粉菌和秆黑粉菌侵染的概率。

（3）化学防治。利用杀菌剂拌种防治条形黑粉病和秆黑粉病。常用的拌种剂有三唑酮可湿性粉剂、烯唑醇可湿性粉剂等。也可用上述药剂在花期和叶黑粉病发病初期喷药治疗。

8.1.12 白粉病（Powdery mildew）

白粉病为草坪草的常见病害，广泛分布于世界各地草坪上。可侵染狗牙根、草地早熟禾、细叶羊茅、匍匐翦股颖等多种草坪草，其中以早熟禾、紫羊茅和狗牙根发病最重。

1. 发生症状

主要危害叶片，有时也危害叶鞘、茎秆和穗部。发病初期在叶片上出现褪绿斑点，后病斑逐渐扩大成近圆形、椭圆形霉斑，霉斑表面着生一层白色粉状物，后期在病斑上形成棕色到黑色的小颗粒状物，即病原菌的闭囊壳。

2. 病原

白粉病的病原为禾布氏白粉菌（*Erysiphe graminis* DC.），属子囊菌门核菌纲白粉菌目白粉菌属。该菌为专性寄生菌，通过吸器从宿主组织中获得营养。无性世代产生串生的分生孢子，有性世代产生闭囊壳，闭囊壳具有菌丝状附属丝。

该菌宿主范围广，可侵染狗牙根、草地早熟禾、紫羊茅、匍匐翦股颖等多种草坪草。

3. 发病规律

病菌主要以菌丝体或闭囊壳在病株体内越冬，也能以闭囊壳在病残体中越冬。通过气流传播，在晚春或初夏侵染草坪草，形成初侵染。气候条件适宜可进行多次再侵染。

凉爽（15～22℃）、多雨的天气条件利于该病流行。湿度越大发病越重，但白粉病菌孢子在水滴中不能萌发。草坪草种或品种的抗病性差、不合理的种植方式和水肥管理、郁闭、小气候湿度大等均可使病害发生加重。

4. 病害控制

（1）选择抗病草种。选用抗病草种和品种混合种植可有效防治白粉病。根据当地情况合理选择抗病品种，并注意抗病品种的合理利用。

（2）栽培管理。合理密植，适时适度修剪，保证草坪冠层的通风透光，尤其要注意草坪周围观赏性灌木和树木的选择和修剪。减少氮肥、增施磷钾肥，合理灌溉，不要过湿或过干。

（3）化学防治。在发病初期喷施三唑类药剂进行治疗。有效药剂有：粉锈宁、烯唑醇等。

8.1.13　炭疽病（Anthracnose）

该病是世界各地草坪草上普遍发生的一类叶部病害，可侵染几乎所有的草坪草，以危害一年生早熟禾和匍匐翦股颖最严重。我国有零星发生，危害相对较轻。

1. 发生症状

冷凉潮湿时，病菌主要造成根、根茎和茎基部腐烂。病斑初期水渍状，后期形成圆形褐色大斑，病斑产生小黑点，即病菌的分生孢子盘。

在叶片上形成长形、红褐色的病斑，而后叶片变黄、变褐，严重时叶片枯死。草坪上出现直径从几厘米至几米不等的不规则形枯草斑。在病株下部叶鞘和茎上可见灰黑色的菌丝体。

2. 病原

炭疽病的病原无性态为禾生刺盘孢（*Colletotrichum graminicola*），有性态为禾生小丛壳（*Glomerella graminicolo*），属子囊菌门子囊菌纲黑盘孢目小丛壳属。分生孢子盘上有黑色刚毛。分生孢子单细胞，新月形。

3. 发病规律

病原菌以菌丝体和分生孢子在病株和病残体中越冬。分生孢子随风、雨水飞溅传播到健康草坪草上进行侵染。

高温高湿的天气、土壤紧实以及磷肥、钾肥、氮肥和水分供应不足、叶面或根部有水膜等均利于该病的发生。

4. 病害控制

（1）选择抗病草种和品种。培育抗病草种或品种，根据不同地理条件合理选择抗病草种，并进行合理搭配组合种植。

（2）栽培管理。适当、均衡施肥，避免在高温或干旱期间使用含量高的氮肥，增施磷、钾肥。避免在午后或傍晚灌溉，浇水应浇透水，尽量减少灌溉次数，避免造成小气候湿度过大。适当修剪，及时清除枯草层以减少初侵染病菌数量。

（3）化学防治。发病前可使用百菌清、代森锰锌等保护性药剂。发病初期，及时喷药控制。有效药剂有：苯并咪唑类、DMI 类、QoI 类等，但需密切关注抗药性的发展等。

8.1.14 霜霉病（Downy mildew）

霜霉病在我国分布广泛，华东、西北、华北、西南、青藏、台湾地区均有发生。在多种草坪草上普遍发生，造成严重危害。

1. 发生症状

植株矮化、剑叶和穗扭曲畸形，叶色淡绿有黄白色条纹。发病严重时，草坪上出现直径为 1～10cm 的黄色小斑块。在凉爽潮湿条件下，叶面出现白色霜霉状物。病害症状在春末和秋季最为显著，感病草坪在冬季可因受冻而死亡，在炎热干旱时则萎蔫或枯死。

2. 病原

霜霉病的病原为大孢指疫霉［*Sclerophthora macrospora* Thirum. et al.］，属卵菌纲霜霉目指疫霉属，是一种专性寄生菌，可引起多种草坪草的霜霉病。

菌丝体无隔多核，无性世代产生柠檬形的孢子囊，顶端有乳突，有性世代产生卵孢子。

3. 发病规律

病菌以卵孢子在土壤和病残体中越冬，也可以菌丝体在病株上越冬。游动孢子随水流传播侵染宿主。卵孢子在 10～26℃ 条件下均可萌发，但以 19～20℃ 最适宜，发病适宜温度为 15～20℃。冷凉、高湿多雨、低洼积水、大水漫灌等因素均利于病害流行。

4. 病害控制

（1）栽培管理。选择排灌条件好的地块建植草坪，保证灌溉或降雨后能及时排除草坪表面过多的水分。合理施肥，避免偏施氮肥，增施磷、钾肥，促进其健壮生长。及时拔除中心病株。

（2）化学防治。该病是一种流行性较强的病害，应结合预测预报进行预防和治疗。有效药剂有：甲霜灵、精甲霜灵、乙磷铝及 QoI 类等。

8.2 草坪虫害及其防治

8.2.1 草坪昆虫的基本知识

草坪在生长发育过程中，常受到很多动物的危害，这些动物绝大多数是有害昆虫。昆虫属于节肢动物门（Arthropoda）昆虫纲（Insecta），是动物界中种类最多的一类，有 100 万种以上，约占动物界的 2/3，具有种类多、分布广、适应性强、繁殖快等特点。以草坪害虫为研究对象的科学，称为草坪昆虫学。草坪昆虫学是以害虫防治和益虫利用为主的一门应用科学，以昆虫形态学、生物学、分类学、生态学、植物化学保护等作为理论基础，在了解害虫、草坪草和环境之间的有机联系和相互制约的基础上，应用上述基本理论知识和基本技术，采用综合防治措施，安全、经济、有效地将害虫数量控制在经济阈值之下，从而促进草坪的发展。

1. 昆虫的外部形态

昆虫的形态结构讨论的是昆虫体躯的外部形态的结构和功能。昆虫属于节肢动物门六足总纲的昆虫纲，节肢动物门的特征是体躯分节，即由一系列体节组成；有些体节上具有成对而分节的附肢，节肢动物由此而得名。昆虫除具有上述节肢动物门所共有的特征外，还表现在成虫期的如下特征（昆虫纲的特征）：

（1）昆虫身体左右对称并分节，由一系列被有几丁质外壳（外骨骼）的体节组成，体躯分为头部、胸部和腹部三个体段。

（2）头部为取食、感觉联络中心，具有 3 对组成口器的附肢和 1 对触角，通常还具有单眼和复眼。

（3）胸部由 3 个体节组成，由前向后依次为前胸、中胸和后胸，具有 3 对足，足跗节 2～5 节，通常还有 2 对翅，是运动与支撑中心。

（4）腹部是代谢和生殖中心，其中包含有生殖系统和大部分内脏器官，腹末多数具有附肢特化形成的外生殖器，生殖孔位于第 8～9 腹节。

（5）昆虫在生长发育过程中，通常需要经过一系列内部、外部形态的变化（变态），才能转变成性成熟的个体。

2. 昆虫的内部结构和功能

昆虫的外部形态与内脏器官密不可分，它们在机体上是统一的，维持着昆虫机体内外环境的平衡。

（1）体壁：昆虫等节肢动物，其体壁部分硬化，着生肌肉，保护内脏，防止体内水分蒸发，以及微生物和其他有害生物的侵入。体壁上还具有各种感觉器与外界环境取得广泛的联系。昆虫的体壁由里向外可分为底膜、皮细胞层和表皮层三部分。其主要成分为：几丁质、蛋白质、脂类、色素和无机盐类等。昆虫的体壁通常具有不同的色彩，因其形成方式不同可分为色素色（化学色）、结构色（物理色）和结合色（混合色）。

（2）消化系统由消化道和唾腺组成。消化道具有摄取食物、运送食物、消化食物、吸收营养、控制水分平衡、排除、排泄等功能。唾腺具有润滑口器、对食物进行初步消化的功能。

（3）昆虫的循环系统包括背血管、辅搏器、背膈和腹膈、造血器官等，其特点为开放式。昆虫的血液兼有哺乳动物的血液和淋巴液的特点，昆虫血液无运送氧气的功能。

（4）昆虫的排泄器官为马氏管、体壁、消化道、气管系统脂肪体和围心细胞，排泄的废物为二氧化碳、水分、氮素代谢物和无机盐类等。

（5）昆虫的呼吸方式有气门气管呼吸、体壁呼吸、气管鳃呼吸和"物理性腮"呼吸等。

（6）昆虫的神经系统属腹神经索型。在解剖学上可分为中枢神经系统、周缘神经系统和交感神经系统三个部分。

（7）昆虫的生殖系统由外生殖器和内生殖器组成。

（8）昆虫的激素是体内腺体分泌的一种微量化学物质，起着支配昆虫的生长发育和行为活动的作用。按激素的生理作用和作用范围可分为内激素和外激素两类。

3. 昆虫生物学

昆虫的生物学特性即它的种群性，是在长期的历史演化过程中形成的，具有稳定性。但任何物种都处在不断地演变中，所以昆虫的生物学特性又是可变的。

（1）昆虫的生殖方式

昆虫的生殖方式分为以下几种：

① 两性生殖：是昆虫繁殖后代最普通的方式，通过雌雄两性交配，产下受精卵，再发育成新个体的生殖方式。该生殖方式可保持种群不断进化，如棉铃虫。

② 孤雌生殖：孤雌生殖又称为单性生殖，是指雌虫未交配或卵未受精就直接产生新个体的生殖方式。这类昆虫一般没有雄虫或雄虫数量极少，多见于某些粉虱、蓟马等。

③ 多胚生殖：多胚生殖是指由一个卵发育成两个或多个胚胎的生殖方式，多见于寄生蜂类。这种生殖方式可利用少量的生活物质在短期内繁殖更多的后代。

④ 卵胎生：卵胎生是指卵在母体内孵化，直接产出幼虫或若虫的生殖方式，如蚜虫和一些蝇类。卵在母体内可以得到一定的保护，有效地提高了种群的成活率。

（2）昆虫的发育和变态

昆虫的个体发育过程分为胚胎发育和胚后发育两个阶段。胚胎发育是从卵发育成为幼虫（若虫）的发育期，又称卵内发育；胚后发育是从卵孵化后开始至成虫性成熟的整个发育期。胚后发育过程中从幼期（幼虫或若虫）状态改变为成虫状态的现象，称为变态。变态是昆虫胚后发育的主要特征，包括五个变态类型：不全变态、全变态、增节变态、表变态（或称无变态）和原变态。不全变态和全变态是昆虫最主要的变态类型。增节变态、表变态是最原始和比较原始的变态类型，为无翅亚纲昆虫所具有。原变态是有翅亚纲昆虫中最原始的变态类型，仅为蜉蝣目昆虫所具有。

① 不全变态。特点是发育过程中只经历卵—幼虫—成虫三个发育阶段，成虫特征随幼虫生长发育而逐渐显现，成虫和幼虫形态相似，幼虫与成虫区别主要是性器官和翅还未发育完善。不完全变态又可分为半变态、渐变态和过渐变态3个亚型。

② 全变态。有翅亚纲中比较高等的各目所具有，特点是发育过程中要经历卵—幼虫—蛹—成虫四个发育阶段，翅在体壁下发育，不露于体外。幼虫和成虫形态不同，生活习性也有区别。在发育过程中必须经历一个改造幼虫器官为成虫器官的蛹期，如金龟子、蛾类和蝇类等。

卵是个体发育的第一个虫态，也是一个表面不活动的虫态。昆虫的卵较小，但与高等动物的卵相比则相对很大，大多数昆虫的卵长在1～2mm之间。卵的外形也呈现出高度的多样性，一般为卵圆形或肾形，也有的呈桶形、瓶形、纺锤形、半球形、球形、哑铃形，还有一些卵为不规则形。大部分昆虫的卵初产时呈乳白色或淡黄色，以后颜色逐渐加深，呈绿色、红色、褐色等，孵化之前颜色变得更深。

昆虫在卵内发育完成后，紧接着就进入了胚后发育阶段，幼虫期是胚后发育的开始，为昆虫旺盛取食的生长时期。昆虫通过不同途径从卵孵出，如蛾、蝶类的幼虫咬破卵壳而出；蚤有孵化刺，用刺在卵壳上切一条缝破壳而出；而有的昆虫幼虫推开卵盖破卵而出。昆虫从卵中孵化出来时称1龄幼虫，经历第1次蜕皮后成为2龄幼虫，即每蜕皮一次就增加1龄。两次蜕皮之间的时期称为龄期。

蛹是全变态昆虫由幼虫转变为成虫时，必须经过的一个特有的静息虫态。昆虫自化蛹至羽化为成虫所经历的时间称蛹期。根据蛹壳、附肢、翅与体躯的接触情况等，常将昆虫的蛹分为离蛹（裸蛹）、被蛹和围蛹三类。

昆虫从羽化起直到死亡所经历的时间称为成虫期，成虫期的主要任务是繁殖后代。昆虫除了发育时形态的变化外，许多昆虫成虫有雌雄二型和多型现象，例如工蚁和兵蚁；工蜂和蜂王；有翅蚜和无翅蚜；蝴蝶的季节两态性等。

（3）昆虫的世代与生活史

昆虫新个体从离开母体发育到性成熟并产生后代为止的个体发育史称为1个世代。一种昆虫在1年内的发育史称生活年史，也称年生活史。

不同昆虫完成1个世代所需的时间不同，在1年内完成的世代数也不相同。如黏虫1年可发生多代，蚜虫类1年可发生10余代或20~30代，金龟子和华北蝼蛄要2~3年才完成1个世代。

（4）休眠和滞育

休眠是由不良环境条件直接引起的昆虫暂时停止生长发育的现象，当不良环境条件消除后昆虫马上能恢复生长发育。滞育也是由不良环境条件引起的生命活动停滞现象，但通常在不良环境到来之前，昆虫即进入滞育状态，且一旦进入滞育，即使给予最适条件，也不能马上恢复生长发育，因此具有一定的遗传稳定性。

（5）昆虫的主要习性

昆虫的习性包括活动和行为，是昆虫生物学特征的重要组成部分，是昆虫生命活动的综合表现，是长期自然选择的结果，为种内所共有。具体表现在：昆虫活动的昼夜节律、趋性、食性、假死性、群集性和迁移性、拟态和保护色等。昆虫的习性是制定害虫防控策略的重要依据。

4. 昆虫的分类

昆虫种类繁多，全世界约100万种，我国有3万多种。认识昆虫，首先必须逐一加以命名和描述，并按其亲缘关系的远近，归纳成为一个有次序的分类系统，便于正确区分，进而阐明它们之间的系统关系。昆虫分类以形态特征、生物学特性、生态特性、生理特性等为基础，通过共性与个性的对立对比而进行，建立反映演化历史过程的分类系统是分类的核心。昆虫属节肢动物门中的一个纲——昆虫纲，纲下又分为目、科、属、种等主要分类阶元，种是分类基本单元，不同的种具有生殖隔离，因而种又是繁殖单元。每个种都有一个科学名称，称为学名，学名用拉丁文书写，由属名加种名组成，这就是国际上通用的双名法命名制，除属名第一个字母大写外，其余均小写，印刷为斜体。昆虫纲的分目，不同学者分目不同，本教材采用周尧和陈世襄的分类系统，共分34目，其中与草坪植物关系密切的有直翅目、缨翅目、半翅目、同翅目、脉翅目、鞘翅目、双翅目、鳞翅目和膜翅目九个目，还有蛛形纲的一个蜱螨目。

5. 昆虫与环境的关系

研究昆虫与周围环境条件相互关系的科学，称为昆虫生态学。昆虫从环境中吸收物质（食物、水、光和氧等）而获得能量，将新陈代谢的产物释放到环境中，构成环境的一个组成部分。环境是影响有机体的各种生态因子相互作用的总体，各种生态因子间有着密切的联系，共同构成生活环境的特点，综合作用于生物有机体。但各种生态因子对一种昆虫的作用并非同等重要。

昆虫生活的环境是一个错综复杂的总体。按环境本身的性质，可分为非生物因子和生物因子两大类。非生物因子主要是气候条件，即温度（热）、湿度（水）、光照和气流

（风）等，生物因子主要是食物、捕食性和寄生性天敌。

（1）气候因素

气候条件与昆虫生命活动的关系非常密切，气候因素包括温度、湿度、光照和风等。

① 温度。昆虫是变温动物，体温随环境温度的变化而变化。昆虫新陈代谢的速率在很大程度上受环境温度所支配。一般害虫的生长发育最适温度为 22～30℃，温度对昆虫的生长发育、成活、繁殖、分布、活动及寿命等方面都有重要的影响。

② 湿度。湿度的实质是一个水分问题，它对昆虫的影响也是多方面的，不但与昆虫体内水分平衡、体温与活动有关，还可加速或延缓昆虫的生长发育，影响其繁殖与活动等。湿度的主要影响表现在害虫数量的下降上，湿度能显著影响害虫的成活率，如蚜虫、红蜘蛛等常常在干旱的年份和季节发生猖獗。

在自然界中，温度与湿度总是同时存在的，温度和湿度对昆虫的影响以另一方为条件，所以二者是互相影响，综合作用于昆虫的。

③ 光照。光照对害虫的作用主要包括太阳光的辐射热和光的波长，光照强度的变化能影响害虫的昼夜节律、交尾、产卵、取食、栖息、迁飞等行为。一些昆虫对一定波长的光有趋向性，可以利用昆虫的这种习性用灯光诱杀害虫。

④ 风。风可影响昆虫的迁移、扩散。我国的黏虫可以随季风的活动，春季从南向北，秋季从北向南迁飞，褐飞虱、草地螟和斜纹夜蛾等具迁飞性的害虫也受风的影响。

（2）生物因素

生物因素主要包括食物、天敌和人类活动三大类。

① 食物。昆虫对寄主植物是有选择性的，不同种类的昆虫，其取食范围的大小有所不同，可以是几种、十几种，甚至上百种，但最喜食的植物种类不多。取食最喜食植物时，昆虫发育速度快、死亡率低、繁殖力强，据此可将昆虫分为单食性昆虫、寡食性昆虫和多食性昆虫。另一方面，植物并不是完全被动被取食，在长期演化过程中，产生了多方面的抗虫特性，如不选择性、抗生性和耐害性等。

② 天敌。天敌包括昆虫病原微生物、食虫昆虫和食虫鸟类等其他动物。

③ 人类活动。人类的活动对害虫的发生、生活等同样具有很大影响。如虫情调查不及时，长期使用单一化学农药防治虫害，以及大量杀伤天敌等都会使虫害加重。

（3）土壤

土壤是昆虫重要的生活环境，是许多昆虫终生生活的场所，大量地上生活的昆虫也有个别虫期生存于土壤中，如黏虫和棉铃虫等许多夜蛾类的蛹期。土壤对昆虫的影响主要在其物理和化学特性两个方面。土壤中温湿度的变化、通风状况、水分及有机质含量等不同，对昆虫的适生性影响各异，如蛴螬喜欢较黏重、有机质多的土壤，蝼蛄则喜欢沙质的疏松土壤。有些昆虫对土壤的酸碱度及含盐量有一定的选择性。

6. 害虫调查与预报技术

草坪害虫的防治，首先必须掌握种群在时间上和空间上的数量变化，在虫情调查的基础上，对调查数据进行统计与分析，做出正确的虫情分析与判断，这是进行害虫预测预报和防治的基础。

（1）害虫的调查

害虫因种类或虫期不同，危害部位和分布型也有差异。在实际调查中，根据调查的目的、任务与对象，通常采用普查和详细调查相结合。调查取样方法按组织方式的不同，可分为分级取样（巢式抽样）、双重取样（间接取样）、典型取样（主观取样）、分段取样（或阶层取样、分层取样）、随机取样，取样单位常用的有长度、面积、重量、时间、植株或植株上部分器官或部位、器械等。调查内容为：生境调查、害虫调查、天敌调查和害情调查等。

（2）害虫的预测预报

根据预测时间的长短不同可分为短期预测、中期预测和长期预测。根据预测预报的内容不同可分为发生期预测、发生量预测、迁飞害虫预测和为害程度预测。常用的预测方法有历期法、期距法、物候预测法、有效积温预测法、经验指数法、形态指标法、气候图法、基数推算法、回归预测法等。

8.2.2 草坪害虫的防治原理与方法

1. 害虫的防治原理

防治害虫的根本目的是调控害虫的种群数量，将其种群数量控制在经济阈值（即防治指标）以下。主要途径有控制草坪生态系统中生物群落的物种组成，尽可能减少草坪生态系统中害虫的种类，增加有益生物的种类；对已有的害虫采用适当的方法，压低害虫的种群基数、恶化其生存繁殖环境或直接消灭害虫，有效地控制害虫的种群数量；创造有利于草坪草生长的条件，控制害虫危害造成的经济损失。总的要求是贯彻"预防为主，综合防治"的方针，协调运用多种防治措施，实现草坪害虫的可持续治理。

2. 害虫的防治指标

害虫是否达到防治指标是由经济利益决定的，如果采取防治措施后所挽回的经济损失等于或小于防治费用时，就不必防治，只有防治收益大于防治费用时才应该防治。因此，防治指标应该是一个动态指标。由于不同用途草坪的功能不同，对管理水平的要求各异，其防治指标必然不同，高标准高尔夫球场和运动场上的草坪害虫与一般公路护坡草坪的害虫防治指标是不一样的。

3. 害虫的防治方法

从生态系统的整体观点出发，本着预防为主的指导思想和安全、有效、经济、简便的原则，因地因时制宜，合理运用农业的、生物的、化学的、物理的方法，以及其他有效的生态学手段，把害虫控制在不足危害的水平，以达到保护人畜健康和增产的目的。害虫的主要防治方法有以下几类：

（1）植物检疫。植物检疫是根据政府制定与颁布的法规，由检疫部门对国外或国内地区间引进或输出的种子、苗木进行检疫，防止危险性病、虫、杂草种子输入。

（2）农业防治（栽培措施防治）。农业防治方法是在全面认识和掌握害虫、草坪植物与环境条件三者之间相互关系的基础上，与常规的草坪管理措施相结合，运用各种栽培管理措施，压低害虫种群数量，增强草坪的抗虫能力，创造有利于草坪草生长发育而不利于害虫发生的环境条件。该法简便、易行、经济、安全，但有时速度较慢，且必须符合草坪栽培方面的要求。

（3）物理防治。物理防治是利用害虫对光和化学物质的趋向性以及温度的改变等来防治害虫。如用黑光灯诱杀某些夜蛾和金龟子；用糖醋液诱杀地老虎和黏虫成虫；用高温或低温杀灭种子携带的害虫等。在一定条件下，人工捕捉害虫也是一种有效的措施，如在虫量少时捡拾金龟子、蛴螬、地老虎、金针虫和蝼蛄等。

（4）生物防治。生物防治是应用有益生物及其产物防治害虫的方法。如保护、繁殖和引进天敌昆虫，利用病原微生物及其产物防治害虫，以及利用植物杀虫物质防治害虫等。生物防治的优点是不污染环境、对人畜安全、可达到长期的防治效果。但目前作为主要措施成功用于防治草坪害虫的实例不多。

（5）化学防治。化学防治是用化学农药防治害虫的方法。化学防治具有高效、快速、经济和使用方便等优点，是目前防治害虫的主要方法。在虫害发生严重时，化学防治是唯一有效的杀灭措施，但也存在容易杀伤天敌、污染环境、使害虫产生抗药性和引起人畜中毒等缺点。因此，要尽量限制和减少化学农药的用量及使用范围，做到科学合理用药。

对草坪有害生物进行科学管理，根据有害生物和环境之间的相互关系，充分发挥自然因素的控制作用，因地制宜地协调应用必要的措施，将有害生物控制在经济阈值以下，以获得最佳的经济、社会和生态效益。

8.2.3 草坪主要害虫的发生与防治

1. 草坪根部和根茎部害虫及其防治

根部和根茎部害虫也称地下害虫，指生活史的全部或大部分时间在土壤中生活，主要危害草坪草的地下部分（如种子、根、茎等）和近地面部分的一类害虫，亦称土壤害虫（soil insect）。我国已知320余种，分属于昆虫纲8目38科。全国各地均有发生，其中北方重于南方，旱地重于水地，尤以黄淮流域中下游地区发生危害最为严重。危害草坪的地下害虫主要有金龟甲类、金针虫类、蝼蛄类、地老虎类、拟步甲类和土蟒类等。以蛴螬、金针虫、蝼蛄、地老虎等的危害最重，面积广，具有常发性、灾害性。

1）蛴螬类

蛴螬是鞘翅目（Coleoptera）金龟甲总科（Scarabaeoidae）幼虫的统称，其成虫通常称金龟甲或金龟子。蛴螬体近圆筒形，常弯曲成C形，乳白色，密被棕褐色细毛，尾部颜色较深，头橙黄色或黄褐色，有胸足3对。其食性广泛，有植食性、腐食性和粪食性等。植食性部分属害虫的种类，在地下害虫中是种类最多，分布最广，危害最重的一个类群。

世界上有记载的金龟子总科有3.5万余种，我国记载有1800多种，其中危害农、林、牧草等的有100多种，最主要的有：东北大黑鳃金龟（*Holotrichia diomphalia* Bates）：主要分布于东北；华北大黑鳃金龟（*H. oblita* Faldermann）：主要分布华北及河南、山东等；华南大黑鳃金龟（*H. sauteri* Moser）：分布于东南沿海的福建、江西等；江南大黑鳃金龟（*H. gebleri* Faldermann）：分布于江苏、安徽、浙江等；暗黑鳃金龟（*H. parallela* Motschulsky）：除西藏、新疆外遍布全国，是华北、西南地区的主要种类；黑绒鳃金龟（*Maladera orientalis* Motschulsky）：主要分布于北方；铜绿丽金龟（*Anomala corpulenta* Motschulsky）：除西藏、新疆外遍布全国，以气候湿润的果、林木区多发生。

其次为苹毛丽金龟、白星花金龟、茸喙丽金龟、黄褐丽金龟、中华弧丽金龟，还有蓝光丽金龟、鲜黄鳃金龟等金龟甲类害虫。

金龟子的食性很杂，可以危害粮食作物、油料作物、棉麻作物、薯类、蔬菜、果树、林木、中草药、花卉、草坪、牧草、糖料作物等。危害形式主要以幼虫其取食萌发的种子、咬断幼苗的根、茎等，使之不能发芽，生长受到抑制甚至死亡，轻则造成缺苗断垄，重则毁种绝收。幼虫的典型危害症状是植物的根、茎处断口平截整齐。成虫亦喜食作物、林果（如杨、榆、柳、苹果、梨等）的叶片、花蕾等，但很少造成危害。成虫不吃草坪草，对草坪没有直接的危害。

蛴螬取食草坪草的根部，在危害严重时，草坪草萎枯、变为黄褐色，大面积斑秃，甚至死亡（图 8-2）。被咬断根系的草皮很容易被掀起，可以像卷草皮卷一样把大片草皮卷起来，这时在草根部土层及地面上能见到许多蛴螬。这种状况下的虫口密度可达 100 头/m² 左右，甚至可以高达 160 头/m²。

图 8-2 蛴螬（左）及危害状（右）

防治蛴螬，目前仍以化学防治为主，辛硫磷是常用的有效药剂。加强水肥管理，促进根系生长，可提高抗虫能力。也可结合补草工作进行人工捡拾。

2）金针虫类

金针虫是鞘翅目（Coleoptera）叩头甲科（Elateridae）幼虫的总称（图 8-3）。金针虫身体细长，圆柱形略扁；颜色多数为黄色或黄褐色；体壁光滑、坚韧，头和体末节坚硬；无上唇。成虫体狭长，末端尖削，略扁；多暗色；头紧镶在前胸上，前胸背板后侧角突出成锐刺，前胸与中胸间有能活动的关节，当捉住其腹部时，能做叩头状活动。世界上已知 8000 多种，我国记载有 600～700 种，在我国从南到北分布很广，是一类危害草坪的重要害虫，其中危害性较大的有：

图 8-3 金针虫

沟金针虫（*Pleonomus canaliculatus* Faldermann）主要分布于华北、东北、西北的陕、甘、青和长江以北的旱作平原，以有机质较少且较疏松的粉沙壤土和粉沙黏壤土发生较重。以前是优势种，但随着灌溉条件的不断改善，目前大部分地区已不是优势种。

细胸金针虫（*Agriotes fuscicollis* Miwa）主要分布于华北、东北、西北及黄淮以北流域，以有机质较多的黏土水浇地或低洼湿地发生较重，是目前大部分地区优势种。

此外，北方常见的还有褐纹金针虫（*Melanotus caudex* Lewis）、宽背金针虫（*Selatosomus latus* Fabricius）等。

金针虫的食性杂，能危害多种植物。成虫地上活动时间短，仅取食一些植物的嫩叶，危害性不大，主要以幼虫危害植物的地下部分，如咬食刚播下的种子，危害胚乳使之不能发芽，咬食植物的须根、主根或地下茎使之枯死。一般主根很少被咬断，受害部位不整齐，呈丝状，这是判断金针虫危害的典型特征之一。

金针虫类的生活史很长，常需 2～5 年才能完成 1 代，田间终年存在不同龄期的幼虫，以各龄幼虫或成虫在地下越冬，越冬深度因地区和虫态不同，在 20～85cm 之间。在整个生活史中，以幼虫期最长。

金针虫在春季当 10cm 土温上升至 19℃时，开始上升活动，一般 4 月份危害最盛，当 10cm 土温高于 19℃时，即向下潜伏，秋季土温降至 18℃时又返回表层危害。沟金针虫多分布于长江流域以北地区，喜欢在有机质较少的沙壤土中生活。细胸金针虫分布于淮河流域以北地区，喜在灌溉条件较好、有机质较多的黏性土壤中生活。这两种金针虫均喜欢在土温 11～19℃的环境中生活，在 4 月和 9、10 月份危害严重，咬食草坪草根部和分蘖节，也可钻入茎内危害，使植株枯萎，甚至死亡。

金针虫对草坪草的危害状况和危害时期与蛴螬相似，可与蛴螬同时进行调查。

3）蝼蛄类

蝼蛄属直翅目（Orthoptera），蝼蛄科（Gryllotalpidae）。全世界已知种类约 40 种，我国记载仅有 6 种，是危害草坪的常见地下害虫，主要种类有：

东方蝼蛄（非洲蝼蛄）（*Gryllotalpa orientalis* Burmeister）是世界性大害虫，亚洲、非洲、欧洲、大洋洲普遍发生。国内属全国性害虫，但以南方受害较重。

华北蝼蛄（*G. unispina* Saussure）（图 8-4）在国外主要分布于蒙古、俄罗斯和土耳其等国，国内主要分布于华北、东北、西北、华东地区，以北方受害较重。

普通蝼蛄（欧洲蝼蛄）（*G. gryllotalpa* Linnaeus）国外主要分布于欧洲等地，我国主要分布于新疆局部地区。

台湾蝼蛄（*G. formosana* Shiraki）主要分布于我国台湾、广东、广西。

图 8-4　华北蝼蛄

蝼蛄的食性杂，成虫和若虫均可取食多种植物的嫩茎和地下部分。对草坪的危害表现为咬食草籽、草根和嫩茎，把茎秆咬断或扒成乱麻状，由于它们来往窜行，造成纵横隧道，可使草坪草大片萎蔫或枯死。

华北蝼蛄完成 1 个世代需 3 年左右，其中卵期短，若虫期 2 年左右，成虫期 1 年以上。东方蝼蛄，在我国南方 1 年完成 1 个世代，卵期短，若虫期半年到 1 年，在华北、西北、东北需 2 年完成 1 个世代。几种蝼蛄均昼伏夜出，21～23h 为活动取食高峰时段。

蝼蛄的初孵若虫有群集性，怕光、怕风、怕水。成虫具强烈的趋光性，故可用灯光诱杀。蝼蛄对香、甜等物质特别嗜好，喜好煮至半熟的谷子、稗子、炒香的豆饼、麦麸等，可制成毒饵进行诱杀。蝼蛄对马粪等未腐烂的有机质有趋性，在堆积马粪以及有机质丰富的地方蝼蛄较多，可用鲜马粪进行诱杀。俗话说"蝼蛄跑湿不跑干"，蝼蛄喜欢在潮湿的土中生活，非洲蝼蛄比华北蝼蛄更喜湿。蝼蛄对产卵地也有选择性，非洲蝼蛄多在沿河、池埂、沟渠附近产卵，华北蝼蛄多在干燥向阳、松软的土壤中产卵。

蝼蛄的分布和密度极大地受土壤类型的影响，盐碱地虫口密度大，壤土地次之，黏土地最小；水浇地虫口密度大于旱地，而我国台湾蝼蛄则以干燥地区发生最多。

蝼蛄活动受温度（特别是土温）的影响很大。在春、秋两季，当旬平均气温和20cm土温均达16～20℃时，是蝼蛄危害猖獗时期。在一年中两种蝼蛄均可形成春季危害高峰和秋季危害高峰。夏季气温达23℃以上时，两种蝼蛄则潜入较深层土中，一旦气温降低，两种蝼蛄再上升至耕作层活动。

4）地老虎类

地老虎是鳞翅目（Lepidoptera）夜蛾科（Noctuidae）切根夜蛾亚科（Agrotinae）的昆虫，我国已记载的种类达170多种，可造成危害的约有20种。在我国，危害草坪的地老虎主要是小地老虎（图8-5）、黄地老虎（图8-6）和大地老虎。

图 8-5　小地老虎幼虫（左）和成虫（右）

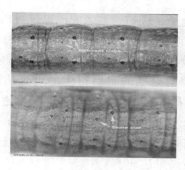

图 8-6　黄地老虎幼虫（左）和成虫（右）

小地老虎（*Agrotis ypsilon* Rottemberg）是遍布全球的世界性大害虫，国内各省均有分布，其中以雨量充沛、气候湿润的长江流域与东南沿海发生较重，广大内陆地区以沿湖、河及低洼内涝、土壤湿润杂草多的杂谷区和粮棉间种地区发生最重。

黄地老虎（*A. segetum* Schiffermüller）广泛分布于亚、非、欧各洲，国内华北、东北、西北及长江流域均有发生，过去以西北高原的旱地发生较重，近年来在华北和长江下游地区发生严重。

大地老虎（*A. tokionis* Butler）分布亦广，常与小地老虎混合发生，以长江沿岸地区发生较重。

地老虎食性杂，以幼虫取食危害多种作物和杂草等。其危害有别于其他地下害虫，1~2 龄初孵幼虫昼、夜活动，主要在地上危害草坪草的心叶或嫩叶，将心叶咬成针孔状，叶片展开后呈筛孔或排孔状；3 龄后昼伏夜出，幼虫白天潜入草坪草根部附近的表土干、湿层间，夜间或清晨危害草坪草，常把嫩茎或叶柄咬断，并将幼苗拉入土中取食，使幼苗死亡，严重危害时，草坪呈现"斑秃"状。其典型危害状是嫩茎有缺口或整株切口。

成虫昼伏夜出，有很强的趋光性与趋化性。幼虫一般有 6 龄，1、2 龄幼虫一般栖息于土表或寄主植物的叶背和心叶中，昼夜活动，3 龄以后白天入土约 2cm 处潜伏，夜出活动。地老虎喜温暖潮湿的环境，一般以春、秋两季危害较重。主要天敌有中华广肩步甲和螟蛉绒茧蜂等。

5）草坪草根部与根茎部害虫的综合治理

草坪地下害虫较难防治，应"三查三定"（查：大小、密度、深浅；定：防治面积、时间、方法），防治原则以预防为主，综合治理；采取地下害虫地上治，成虫、幼虫综合治，田内田外选择治；防治指标：蝼蛄 80 头/亩，蛴螬 2000 头/亩，金针虫 3000 头/亩，混合发生时 1500~2000 头/亩。

（1）农业防治

深翻，机械杀伤，暴晒，鸟雀啄食虫卵；铲平沟坎荒坡，消灭滋生地；合理施肥，施用腐熟的有机肥，否则易招引金龟甲、蝼蛄产卵；春、夏适时灌水，使上升到土表的地下害虫下潜或死亡。

（2）物理防治

可利用金龟子的假死性对其进行捕杀。可在仲夏成虫出现时用食物诱捕，用不同性别的成虫或信息素作为诱饵来诱捕。

利用黑灯光对暗黑金龟子、铜绿金龟子、蝼蛄、地老虎成虫进行诱杀。

（3）生物防治

草坪草根部与根茎部害虫的自然天敌很多，有时可被大量的寄生蜂寄生，可减少害虫数量。据调查发现，有的年份臀钩土蜂对蛴螬的自然寄生率可高达 45%。用金龟子芽孢杆菌 30 万亿/hm^2 芽孢，拌适量土翻撒于土中防治蛴螬感染率可达 70%；金龟子绿僵菌以 2.4×10^8 个孢子/mL 喷洒，对金龟子幼虫的感病率达 90.2%；如斯氏线虫、异小杆线虫等，150 亿~450 亿条/hm^2，防效达 76%~100%。2 亿活孢子/g 金龟子绿僵菌 CQMa421 颗粒剂对地老虎的防效率最高可达 90%。

（4）化学防治

① 种子处理。用 50% 辛硫磷乳油、25% 辛硫磷微囊缓释剂、20% 或 40% 甲基异柳磷乳油等按种子重量的 1%~2% 稀释 50~100 倍拌种，可有效防治苗期的蛴螬、蝼蛄、金针虫等害虫。

② 土壤处理。在播种与害虫发生危害之间历时较长情况下，应考虑进行土壤处理（即撒施毒土），目前常用的土壤处理药剂种类及施用方法如下：50% 辛硫磷乳油、48% 乐斯本乳油、40% 甲基异柳磷乳油 3750~4500mL/hm^2，稀释 10 倍，喷在 375~450kg 的细沙土上制成毒土，撒施于草坪；5% 辛硫磷颗粒剂、3% 甲基异柳磷颗粒剂、3% 呋

嘀丹颗粒剂 37.5～45kg/hm²混 375～450kg 的细沙土撒施；浇灌使用与制毒土相同的药剂，用药 5250～7500mL/hm²，稀释 1000～1500 倍浇灌。

③ 喷雾法。对金龟子及在地面危害的地老虎、蝼蛄等，可将上述药剂稀释 1000～1500 倍对草坪及其他取食活动场所进行喷雾。

④ 食物诱杀。对于蝼蛄可用辛硫磷毒谷、对硫磷毒谷、甲基异柳磷毒谷诱杀。其具体做法是：先将 15kg 谷子、稗子或秕谷子加适量水，煮成半熟，稍晾干，选用上述任一药剂 0.5kg，加水 0.5kg 与 15kg 煮好晾干的饵料混匀后随播种撒施。防治地老虎可用 90％敌百虫 7.5kg 用水稀释 5～10 倍，喷拌于碎鲜菜叶等，傍晚堆撒在草坪上诱杀，每公顷毒草 300kg。在有条件的地方可用豆饼、油渣、棉籽饼、麦麸作饵料，用粉碎的豆饼等 30～37.5kg 炒香后与 50％辛硫磷或马拉硫磷 750g 稀释 5～10 倍的药液喷拌均匀，也可用 90％敌百虫 15kg 混匀，按每公顷 30～37.5kg 的毒饵撒入草坪中。

2. 草坪茎叶部害虫及其防治

茎叶部害虫是以危害草坪草茎和叶为主的一类害虫。这类害虫有的以咀嚼式口器蚕食茎、叶，将受害部位食成孔洞、缺刻，甚至吃光，对草坪危害极大，如蝗虫、夜蛾、螟蛾和叶甲等。有的以刺吸式口器吸食寄主汁液，使其受害组织褪绿、发黄（白）、卷缩、萎蔫，甚至整株枯死，如蚜虫、蓟马、叶蝉和飞虱等。

1）食茎叶害虫

（1）蝗虫类

属直翅目（Orthoptera）蝗总科（locust），是草坪常见害虫。全世界已知种类 1 万多种，其中我国有 650 种以上。数千年来，蝗虫是我国农业生产上最严重的自然灾害之一，与水、旱灾并称为三大自然灾害。蝗灾是一种跨地区、跨国家发生的生物灾害，东亚飞蝗、亚洲飞蝗是引发我国蝗灾的重要害虫，具有突发性、迁移性和毁灭性的特点。蝗虫包括土蝗和飞蝗，较常见的土蝗种类有中华蚱蜢（*Acrida cinerea* Thunberg）、短额负蝗（*Atractomorpha sinensis* I. Bolira）、笨蝗（*Haplotropis brunneriana* Saussure）、黄胫小车蝗（*Oedaleus infernalis* Saussure）、中华稻蝗（*Oxya chinensis* Thunberg），较重要的飞蝗种类有东亚飞蝗（*Locusta migratoria manilensis* Meyen）（图 8-7）。

图 8-7　群居型（左）和散居型（右）东亚飞蝗

蝗虫食性很广，可取食多种植物，但较嗜好禾本科和莎草科植物，喜食禾本科草坪草，成虫和若虫（蝗蝻）蚕食草叶和嫩茎，也咬食其根部，严重时可将草坪草全部吃光。

蝗虫一般每年发生 1～2 代，绝大多数以卵块在土中越冬。一般冬暖或雪多情况下，地温较高，利于蝗卵越冬，4～5月份温度偏高，卵发育速度快，孵化早。秋季气温高，利于成虫繁殖危害。多雨年份，土壤湿度过大，蝗卵和幼蝻死亡率高。干旱年份，在管理粗放的草坪上，土蝗、飞蝗则混合发生危害和产卵。蝗虫天敌较多，主要有鸟类、蛙类、家禽类、螨类和病原微生物，5月下旬，蝗螨对笨蝗的寄生率可达92％。

（2）夜蛾类

① 黏虫（*Leucania separata* Walker）

黏虫是鳞翅目夜蛾科（Noctuidae）昆虫，又名行军虫，是世界性禾本科植物的大害虫。黏虫在我国除西藏和新疆尚无报道外，其他各地均有分布，是一种暴食性害虫，以幼虫食叶为害，严重时常把植物叶片吃光，甚至整片光秃，使禾本科草坪失去观赏和利用价值。黏虫主要危害狗牙根、早熟禾、剪股颖、黑麦草、高羊茅等禾本科草坪草，危害后草坪出现大小不等的萎蔫斑块，并逐渐扩大。此外，还有劳氏黏虫（*Leucania loreyi* Duponchel）和白脉黏虫（*Leucanla venalba* Moore）。三种黏虫常混杂发生，一般以黏虫最为重要，有时大量的黏虫幼虫会突然出现，危害草坪。

黏虫无滞育现象，只要条件适宜，可连续繁殖和生长发育。因此，每年发生的世代数和发生期因地区和气候的变化而异，我国由南至北每年发生2～8代。成虫羽化后需进行补充营养，取食花蜜以及蚜虫等分泌的蜜露、腐烂果汁及淀粉发酵液等。黏虫对糖醋液的趋性很强，利用这一特点，可设置糖醋液盆，诱测成虫的发生情况。成虫昼伏夜出，白天潜伏于草丛、墙缝中，夜晚出来活动，进行交尾、取食、产卵等，卵多产于作物端部与下部枯叶或叶鞘中。成虫具有远距离迁飞能力，一次可飞行500km左右。据研究，黏虫成虫每年在南方6～8代虫源区与北方2～3代区迁飞，在南方虫源地进行越冬。

黏虫幼虫的食性很杂，主要危害禾本科草和作物。1、2龄幼虫白天隐藏于草的心叶或叶鞘中，晚间取食叶肉，形成麻布眼状的小条斑（不咬穿下表皮）。3龄后将叶缘咬成缺刻状，此时有假死和潜入土中的习性。6龄为暴食期，能吃光叶片，食量为整个幼虫期食量的90％以上。该期幼虫的抗药性也比2～3龄幼虫高10倍左右。因此化学防治必须在低龄阶段进行。幼虫老熟后喜欢在含水率15％左右的松土中化蛹。虫口密度大时可把整块草坪吃光，并且幼虫会成群结队的由一块田向另一块田转移为害。

黏虫属间歇性爆发的害虫，防治关键是要做好预测预报工作。

② 斜纹夜蛾（*Spodoptera litura* Fabr）

斜纹夜蛾是鳞翅目夜蛾科（Noctuidae）昆虫，为全世界分布广泛，是一种多食性害虫。1年发生多代，在东北和华北地区4～5代，华南地区7～8代。该虫喜温暖潮湿环境，多在7～10月发生，而以8、9月危害最重。成虫有趋化性和趋光性。初孵幼虫群集叶片背面，取食叶肉；2龄后分散，4龄后的幼虫白天躲在草坪草基部或土缝中，傍晚出来取食，且幼虫有假死性。老熟幼虫入土1～2cm化蛹。

幼虫3龄以前取食叶肉，叶片呈现白纱状斑，4龄进入暴食期，将叶片咬成缺刻状，甚至把叶片吃光，并排出大量虫粪，污染草坪。斜纹夜蛾为爆发性害虫，应做好预测预报工作，在3龄前进行化学防治。

（3）螟蛾类

螟蛾类属鳞翅目螟蛾科。危害草坪草的螟蛾主要有草地螟（*Loxostege sticticalis*

Linnaeus)、稻纵卷叶螟（*Cnaphalocrocis merdinalis* Guen）、二化螟［*Chilo suppres-salis*（Walk）］、大草螟（*Pediasia trisectus*）、麦牧野螟（*Nomophila noctuella* Schiffermuller et Denis）等，在我国北方普遍发生的是草地螟。

草地螟也称甜菜网野螟，是鳞翅目螟蛾科（Pyralidae）昆虫。国外主要分布于欧、亚、北美 34°～54°N 间的森林及草原带，我国主要分布在东北、西北、华北及内蒙古自治区等农、牧交错带地区，是一种草原性、杂食性、间歇爆发性迁飞害虫。中华人民共和国成立后，第 1 次（1953—1959）在内蒙古自治区、山西、黑龙江、陕西等省大发生；第 2 次（1979—1980）在西北、华北、东北等地区连续大发生，1982 年特大发生；第 3 次自 1995 年起，其种群数量再次急剧上升，发生面积逐年扩大，进入又一个大的发生周期。1997—1998 年在华北、东北两地爆发成灾，主要集中在内蒙古自治区、山西、河北及东北各省。

草地螟食性广，可取食 35 科 200 多种植物，主要取食危害的草坪草有早熟禾、细叶羊茅、剪股颖、黑麦草等，初孵幼虫取食幼叶的叶肉，残留表皮，常在植株上结网躲藏，3 龄后食量大增，可将叶片吃成缺刻、孔洞，仅残留网状的叶脉，受害草坪地上部分出现蚕食状，周围有虫粪，常出现逐渐连片的萎蔫小斑块，颜色逐渐变为褐色，受害斑块上有鸟觅食留下的小孔洞，黄昏时可发现低飞的灰蛾。草地螟在我国北方一年发生 2～4 代。成虫昼伏夜出，趋光性很强，有群集远距离迁飞的习性。幼虫发生期在 6～9 月。初孵幼虫集中于幼嫩叶片上结网潜藏（故称"网虫"），取食叶肉，3 龄以后食量大增，咬食叶片。幼虫活泼、性暴烈，稍被触动即可跳跃，高龄幼虫有群集迁移习性。幼虫最适发育温度为 25～30℃，高温多雨环境有利于其发生。

（4）叶甲类

叶甲类属鞘翅目叶甲科（Chrysomelidae），成虫和幼虫均可不同程度危害草坪植物。危害草坪的叶甲类害虫主要有粟茎跳甲（*Chaetocnema ingenua* Baly）、麦茎跳甲［*Apophylia thalassina*（Faldm）］和黄曲条跳甲［*Phyllotreta striolata*（Fabr.）］等，在我国北方普遍分布。叶甲类害虫以成虫食叶为主，常造成草坪草叶片出现孔洞、缺刻和白色条斑，严重时可将叶片全部吃光。幼虫危害根部，剥食根部表皮，在根表面蛀成许多环状虫道。

（5）秆蝇类

秆蝇类属双翅目黄潜蝇科（Chloropidae），在我国，危害草坪草的主要有麦秆蝇（*Meromyza saltatrix* Linnaeus）和瑞典秆蝇［*Oscinella frit*（Linnaeus）］。秆蝇分布较广，可危害多种草坪草和牧草如黑麦草、雀麦、早熟禾、披碱草、大麦草、赖草和绿毛鹅冠草等，幼虫从叶鞘与茎间潜入，取食心叶基部和生长点，使心叶外露部分干枯变黄，成为枯心苗。

（6）食茎叶害虫的综合治理

① 物理防治

利用黑灯光可对黏虫、斜纹夜蛾、草地螟和蝗虫等成虫进行诱杀。

② 生物防治

草坪草食茎叶害虫的天敌很多，如蝗虫天敌有鸟类、蛙类、益虫、螨类和病原微生物等，黏虫的天敌有蛙类、线虫、寄生蜂、寄生蝇、金星步甲、菌类及多角病毒等，保护利用好天敌可发挥较大控制作用，如 5 月下旬，蝗螨对笨蝗的寄生率可达 92％。还可用微生物农药（如含孢量 80 亿～100 亿/g 的 Bt 菌粉或青虫菌菌粉 500～1000 倍液喷雾）及生物代谢产物（如 1.8％阿维菌素乳油）等进行防治。

③ 化学防治

a. 诱杀成虫。利用黏虫等蛾类成虫对糖醋液的趋性在成虫数量开始上升时，用糖醋液诱杀成虫。糖醋液的配制方法同地老虎防治方法，每 5～7 天换 1 次。还可用活雌蛾、雌蛾腹末粗提物或合成性诱剂诱芯进行诱杀。

b. 药剂防治。幼虫在 3 龄以前是防治适期。可用 2.5％敌百虫粉剂、35％甲敌粉、5％杀螟松粉以 22.5～30kg/hm² 喷粉；也可用 90％敌百虫晶体、50％辛硫磷乳油、50％杀螟松乳油、20％灭幼脲悬浮剂 1000 倍液或 50％西维因可湿性粉剂 200～300 倍或 2.5％溴氢菊酯、5％氯氰菊酯 2000～3000 倍液 750～1500kg/hm² 喷雾。

2）刺吸类害虫及其防治

刺吸类害虫主要危害草坪草茎叶，以刺吸式口器吸食宿主汁液，使受害组织褪绿、发黄（白）、卷缩、萎蔫，甚至整株枯死。

（1）蚜虫类

蚜虫（Aphids）属同翅目（Homoptera）蚜科（Aphididae）。危害草坪草的蚜虫主要有麦长管蚜（*Macrosiphum avenae* Fabricius）、麦二叉蚜（*Schizaphis graminum* Rondani）（图 8-8）和禾谷缢管蚜（*Rhopalosiphum padi* L.）（图 8-9）等。这三种蚜虫在我国各地均有发生，1 年可发生 10～20 代以上。在生活过程中可出现卵、若蚜、无翅成蚜和有翅成蚜等。在生长季节，以单性胎生进行繁殖。每年春季与秋季可出现蚜量高峰。蚜虫以成、若虫刺吸麦类、禾本科草坪草、牧草和其他杂草的叶片汁液，吸取寄主的营养和水分，影响寄主的正常生长和发育，严重时导致寄主生长停滞，最后枯萎，可传播病毒病。

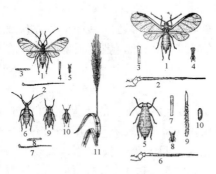

图 8-8 麦二叉蚜

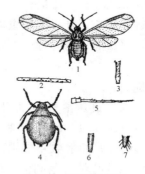

图 8-9 禾谷缢管蚜

蚜虫的天敌有瓢虫、草蛉、食蚜蝇、蚜茧蜂和蚜小蜂等，应注意保护和利用。

（2）蝽类

蝽类属半翅目（Hemiptera），危害草坪的蝽类主要有盲蝽科（Miridae）、土蝽科（Cydnidae）、蝽科（Pentatomidae）和缘蝽科（Coreidae），多为小型种类。

危害草坪草的盲蝽主要有 6 种：绿盲蝽（*Apolygus lucorμm* Meyer-Dür）、三点盲蝽（*Adelphocoris taeniphorus* Reuter）、苜蓿盲蝽（*A. lineolatus* Goeze）、中黑盲蝽

（*A. suturalis* Jakovlev）、牧草盲蝽（*Lygus pratensis* L.）和赤须盲蝽（*Trigonotylus ruficornis* Geoffrof）。绿盲蝽分布最广，北起黑龙江，南至广东，西迄青海，东达沿海各地，无论南北均有分布。三点盲蝽分布于辽宁及华北、西北等地，新疆和长江流域较少。苜蓿盲蝽分布于东北、内蒙古、新疆、甘肃、河北、山东、江苏、浙江、江西和湖南的北部，属偏北方种类。中黑盲蝽为偏北种类，黑龙江以南、甘肃以东，江西、湖南以北及沿海各省均有分布，以陕西、湖北、安徽、江苏、浙江等地数量较多。牧草盲蝽分布于西北、华北、东北等地区。赤须盲蝽主要分布在青海、甘肃、宁夏、内蒙古、吉林、黑龙江、辽宁、河北等地。危害草坪的土蝽主要是麦根土蝽（*Stibaropus formosaus* Takado et Yamagihara），分布于西北、华北、华东和东北等地区，在陕西、河南、山东、辽宁西部等地危害较重。此外，危害草坪草的蝽类还有蝽科稻绿蝽（*Nezara viridula* Linnaeus）和稻黑蝽（*Scotinophara lurida* Burmeister）及缘蝽科的大稻缘蝽（*Leptocorisa acuta* Thunberg）。

危害草坪的蝽类一年发生3～5代，在宿主草坪草的茎、叶上或组织内产卵越冬。成虫与若虫均以刺吸式口器危害，受害的茎、叶上出现褪绿斑点，严重受害的植株，叶片是灰白色或枯黄色。它们都是杂食性害虫，寄主范围广泛，除危害草坪外，还可危害其他作物。

根据草坪草受害的明显程度及虫口数量确定是否防治，若虫期为最适防治时期。

（3）叶蝉类

叶蝉属同翅目叶蝉科（Cicadellidae），草坪上常见的叶蝉有大青叶蝉（*Cicadella viridis* Linnaeus）、黑尾叶蝉（*Nephotettix cincticeps* Uhler）、二点叶蝉（*Cicadula fascifrons* Stal）、棉叶蝉（*Empoasca biguttula* Ishida）、白翅叶蝉［*Empoasca subrufa* (Motschulsky)］和小绿叶蝉（*E. flavescens* Fabricius）等。

上述六种叶蝉在国内中部及沿海各省均有分布，以成虫、若虫危害寄主植物的叶片，以刺吸式口器刺入植物组织内吸取汁液。叶片受害后，多褪色呈畸形卷缩状，甚至全叶枯死。

叶蝉类昆虫1年发生多代，主要以卵和成虫越冬。测报方法与蝽类相似，根据草坪草受害的明显程度和虫口密度，尽量在若虫期进行防治。

（4）飞虱类

属同翅目飞虱科（Homoptera Delphacidae），是我国草坪上的主要害虫类群之一。危害草坪草的飞虱主要有白背飞虱（*Sogatella furcifera* Horváth）、灰飞虱（*Laodelphax striatellus* Fallén）（图8-10）和褐飞虱（*Nilaparvata lugens* Stal）等。飞虱常与叶蝉混合发生，体形似小蝉。每年白背飞虱、褐飞虱均混合发生，不同年份两种飞虱在不同地区危害程度不同。

白背飞虱在我国各地普遍发生，灰飞虱主要发生在北方地区和四川盆地，褐飞虱以淮河流域以南地区发生危害较多。一年发生多代，从北向南代数逐渐增多，以卵、若虫

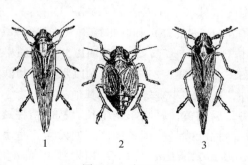

图8-10　灰飞虱

或成虫越冬。成虫、若虫均聚集于寄主下部刺吸汁液，产卵于茎及叶鞘组织中，刺伤茎叶组织，受害部位出现不规则的褐色条斑，叶片自下而上逐渐变黄，植株萎缩，严重时可使植株下部变黑枯死。防治方法可参见叶蝉的防治。

飞虱类分布很广，全国各地区都有发生，3 种飞虱由于食性及对温度的要求和适应性的不同，在地理分布和各地区发生危害的情况也有所不同。褐飞虱为南方性种类，在长江流域以南各省发生危害较重。白背飞虱属广布偏南种类，主要以华南、华东、华中、西南和华北部分地区发生危害普遍。灰飞虱属广布偏北种类，几乎全国各地都有分布，但以华东、华中、华北、西南等地发生危害较重。

褐飞虱食性单一，在自然情况下，仅以水稻、普通野生稻和部分禾本科草坪草为寄主。白背飞虱的寄主植物有禾本科草坪草、水稻、白茅、稗草等。灰飞虱寄主有禾本科草坪草、水稻、大麦、小麦、看麦娘、游草、稗草等。

飞虱成虫、若虫都能危害草坪草，在植株下部刺吸叶液，消耗植株养分，并从唾液腺分泌有毒物质（酚类物质和多种水解酶），引起植株中毒萎缩。飞虱产卵时，其产卵器能划破寄主茎秆和叶片组织，使植株丧失水分，另外由于刺吸取食，可在植株上残留很多不规则的伤痕，影响水分和养分的输送，同化作用因而减弱，致使植株萎黄或枯死。飞虱的分泌物常招致霉菌的滋生，也影响植株的光合作用和呼吸作用。飞虱还可传播多种病毒病。此外，飞虱危害的伤口常是小球菌核病直接侵入植株的途径。

（5）蓟马类

蓟马属缨翅目（Thysanoptera）蓟马科（Thripidae）（图 8-11），危害禾本科草坪草的主要有小麦皮蓟马、稻管蓟马、稻蓟马；危害豆科草坪草的有端带蓟马、花蓟马、烟蓟马。蓟马以成、若虫锉吸草坪草的嫩芽、嫩叶，使其生长缓慢，停滞萎缩，受害的嫩叶、嫩芽呈卷缩状。因蓟马将卵产于主叶脉和叶肉中，若虫孵化后叶片常呈褐色斑点，造成叶片逐渐枯黄萎缩甚至成片死亡。对于种子生产的草坪草，开花期危害特别严重，于花内取食，捣散花粉，破坏柱头，吸收花器营养，造成落花落籽。

图 8-11　蓟马

（6）螨类

螨类属蛛形纲（Arachnida）蜱螨类（Acarina）。危害草坪草的害螨主要有麦螨和棉叶螨两大类。危害禾本科草坪草的麦螨主要有麦岩螨（*Petrobia latens* Muller）和麦圆叶爪螨（*Penthaleus major* Duges），分属蛛形纲蜱螨目中的四爪螨科（叶螨科）（Tetranychidae）和叶爪螨科（走螨科）（Penthaleidae）。在国内，麦岩螨主要发生在北纬 34°~43° 地区，尤以黄河以北的平原旱地和山地发生普遍且严重。麦圆叶爪螨主要分布于北纬 29°~37° 地区，尤以水浇地和低湿地发生较重。两种麦螨除危害禾本科草坪草外，还危害小麦等作物及其他一些植物，于春、秋两季吸取寄主汁液，受害叶先呈白斑，后变黄，轻则影响生长，造成植株矮小，重则整株干枯死亡。

棉叶螨是我国各地区普遍发生，危害较为严重的一类害虫，主要有二斑叶螨（*Tetranychus urticae* Koch）和朱沙叶螨（*T. cinnabarinus* Boisduval），属蜱螨目叶螨科。棉叶螨是世界性大害虫，寄主广泛，我国已知有包括草坪草在内的 32 科、113 种植物。

棉叶螨在叶背吸食营养汁液，轻则红叶，重则落叶垮秆，状如火烧，甚至造成大面积死苗。

螨类主要在春季和秋季发生危害，白天活动，中午前后因高温和日晒而下移至植株基部或土缝中。调查虫情时，可用捕虫网在上午或下午进行网捕。根据植株受害的明显程度和虫量决定是否防治。

（7）刺吸类害虫的综合治理

① 农业防治

冬灌可降低地面温度，恶化蚜虫、叶蝉、飞虱及螨类的越冬环境，杀死大量害虫。采用喷灌方式可以抑制害虫的发生、繁殖以及迁飞扩散。适时灌溉能使草坪草生长健壮，增加抗虫能力。防除草坪周边的杂草，可有效减少虫源。选育种植对害虫具有非选择性、抗生性或耐害性的品种，是经济、有效的重要防治措施。

② 物理防治

在成虫盛发初期利用黑光灯或普通灯火诱杀叶蝉的雌虫，可减少虫口基数。

③ 生物防治

保护和利用天敌，采取人工助迁或人工繁殖释放等方法；选用选择性药剂、调整用药时间、改进施药方法、减少用药次数，主动保护天敌，使天敌充分发挥对害虫的抑制作用。

④ 化学防治

防治蚜虫可用 45％马拉硫磷乳油、25％氰戊辛硫磷乳油、20％氰戊菊酯乳油、3％高效氯氟氰菊酯水乳剂、5％啶虫脒乳油、10％氯菊酯乳油、48％噻虫啉悬浮剂 1000～1500 倍液，或 10％吡虫啉可湿性粉剂 1500 倍液，或 50％辛硫磷乳油 1500～2000 倍液，或 50％辟蚜雾可湿性粉剂 7000 倍液，或 2.5％功夫 5000 倍液，或 50％杀螟硫磷 1000 倍液，或 50％磷胺乳油 3000 倍液，或 50％甲基对硫磷 2000 倍液等喷雾防治。

防治害螨的农药有 0.15 度（苗期用）或 0.2 度～0.3 度波美的石硫合剂，或 5％尼索朗可湿性粉剂 800～1000 倍液，或 20％双甲脒乳油 1000 倍液，或 20％达螨灵乳油 2000 倍液，或 1.8％阿维菌素 5000 倍液等喷雾防治。

对叶蝉类害虫，主要应掌握在其若虫盛发期喷药防治。用 40％乐果乳油 1000 倍液，或 50％叶蝉散乳油，或 90％晶体敌百虫，或 50％杀螟硫磷乳油 1000～1500 倍液，或 25％亚胺硫磷 400～500 倍液喷雾。0.5％波尔多液能够防治棉叶蝉，且可兼治病害。

化学防治飞虱最好把握防治适期，灰飞虱掌握在成虫迁飞扩散高峰期和若虫孵化高峰期用药，白背飞虱和褐飞虱一般在若虫孵化高峰期至 2、3 龄若虫盛发期用药。目前常用而效果较好的农药有：2％混灭威、2％叶蝉散或 3％速灭威粉剂，30～37.5kg/hm² 喷粉；5％混灭威或 20％速灭威乳油，1.2kg/hm² 兑水 1200kg 喷雾，或 1.5kg/hm² 兑水 6000kg 泼浇；50％稻瘟净乳油加 50％马拉硫磷乳油各 1.5kg/hm² 兑水 1500kg 喷雾，或 50％甲胺磷乳油 750 g/hm² 兑水 1500kg 喷雾。

3. 草坪其他动物及其防治

（1）蜗牛类

蜗牛别名蜒蚰螺，属于腹足纲（Gastropoda）柄眼目（Stylommatophora）巴蜗牛科（Fruticicolidae）。危害种类有同型巴蜗牛 [*Bradybaena similaris*（Ferussac）]和灰

巴蜗牛［*Bradybaena ravida*（Benson）］。两种蜗牛常混合发生，同型巴蜗牛1代/年，灰巴蜗牛1～2代/年，以成贝和幼贝越冬，越冬蜗牛大多数蛰伏在潮湿阴暗处，如禾本科草坪草或其他植物根部、土缝、枯草层及石块下等。成贝和幼贝均喜阴湿环境，阴雨天可昼夜活动取食，危害草坪。干旱情况下，蜗牛白天潜伏，夜间活动取食，行动迟缓，分泌黏液。天敌有步甲、沼蝇、蛙、蜥蜴和微生物等。

（2）蛞蝓类

蛞蝓属于腹足纲（Gastropoda）柄眼目（Stylommatophora）蛞蝓科（Limacidae）。蛞蝓（*Agriolimax agrestis* Linnaeus）2～6代/年，世代重叠，约250天/世代，卵历期16～17天。蛞蝓一年四季均能产卵繁殖，春、秋两季繁殖旺盛，危害最重；雌雄同体，异体受精，亦可同体受精繁殖，平均产卵400余粒/雌虫；成体或幼体在寄主根部湿土下越冬，以成体为主；怕光，其活动与气温、空气湿度、土壤湿度关系密切。

（3）防治方法

① 农业防治：及时清洁草坪；在清晨撒施石灰粉；结合秋施基肥，深翻土壤，破坏其越冬场所，使部分蜗牛或蛞蝓暴露于地表冻死。也可施用氨水，既能毒杀蜗牛和野蛞蝓，同时也具有施肥作用。

② 物理防治：堆草诱杀或人工捕捉。

③ 化学防治：毒饵诱杀；6%四聚乙醛颗粒剂或5%甲萘威颗粒剂拌毒土撒施；喷雾等。

8.3　草坪杂草及其防治

杂草是目的作物以外的，妨碍和干扰人类生产和生活环境的各种植物类群，主要为草本植物，也包括部分小灌木、蕨类及藻类。据联合国粮农组织报道，全世界杂草总数约有5万种，与农业生产有关的约有250种。我国约有杂草119科1200余种，其中比较常见的有600余种。草坪杂草泛指草坪上除人为有目的栽培的草坪草种以外的其他植物。

8.3.1　草坪杂草的危害

草坪杂草对草坪的危害主要体现在以下几方面：

（1）影响草坪质量

杂草破坏草坪的美观和均一性，影响草坪外观质量和使用功能。杂草在草坪中生长，因其色泽、叶片质地、生长习性等与草坪草不同，使得草坪变得杂乱，不均一，影响草坪的美观和运动场草坪使用功能。杂草发生严重时，还会引起草坪退化。

（2）影响草坪草的生长发育

杂草与草坪草竞争阳光、营养和生长空间，影响草坪草的生长发育。杂草种类繁多，繁殖方式多样。在同样的温度与水分条件下，杂草的竞争性一般会强于草坪草。如马唐、狗尾草、车前等与草坪草竞争水肥和光，若不加以管理，2～3年草坪即会完全被杂草侵占（图8-12）。有些杂草如反枝苋、马齿苋、马唐等，在同样的水分和温度条件下，其萌发和生长速度快于草坪草。在春季建植草坪，一旦杂草管理滞后，就会造成建植失败。此外，有些杂草的根系能分泌出异株克生化合物，这些物质对草坪草的生长有直接的抑制作用。

图 8-12　杂草危害严重的草坪

（3）作为病虫害的寄宿地

草坪杂草的地上部分是一些病虫的寄生地。病虫在杂草上越冬、繁殖，在生长季感染草坪草，从而造成草坪草生长缓慢或死亡。例如，地老虎常在灰菜、车前、刺儿菜等杂草上越冬、繁殖，翌年在草坪中造成虫害。

（4）影响人们活动和安全

有些杂草具有特有的形态和特性，有些还具有一定的毒性，给人们的活动带来不便，或对接触它们的人产生伤害，造成外伤或诱发疾病。如葎草茎、叶上的倒钩刺易划伤人的皮肤，豚草的花粉可引起人的不适等。

8.3.2　草坪杂草的分类

1. 草坪杂草分类

据统计，我国草坪杂草近 450 种，分属 45 科，127 属。草坪杂草因种类多，分类方法不尽相同。

（1）依据生物学特点，可分为单子叶杂草和双子叶杂草（阔叶杂草）。被子植物中，除少数寄生植物如菟丝子（*Cuscuta chinensis*）无子叶外，具有 2 片子叶的植物称为双子叶植物，只有 1 片子叶的植物称为单子叶植物。单子叶杂草多属禾本科，少数属莎草科，其形态特征为无主根、叶片细长、叶脉平行、无叶柄，如马唐、狗尾草等。双子叶杂草（阔叶杂草）分属多个科，一般有主根，叶片较宽，叶脉多为网状脉，多具叶柄，如车前、反枝苋、荠菜等。

（2）依据寿命长短，可分为一年生杂草、二年生杂草和多年生杂草。

① 一年生杂草在一个生长季节内完成其生活史，即从种子发芽到成熟结实在 1 年内完成，如马唐、牛筋草、稗草和狗尾草等。在一年生杂草中，有些杂草在秋季出苗，翌春开花结实，如一年生早熟禾等，也称为越年生杂草或冬季一年生杂草。

② 二年生杂草需要 2 个生长周期才能完成其生长发育。其种子在春季萌发，第一年仅发育营养器官，并在根内积累储存大量的营养物质，秋季地上部分干枯，翌春从根茎长出植株，开花、结实后全株死亡。这类杂草极少，在草坪上不易造成危害，如黄

蒿等。

③ 多年生杂草一般可存活超过 2 年，一生中可多年多次开花、结实，如蒲公英、碱茅、匍匐冰草和白三叶等。

（3）依据对草坪的危害程度，可分为恶性杂草、重要杂草和一般杂草。

① 恶性杂草具强的扩展力和单株竞争力，在草坪中一旦发生，如管理不及时，1 年内草坪草即被杂草挤退。常见的恶性杂草有马唐、牛筋草、稗、白茅、香附子等。

② 重要杂草多为发生频率高的杂草，其竞争力主要通过群体数量来实现，侵染 3 年以上，能影响草坪的安全性。常见的重要杂草有狗尾草、田旋花、车前、荠菜、反枝苋、旋覆花等。

③ 一般杂草在草坪中容易发生，且具区域特点，多与草坪草长时间共处，或错季生长，如不除去，会影响草坪美观。常见的一般杂草有苍耳、益母草、夏至草、地肤、蒲公英、打碗花、龙葵等。

（4）依据萌发与温度的关系，可分为早春杂草和晚春杂草。早春杂草在早春温度 5～10℃即可发芽，晚春杂草在晚春温度 10～15℃开始发芽，最适发芽温度 20℃以上。

（5）依据防治目的，通常将草坪杂草分为 3 个防治类型：一年生禾本科杂草、多年生禾本科杂草和阔叶杂草。

2. 常见草坪杂草

北方地区禾本科杂草在夏季危害较重。对于初春播种建植的冷季型草坪来说，如果密度较低，夏季易受禾本科杂草的侵占，若防治不及时会将冷季型草坪全部覆盖。在北方地区，暖季型草坪草在夏季播种建植受杂草的威胁性更大。如播种结缕草或野牛草时，两者出苗和成坪时间均较长，苗期水肥管理往往给杂草萌发和生长创造了良好条件，疏于管理易造成草坪建植失败。阔叶杂草对冷季型草坪建植的危害较大，严重时会将草坪草幼苗完全遮盖。南方气候比较温暖、潮湿，杂草种子常年均可发芽生长。南方地区以一年生禾本科杂草最多，菊科居次，再次是大戟科和莎草科等。在过渡地区，禾本科杂草与阔叶杂草均能适应，但以一年生杂草为主，四季均可发生危害。夏秋季危害严重的杂草有牛筋草、马唐、白茅、狗尾草等，春季危害比较严重的杂草有泥胡菜、看麦娘、婆婆纳等。下面是一些常见的草坪杂草及其典型识别特征，可用于杂草的快速识别。

（1）无叶杂草

问荆：无叶片，非寄生性，营养节，节节连接，分枝轮生。

菟丝子：无叶片，寄生性，茎缠绕，草坪中的树木上易发生。

猪毛草：无叶片，非寄生，茎秆圆形，穗假侧生，湿地易发生。

水葱：无叶片，非寄生，茎穗顶生，小穗一个以上，湿地易发生。

（2）圆形叶片杂草

灯心草：叶片圆筒状，中空，湿地易发生。

猪毛菜：叶片尖端有针刺，茎秆圆柱形，旱地易发生。

刺蓬：花瓣外面的苞片形成针刺，茎秆圆柱形，旱地易发生。

（3）禾本科杂草

虎尾草：叶片条形，茎秆非三棱，穗芒长出穗节，形似虎尾巴。

马唐：叶片条形，茎秆非三棱，穗棒状，一株多个棒状穗。穗顶生，着地茎秆处生根，顶穗指状排列（图 8-13）。

稗草：叶片条形，茎秆非三棱，扁平，小穗攀生。

牛筋草（蟋蟀草）：叶片条形，茎秆非三棱，茎秆较稗草扁平，穗棒状，指状排列，与马唐相似，但较马唐穗粗（图 8-13）。

狗尾草：叶片条形，茎秆非三棱，穗顶生，一枝一穗，芒的形态似狗尾巴毛。

狗牙根：叶片条形，茎秆非三棱，叶片近三角形，匍匐茎秆，节处生根。

芦苇：叶片条形，茎秆非三棱，禾本科杂草中最高大的植株之一。

荻：叶片条形，茎秆非三棱，与芦苇伴生，穗顶生。

图 8-13　马唐（左）和牛筋草（右）

（4）莎草科杂草

异型莎草：叶片条形，茎秆三棱，穗形似球形，有柄。

聚穗莎草：与异型莎草相似，但穗无柄。

异穗苔草：叶片条形，茎秆三棱，穗似青稞穗，棱形明显。

香附子：叶片条形，茎秆三棱，有根状茎，单分枝。

水莎草：叶片条形，茎秆三棱，与香附子相似，但是复枝。

（5）阔叶杂草

葎草：幼苗有两个条形叶，成株叶片掌状，茎秆缠绕，有针刺。

萹蓄：茎秆匍匐，花腋生，单叶互生，叶全缘。

酸模叶蓼：叶片有黑点，单叶互生，叶脉明显。

灰菜：单叶互生，叶片背面有粉粒，叶边锯齿。

反枝苋：单叶互生，幼苗叶背面红色。

马齿苋：叶片肉质，叶片假对生（图 8-14）。

荠菜：基生叶片大头羽状深裂，果三角形。

独行菜：辣根，味似延边小菜橘梗味。

酢浆草：三出复叶，叶片心形，多于遮阴地生长。

附地菜：茎秆匍匐或平卧，叶片互生，全缘，叶似掏耳勺。

旋复花：叶片半抱茎，植株体似金佛像（图 8-14）。

车前：无茎秆，穗鞭子形，叶脉似平行。

蒲公英：叶片深裂，倒锯齿，无茎秆。

地黄：基生叶多，茎生叶小，全身被密毛，根肉质肥厚。

小蓟：幼苗叶片有针刺。

打碗花：蔓生性植物，叶片互生，全缘，叶片三角状戟形或三角状卵形。

田旋花：蔓生性植物，叶片互生，与打碗花相似，但叶片戟形或箭形。

鸡眼草：三出复叶，叶全缘。

地肤：单叶互生，叶片全缘，全身被短柔毛。

水花生：单叶对生，叶片全缘，茎秆匍匐。

点地梅：叶片基生，复花，花葶状。

图 8-14　马齿苋（左）和旋复花（右）

8.3.3　草坪杂草综合治理

杂草适应性广、繁殖力强、有极强的竞争力，杂草一旦侵入草坪则会加速草坪的退化，抑制草坪草的生长，加大草坪的管理用工和生产投入。因此，杂草防治是草坪管理的重要内容。

1. 综合治理的含义

草坪杂草综合治理是指在了解杂草的生物学和生态学特性基础上，因地制宜地运用一切可利用的防治措施，包括预防措施、栽培措施、物理措施、生物防治、化学防除等，以控制杂草的危害。尽管有时采取单个措施也能取得不错的防治效果，但多种措施的综合协调利用才是最经济有效的防治策略，特别是对于恶性杂草的防除，综合治理尤为重要。

2. 综合治理的内容

（1）预防措施

预防是防治杂草的关键。建植草坪时，所有建植材料如土壤、肥料、草坪草种子或营养体材料应尽可能无杂草污染或达到相应的标准要求。对建植场地进行彻底清理或采取土壤熏蒸处理、化学除草等措施以最大限度减少杂草种子和营养体的影响。对于国外引进的草坪种子必须严格经过杂草检疫，凡属国内没有或尚未广为传播的且具有潜在危险的杂草必须严格禁止或限制进入，一定要选用不含杂草种子或纯度高且符合标准的种子。所用有机肥必须经过处理（如高温堆沤），不含杂草种子。

（2）栽培措施

栽培措施控制杂草就是通过采取栽培措施来增强草坪草的竞争优势以达到抑制和消除杂草的目的。如在冷季型草坪混播草种中，混入适当比例出苗速度快的草种（如多年生黑麦草），使之迅速出苗、生长，从而抑制杂草的生长；夏末秋初播种冷季型草坪草，能避开春季杂草萌发的高峰期，有利于提高草坪建植成功率和减轻杂草防除的难度；合理的水肥管理和修剪、打孔、铺沙等措施有利于改善草坪草生长条件，促进草坪草生长和提升密度，增强草坪草对杂草的竞争力，同时还能减少杂草种子的形成。

（3）物理措施

物理措施是采用机械或人工方法防除杂草的措施，包括深耕、耙地、人工除草等。播种前深耕土壤可防除某些多年生杂草，如问荆、苣荬菜、芦苇等。耙地可杀除已萌发的杂草，也可通过提高地温诱发杂草种子萌发后再除掉杂草。人工除草适合于小面积草坪，是一种比较传统且安全有效的方法，但费工、费时，在大面积草坪上投入较大。

（4）生物防治

生物防治是采用生物制剂或有益生物来减少或消除草坪杂草的措施。在 20 世纪 60 年代，国外就已经开始研究微生物除草剂，目前报道的有除草潜能的微生物类型包括真菌、细菌、病毒、放线菌和线虫。微生物除草剂防除杂草是指利用植物病原微生物使目标杂草感病致死的方法。例如，十字花科野油菜黄单胞杆菌早熟禾变种（*Xanthomonas campestris* pv *poannua*）可以控制一年生早熟禾，一般是修剪之后（新鲜伤口）马上使用菌剂效果较好。

（5）化学防除

草坪杂草的化学防除是利用选择性或者非选择性除草剂对杂草进行防除。化学防除杂草具有见效快、防除彻底、省时省工等优点，已在草坪除草中广泛使用。草坪化学除草应根据草坪类型、杂草种类、目标杂草的发生消长规律以及气候条件等进行除草剂选择。

8.3.4　草坪杂草的化学防除

除草剂防除杂草具有明显的优势，但实践中，即便是 2,4-D、草甘膦这样的除草剂，许多使用者在应用时效果并不理想。为保证除草剂的防除效果，使用中应注意除草剂种类、质量、使用方法、使用者的水平和植物（草坪草和杂草）所处状态等。

1. 除草剂分类

（1）萌前除草剂与萌后除草剂

依据除草剂的杀灭作用与杂草生育期的关系，除草剂可分为萌前除草剂和萌后除草剂。

萌前除草剂是通过土壤对将发芽的萌动杂草种子造成杀伤，必须在目标杂草萌发前施用，施入后要大量浇水，使草坪叶片上的除草剂冲刷到土壤中去。如在温带的晚春是马唐的萌发期，此时必须在萌发前几周就应用除草剂以确保防治效果。此类除草剂可在土壤中持续作用 6～12 周，主要用于防治一年生禾草类杂草。常见的萌前除草剂有环草隆、扑草净、二甲戊灵、地散磷、丙炔氟草胺、恶草灵、氟乐灵和精异丙甲草胺等。

萌后除草剂是在杂草出现后，根据杂草的种类有针对性地施用的除草剂。一般通过表施（叶施），叶片吸收，在施用后不能立即喷灌，以使除草剂在叶片停留充足的时间，对杂草产生较大的毒性。萌后除草剂药效期较短。常见的萌后除草剂有甲胂钠、烯草酮、丙炔氟草胺、氟唑磺隆、草铵膦、草多索、2,4-D、麦草畏等。

（2）选择性除草剂与非选择性除草剂

依据作用范围，可将除草剂分为选择性除草剂和非选择性除草剂。

选择性除草剂是指施用后有选择性地杀死杂草，而对草坪草不产生严重杀伤作用的除草剂，如2,4-D丁酯、西草净、二甲四氯、三氟羧草醚、丙草胺、氟乐灵、麦草畏等。2,4-D类是典型的选择性除草剂，能杀死双子叶杂草，对单子叶植物安全。药液喷洒到枝条或叶片后，阔叶型杂草吸入体内，引起生理活动紊乱，最后致死。

非选择性除草剂是指没有选择地杀死或杀伤全部植物体，包括草坪草和杂草的除草剂。非选择性除草剂一般用于草坪建植前处理坪床杂草和用于草坪更新时，杀除所有植物体。常用的非选择性除草剂有草甘膦和茅草枯等。

（3）触杀性除草剂与内吸性除草剂

依据植物对除草剂的吸收方式，可将除草剂分为触杀性除草剂和内吸性除草剂。

触杀性除草剂只对所接触到的植物部位有杀灭作用，主要用于防除一年生杂草和以种子繁殖的多年生杂草，对多年生靠地下器官繁殖的杂草防除效果很差。常见的触杀性除草剂有苯达松、敌稗、溴苯腈等。

内吸性除草剂可通过杂草的叶、茎或根吸收，再传导到植物的其他部位，使杂草受害，达到杀灭目的。内吸性除草剂1～2周内杀死杂草全株，可用于防治多年生杂草和一年生杂草，如氟草胺、敌草索、恶草灵、地散磷、环草隆、西马津、麦草畏、2,4-D丁酯、茅草枯、草甘膦等。

2. 除草剂使用方法

由于除草剂在植物体内吸收、传导方式及速度不同，除草剂自身的理化性质也不尽相同，因此除草剂的除草效果在很大程度上取决于除草剂的作用特性和使用技术，正确使用除草剂对提高药效和降低药害意义重大。依照除草剂对杂草的作用部位不同将除草剂的使用方法分为两种，即土壤处理法和茎叶处理法。

（1）土壤处理法（或封闭处理法）

土壤处理法是指在杂草未出苗前，将除草剂喷洒于土壤表面或喷洒后通过混土将除草剂拌入土壤中，从而在土壤表面形成一层除草剂的封闭层，因此也称土壤封闭处理。

土壤处理法的药效及对草坪草的安全性高低受许多因素的影响，如土壤的类型、土壤有机质含量、土壤含水量及整地质量等。一般来讲，有机质含量高的黏性土壤，因土壤颗粒细，对药剂的吸附能力强，有降低除草剂活性的趋势。因此，在土壤有机质含量较高的土壤中使用土壤处理剂时，为了保证药效，应适当加大除草剂的使用量；与黏重土壤相反，沙性土壤对除草剂的吸附性差、淋溶性强，除草剂在沙性土壤中应用时应适当降低用药量。土壤含水量高或空气相对湿度大时，有利于除草剂药效的发挥；反之，则不利于除草剂药效的发挥。因此，在干旱季节施用除草剂，应加大用水量，或在施药前后灌溉，以保证除草效果。整地质量也会影响施药效果。土壤表面均匀平整，有利于喷施的除草剂形成完整的药膜，提高封闭作用。常用的土壤处理法用药时间主要为：

① 种植前土壤处理。在草坪草播前或移栽前，杂草未出苗时喷洒除草剂或撒施除

草剂药土于土壤中。对易挥发、易光解的除草剂要混土,混土深度一般 4～6cm 即可。有时为了使杂草根部接触到药剂,施药后混土以保证药效。

② 播后苗前土壤处理。在草坪草播种后和杂草出苗前将除草剂均匀地喷施于土表,这种方法适用于通过杂草的根毛和幼芽吸收的除草剂。

③ 草坪草苗后土壤处理。在草坪草苗期,杂草还未出苗时将除草剂均匀喷施于土表。使用该方法在草坪中施用除草剂,最好将除草剂制成颗粒后撒施,可减少除草剂与草坪草的接触药量,从而达到安全有效的目的。

(2) 茎叶处理法

茎叶处理法是指将除草剂的药液均匀喷洒于已出苗的杂草茎叶上。茎叶处理除草剂的选择性,主要是通过形态结构、生理生化和位差、时差选择性来实现除草保苗的目的。利用茎叶处理法防治草坪杂草,见草施药,针对性强,对草坪的安全性较好,是草坪杂草化学防除的发展方向之一。茎叶处理除草剂的药效受土壤含水量和空气相对湿度影响很大,一般在干旱条件下除草效果明显降低。茎叶处理时,施药时间十分关键。施药过早,大部分杂草尚未出土,或已出土的杂草苗过小着药量少,难以得到良好防效;施药过迟,杂草对除草剂的抗性增强,除草效果下降,需加大除草剂用量。从现有的草坪茎叶除草剂的药效统计结果看,一般杂草 3～5 叶期是用药的最佳时期。茎叶处理法除草剂的施药方法有满幅、条带、点片、定向处理法等,根据不同草坪的特点和杂草发生的特点来选择具体的施药方法。

3. 草坪杂草的化学防治技术

化学除草是草坪杂草防除的有效措施。针对草坪所处的不同生长阶段,可以采取相应的化学除草技术。

(1) 草坪播种或移栽前杂草的防除

对于初建的大面积草坪,在草坪播种或移栽前,如果地面上有较多杂草萌发或生长,可通过施用非选择性内吸型除草剂如草甘膦、草铵膦、灭草荒等灭除。

对于初建的小面积草坪,在草坪播种或移栽前,也可用二甲、扑草净戊灵等药剂进行封闭处理。

(2) 播种后草坪草出苗前杂草的防除

草坪草种子播种后,在杂草和草坪草发芽前,用苗前土壤处理剂即播后苗前处理剂如环草隆、恶草灵、地散磷等除草剂处理坪床,可抑制大部分以种子繁殖的杂草出土。

(3) 播种后苗期或移栽后草坪草恢复时期杂草的防除

以种子播种建植的草坪,在草坪草幼苗期,幼苗对除草剂很敏感,此时施用除草剂要特别注意对草坪草的安全性,最好待新草坪已修剪 2～3 次后再施药。如果必须施用除草剂,可选用对幼苗安全的除草剂,如除阔叶杂草的低剂量溴苯腈或苯达松,或除禾本科杂草的丁草胺、快杀稗等。

以草皮铺植方式建植的草坪,在所铺的草坪草未充分扎根前,不要使用除草剂。

(4) 成熟草坪中杂草的防除

① 阔叶杂草。使用除草剂杀除草坪中的阔叶杂草相对比较容易。因为草坪草一般为单子叶植物,而阔叶杂草为双子叶植物,除草剂容易选择,对草坪草的伤害较小。

大部分阔叶杂草可以用选择性除草剂如 2,4-D 丁酯、麦草畏、溴苯腈、苯达松等,或它们的混合物杀除。施用时应选择无风天气，以防除草剂扩散到附近其他园林植物上，气温在 18～29℃ 最佳；施用后不要立即喷灌或践踏草坪，使其在杂草叶片存留 24h 以上。施药前或施药后两天内不要修剪草坪，以使杂草有更充分的叶面积吸收除草剂，避免除草剂在产生效果前随草屑而被排出。钝叶草对 2,4-D 丁酯比较敏感，其阔叶杂草常用莠去津、西玛津杀除。

暖季型草坪中阔叶杂草的防除应在晚春、秋季或冬季草坪草休眠时进行，冷季型草坪则应在春季或夏末秋初进行。

阔叶杂草的除草剂必须小心使用，如果它们一旦接触草坪附近的树木、灌丛、花果和蔬菜，均能产生伤害。药物流失是常见的问题，喷施这些药物应在无风、干燥的天气进行。麦草畏可通过土壤淋失，因而不应在乔灌木的根部上方使用。除非用量很低，一般不在草坪中对药物敏感的装饰性植物根部上方施用。

② 莎草科杂草。可用 20％灭草松水剂、48％苯达松水剂或 30％苄嘧磺隆可湿性粉剂喷雾防除莎草科杂草和阔叶杂草，如异型莎草、香附子、苍耳、马齿苋、苦荬菜、蓼、藜等。防除最佳时间是草坪草苗后 4 片叶、杂草 3～5 片叶时。

③ 一年生禾本科杂草。杂草萌发前施用萌前除草剂如氟草胺、恶草灵等。一般在春季杂草萌发前 1～2 周施用。一次性施用很难取得较好的效果，常需要间隔 10～14 天进行多次使用。施药时间很重要，过早，除草剂会在杂草发芽高峰之前失去药力；过晚，杂草已经萌发出苗，防效较差。最佳时机是在一年生禾草杂草萌发前 1～2 周施药。

杂草萌发后早期阶段施用萌后除草剂，一般需施药 2 次或多次，其间隔期为 10～14 天。但萌后除草剂有两个缺点：一是中毒后慢慢死亡的杂草存留在草坪上，会影响草坪的美观；二是对冷季型草坪草具有一定的毒性作用。

④ 多年生禾本科杂草。多年生禾本科杂草的生理特点与草坪草的生理特点很相似，利用除草剂防除草坪中的多年生禾本科杂草相当困难，目前尚无可用于防除多年生禾草的选择性除草剂。草坪中出现多年生禾本科杂草时，一般采用人工拔除的方法。如杂草较多，一般使用非选择性除草剂如草甘膦杀灭全部植被（或对杂草进行定点清除），然后进行补种或重新建植。

复习思考题

1. 简述什么是草坪病害，根据病原可将草坪病害分为哪两种类型？
2. 简述褐斑病、夏季斑枯病、腐霉枯萎病和锈病在草坪上的发生特征和防治措施。
3. 简述控制草坪病害的管理措施。
4. 昆虫纲的特征是什么？
5. 什么叫昆虫的变态？主要有哪些类型？
6. 草坪害虫预报的内容有哪些？
7. 简述蛴螬和斜纹夜蛾对草坪的危害及其防治措施。
8. 简述杂草对草坪的危害。
9. 简述控制杂草的栽培措施。
10. 举例说明双子叶杂草和单子叶杂草的化学防除。

第9章

草坪辅助管理措施

草坪的辅助管理措施是指除了施肥、浇水、修剪以及病虫草害防治等主要管理措施以外，为改善和提高草坪质量而采取的一些特殊管理方法，主要内容包括打孔通气、铺沙、梳草、覆播、滚压等，属于草坪管理的高级范畴，对于某些质量要求较高的草坪来说，也是必不可少的管理措施。

9.1 打孔通气

打孔通气属于已建成草坪管理过程中的一项中耕措施，是指利用机械或人工的方法在草坪上打出许多小孔，以调节草坪土壤的物理性状和草坪草的生长状态，从而达到改善草坪质量的目的（图 9-1）。相似的做法还有划条、穿刺和垂直切割等。

9.1.1 草坪打孔的作用

打孔的作用主要体现在 3 个方面：①改善土壤的透气性能；②利于水分和养分进入草坪根系层；③为草坪草的根和茎提供生长空间。

草坪打孔以后，可以极大地改善土壤内空气的流通与交换状况，不仅为草坪草根系生长提供了氧气，还可以加速土壤内有害气体的排出。

图 9-1　打孔后的草坪表面及土芯

草坪打孔结合施肥措施可以使施入的养分直接进入土壤一定的深度，利于草坪草根系的吸收，其孔隙还可使灌溉或降水迅速渗入到土壤深层，对板结、紧实的土壤来说大大提高了灌溉的效率。此外，打孔还可以提高草坪的排水性能。一是草坪打孔以后，可以使草坪表面的积水（降雨或灌溉）迅速渗入到草坪土壤里。在有高温胁迫的季节，草坪表面积水迅速排干可以有效地提高草坪的抗病害能力。这对于运动场草坪来说（如足球场、高尔夫球场）就显得更为重要，降雨后无积水就可照常营业，从而有效提高草坪的利用效率。二是当土壤含水量过高时，水分通过宽松的孔隙直接蒸发可有效降低整个土壤的含水量，从而防止根系过度缺氧。

打孔措施对改善草坪草根系生长空间作用明显，由于打孔促进了土壤内的气体交换，有效地提高了土壤内好气微生物的活性，加快了有机物分解速度，对减少枯草层积累具有重要意义，有利于草坪草根系吸收营养。另外，打孔取出芯土的同时还切断了许多老根，这也有利于草坪草新生根系的滋生和草坪草根系下扎，从而提高草坪草的抗逆性。

当然，打孔措施也存在一定的副作用。打孔后短时间内草坪的平滑度会受到一定的破坏，且打孔后容易造成草坪草快速失水而受到干旱胁迫。但只要采取合理的辅助管理措施，如在打孔后及时补给水分、养分并结合其他措施进行管理，就可以消除打孔带来的不利影响，从而充分发挥打孔的积极作用。

9.1.2　打孔的方法与标准

目前，草坪打孔多使用打孔机械进行操作，面积很小时，也可采用人工打孔方式。根据是否取出土芯，打孔针分空心和实心两大类型。一般情况下，使用中空的打孔针对草坪打孔，打孔效果要比实心的打孔针好。这是因为实心的打孔针在打孔时，会对土壤造成挤压，孔壁的土壤将变得更紧实和光滑，特别是当土壤黏重时会造成土壤透气性降低。中空的打孔针在打孔作业时则无此弊端，而且在打出土芯的同时可切断一部分草根和茎，有助于加快草坪草根和茎的更新复壮。

1. 打孔深度与孔径

打出的孔洞直径一般在 1～2.5cm 之间，深度 5～12cm，孔距 5～15cm，这取决于草坪用途和打孔目的。为了提高草坪在雨季里的排水速度，有时草坪打孔深度可达30～40cm。当草坪土壤中有厌氧层存在时，深度打孔就显得尤为重要。

2. 打孔时间

适宜的打孔时间对提高打孔效果非常重要。一般情况下，应选择草坪草生长茂盛、气候条件适宜草坪草生长时进行打孔作业，这样有利于草坪迅速恢复被破坏的外观，减少对草坪质量平滑度的影响时间。如果在草坪草生长代谢缓慢的季节或在休眠期给土壤打孔，不仅草坪外观恢复慢，而且由于增加了土壤的表面积和通风条件，使得草坪可能出现局部脱水过度而达不到预期的效果。

对于冷季型草坪草而言，在早春和夏末秋初进行打孔较为合适，此时草坪草由休眠期转入快速生长期，能迅速恢复长势，增加密度，达到打孔的效果。对于暖季型草坪草而言，应在草坪返青以后，即将进入快速生长期时进行打孔，一般在晚春或初夏时节。在一天当中的清晨或下午打孔较为合适，尽可能避免在正午给草坪打孔，以防止打孔后土壤水分的流失过度。在草坪草休眠期不宜进行打孔作业，否则容易造成根系干旱死亡，影响草坪返青。

3. 打孔频率与目的

不同用途的草坪，在打孔频率上应有所差别。对于一般绿地草坪，打孔作业可以每年 1 次或隔年 1 次。一般绿地草坪管理较粗放，修剪高度较高，在草坪使用两年以上时会形成枯草层，出现整体退化、衰老现象；对于公园或游园里开放性草坪而言，常因游人践踏而使草坪土壤过于紧实，需要进行打孔通气。此时打孔后一般不将土芯清走，而用拖网拖碎，还原到草坪土壤中，然后结合施肥、灌溉等措施进行打孔后补偿管理，很少进行铺沙或覆土。只要草坪不脱水，很快就会达到预期效果。

对修剪高度较低的运动场草坪（如足球场、高尔夫球场）进行打孔作业时，打孔频率视草坪草生长状况而定，一般每年1~2次。如果面积较大，通常要分段分区进行打孔，特别是在打孔机效率较低时，更应如此，以便及时跟进后续措施，如拖耙、浇水等。高尔夫球场果岭草坪打孔时，土芯必须清走并及时铺沙，确保草坪表面的平整与光滑。由于果岭草坪草根系较浅，一般果岭打孔的深度也要浅些，但对于使用时间较久的果岭草坪，草坪土壤极易出现一层黑色的厌氧层，影响草坪的透水透气性。此时，应尽可能使打孔穿透厌氧层，以达到改善坪床土壤状况的目的。必要时还可以追施石灰等物质，以调节土壤酸碱度，减少厌氧层带来的危害。果岭打孔作业要在合适的时间以保证果岭正常使用前有足够的恢复时间，并结合滚压、剪草、铺沙等措施，使草坪尽快达到使用要求。

草坪打孔作业不仅与草坪的用途有关，还与每次打孔的目的有关。即使是同一块草坪，有时每次打孔作业的主要目的也不尽相同，要针对需要解决的主要问题，进行作业设计，配合不同的辅助管理措施，实现预期的效果。对草坪土壤结构不理想的坪床的改造，也可使用打孔的方式加以实现。一般情况下是在建植草坪时未对坪床土壤进行改造，或由于使用时间过久等原因，导致坪床板结、黏重，厌氧层发生严重等。在这种情况下，既要保持草坪的正常生长和使用，又要逐步调整其坪床结构。可采用分次打孔，取走土芯，补充沙土或改良土的方式完成。用于土壤改良的打孔，孔的深度宜加大，密度也要适当加大，在不影响草坪草恢复能力的前提下，增加客土的数量。在草坪恢复后再进行第2次打孔，重复上述过程。这样有目的地打孔，一年可进行数次，以达到改良土质的目的。一般的打孔作业结合灌溉或常规的施肥管理即可。对于已出现问题的草坪，比如退化严重、绿色期变短、整体颜色失绿的草坪，促使其更新复壮便成为打孔作业的主要目的，这时就要加大打孔次数，增施肥料，并且调整好肥料的营养结构；对于退化严重或密度明显降低的林下草坪，常借助打孔机来进行草种补播工作，新补播的草坪等同于新建草坪，必须精细管理，保持湿润，使补播草种出苗整齐。

9.1.3 打孔设备

草坪打孔的机械设备一般可分为两种类型。一种是旋转型打孔机，利用圆形滚筒上的针、齿或刀片，在草坪上滚动时压入土壤，从而达到打孔的目的。这类打孔机一般打孔的深度较浅，但工作速度快。另一种是垂直运动型打孔机，利用机械动力使垂直于地表的空心针管或实心的锥齿刺入土壤，从而实现打孔效果（图9-2）。其特点是打孔较深，效果较好，但工作效率较低，对草坪表面的破坏性较大。另外，在某些条件下也可用人工打孔，即用简易的叉或打孔器对小面积草坪进行打孔作业。

现在市场上不同型号和品牌的打孔机很多，在购买打孔机时，应根据自己的实际情况来决定购买哪种型号的打孔机。对于各种打孔机应该了解的主要参数有：①动力配置。动力太低的发动机，其工作效率必然也低，如果过度使用还会降低机器的使用寿命，所以强劲的动力配置是必须考虑的参数；②打孔针的规格、打孔深度；③整机重量、打孔幅宽、单位面积打孔数、行进速度、工作效率等。对于一般的绿地草坪管护，可选用小型机械，以方便适用于各种不规则的小块草坪。对于专业性的运动场、高尔夫球场，应选择幅宽较大的机械，以保证必要的工作效率。

图 9-2　垂直运动型打孔机

9.1.4　注意事项

1. 机械安全

打孔作业时，要清除草坪内的杂物，如砖、石、树枝、树桩、钢筋、碎布、塑料瓶等。这些杂物往往会造成打孔针的损毁，有时即使不损毁打孔针，也会影响局部土壤的物理性状，形成积水或缺水，从而影响草坪草的正常生长甚至导致死亡。在打孔作业前后都应仔细检查打孔针的情况，损坏或严重磨损时要及时进行更换，否则可能达不到预期的深度。空心打孔针边缘不锋利时，也会影响打孔质量。

2. 土壤湿度

打孔作业应在土壤湿度适宜时进行，土壤过干或过湿都有不利影响。土壤过干时，由于土壤硬度大，打孔机很难打到足够的深度，并且打孔后极易造成草坪失水，形成萎蔫甚至局部死亡，加之在干硬的土地上作业，阻力增加的同时也加大了对机器的磨损或动力损伤，降低打孔机的使用寿命。当土壤过湿时，打出的孔洞会形成一个光滑的洞壁，影响孔洞的通气透水性，不利于草坪草的生长，尤其是当土壤黏重时，光滑的洞壁干燥后会形成一个坚硬的壳，极难恢复。对于空心打孔针来说，过湿的土壤还不利于针孔里的土芯脱落，有时会使空心针失去作用，变为实心打孔。

此外，过干或过湿还会影响打孔后的其他工作。例如，需要将打出的土芯拖散铺在草坪上时，干硬的土芯不仅难以拖碎，而且还会对草叶形成磨损；而过于潮湿的土芯不仅会造成粘网，还会使土壤粘在草叶上，影响草坪草的光合作用和正常呼吸，破坏草坪美观。

3. 作业标准

打孔深度过浅和单位面积打孔数量过低往往会达不到预期的打孔效果，特别是当厌氧层存在或草坪退化严重时，不仅收不到打孔通气的效果，还会导致根系浅层化和土壤更加紧实等问题，影响草坪草根系下扎和生长，降低其抗逆性。

单位面积的打孔数量过大，也会对草坪产生不利影响。密度较高的孔洞既容易造成草坪草失水受旱，又延长了草坪打孔后的恢复时间，进而可能影响草坪使用。这主要与打孔时间、草种、草坪草长势以及打孔后的管护措施是否到位等有关。

4. 与其他措施配合

打孔后及时补水是必须的。大面积草坪打孔一定要分区、分块进行，以便能够及时补水。打孔后的土芯不清除时，需用拖网将土芯拖散或用垂直切割机将土芯打碎，但要在恰当的时候进行，防止土芯过干或过湿作业对草坪草产生不利影响。打孔结合施肥或补播作业时，应在打孔后即刻进行，结合灌溉以利于肥粒滚入孔中，达到预定的土壤深度。在打孔后结合铺沙或覆土作业效果也比较好，但应尽快完成，否则打孔后由于土壤挤压和草坪草生长等原因，会使孔洞很快被填满，从而减小了打孔的作用。适时的铺沙或覆土可以延长孔洞通透性的有效时间，从而提高打孔通气的作用效果。

对管理较为粗放的一般绿地进行打孔作业时，要提前修剪草坪。修剪后的草坪减少了叶面蒸腾面积，打孔后容易保持植物体内的水分平衡，有利于减轻失水干旱问题。草坪过高时，打孔容易造成叶片和地上茎受伤害，增加草坪染病的概率，也影响草坪的观赏效果。另外，如果枯草层过厚，应先进行梳草，清除枯草层，否则太厚的枯草层会影响打孔作业和施肥、铺沙、补播等措施的效果。

9.1.5　其他相似措施

划条、穿刺、垂直切割、注水通气等措施有与打孔通气相类似的管理效果，只是对草坪的破坏程度不同，适用对象也有所差异。

1. 划条和穿刺

划条和穿刺是通气管理中强度较小的一种管理措施，对于表层土壤板结严重的草坪效果较好，一般每周可进行一次。划条的具体做法是利用固定在犁盘器上的 V 形刀片划破土表，深度多为 7～10cm，操作中没有土芯带出，仅是局部犁松式的切断草根或草茎，所以对草坪破坏较小，草坪恢复得也快。穿刺是指利用滚动的实心打孔针进行草坪打孔作业，但一般深度较浅，多在 3cm 左右。

2. 垂直切割

垂直切割是指利用安装在高速旋转水平轴上的刀片对草坪近地面或表层土壤在垂直方向上进行切割。用以切割匍匐茎、根状茎，去除枯草层等，刀片划破草坪的深度可以调整，以实现不同程度的破坏和刺激。因划破草坪的深度较浅，垂直切割的通气效果也较划条更轻微，适用于不太需要打孔强刺激的草坪。对于一般草坪，返青前进行垂直切割，可以使草坪返青时间提前，并能改善草坪外观质量。

3. 注水通气

注水通气即利用注水打孔机将细小的高压水柱射入草坪根系层的作业。注水打孔机是传统针孔式打孔机的创新类型，打孔间距 3～15cm，打孔深度可达 10～20cm，可有效减少草坪表面的紧实度，改善土壤水的渗透性，而且可以促进草坪草根系生长。夏季实施注水打孔有利于草坪草正常越夏。由于注水式打孔作业不破坏草坪地面结构，对草坪表面不造成明显破坏，适合于高尔夫球场果岭草坪。

9.2 铺 沙

9.2.1 铺沙的作用

铺沙是草坪管理中表施土壤的措施之一，是指在草坪表面均匀地覆盖一层薄沙的过程（图 9-3）。当所施材料为壤土或一般沙土、土肥混合物时，称为表施土壤或覆土。现在，草坪管理者越来越倾向于全部用沙，所以称为铺沙或覆沙。

图 9-3　草坪铺沙作业

在草坪建植过程中，铺沙可以覆盖和固定种子、种茎等繁殖材料，并可提高土壤的保墒能力，有利于出苗。在已建成的草坪上铺沙，可以改善草坪的土壤结构，控制枯草层，防止草坪草徒长等，使草坪维持良好的剖面结构、透水性、通气性及养分状况。对于表面凹凸不平的草坪可起到填凹找平，促进坪面平整、外观漂亮，提高草坪均一性和平滑度的作用。入冬前的草坪铺沙，还可以有效地提高草坪草的越冬能力，提高抗旱、抗寒能力，对于秋播的新草坪尤为重要。

20 世纪 50 年代以前，由于缺少劳力和机械，在草坪管理中铺沙并不多见。随着工业技术和草坪业的发展，铺沙机、粉碎机、过筛机、搅拌机、拖耙机、输送机等系列专用机械的出现，使得铺沙作业实现了机械化，同时草坪管理者还总结出一系列与铺沙相关的草坪管理技术和经验。在现代社会，铺沙成了高质量草坪管理必不可少的养护措施之一。

9.2.2 铺沙的方法与标准

1. 铺沙的方法

早期的铺沙多采用人工铺沙方法或半人工方法，现在主要使用专用的铺沙机来完成，然后用拖网拖平，如高尔夫球场、运动场草坪等。个别情况下，如草坪面积较小或不具备机械操作条件时，也可用人工铺沙，用硬毛草坪刷或硬扫帚进行铺后整理。无论哪种铺沙方式，只要掌握少量多次、薄施勤施的方法，能将沙均匀地分布于草坪坪床表面，即可完成铺沙作业。

铺沙前，先根据铺沙目的和草坪面积确定铺沙厚度与用沙量，面积较大时应将草坪划分为适当大小的区域。铺沙时，将各区域内的用沙尽可能均匀地铺到草坪上，必要时可分两次完成。然后用机械或硬扫帚轻扫坪面，使沙滑入草坪叶片以下，落到土壤表面，覆盖住枯草层或填入凹坑和孔洞中。铺沙后，可适当滚压以确保坪面的平整性和坚实性。

现在，铺沙作业一般结合其他管护措施同时完成，特别是运动场或高尔夫球场草坪，为保证草坪的平整度和平滑性，铺沙已成为草坪养护的日常手段，而且常与打孔、施肥、滚压、覆播措施配合以达到更好的管理效果。但对一般草坪而言，铺沙并不是日常管理的内容，而是草坪管理的高级层次，通常只在控制枯草层或平整表面时才进行。

铺沙宜在草坪草返青期或生长旺盛期进行。冷季型草坪一般在 4～6 月和 9～10 月进行，暖季型草坪一般在 4～9 月进行。为越冬防护而铺沙时，亦可在入冬休眠前进行，并适当加大铺沙厚度。

2. 铺沙的作业标准

沙的选择方面，要保证所铺的沙松散、干燥，无盐碱、石块、泥块、杂草种子、病菌及其他植物的根、茎蔓等有害物质。在相同条件下，一般选用中沙或较细颗粒的沙，少用粗沙。河沙效果优于地沙（主要是病菌少、干净，含泥量少）。在沙源不足的情况下，普通绿地也可选用沙壤土代替。选用沙子的粒径大小最好和原草坪土壤的粒径一致。由于自然沙多含有各种杂质，所以在进行铺沙作业之前，最好对沙进行过筛处理，清除沙里的杂物后，再加以使用。

铺沙作业中的铺沙厚度、沙的用量与铺沙目的有关，应根据实际情况灵活处理。一般的原则是：为了改善草坪表面平整度、光滑度进行铺沙时，应薄施、勤施；用来填充孔洞时，可适当增加用量；当铺沙的主要目的是对草坪表层土壤进行改良时，可再加大些用量；对用于整个坪床土层改造目的的铺沙，则更要加大用量。

（1）一般性铺沙，为改善地表平整度、草坪平滑度，减少草坪枯草层，铺沙厚度为 0.3～0.4cm/次，合 3～4L/m^2、30～40m^3/hm^2；

（2）当结合打孔措施铺沙时，为了填充打出的洞孔，铺沙厚度为 0.4～0.6cm/次，合 4～6L/m^2、40～60m^3/hm^2；

（3）当为改良表层土壤或过冬防寒而进行铺沙作业时，铺沙厚度为 0.5～0.8cm/次，合 5～8L/m^2、50～80m^3/hm^2；

（4）当为改造草坪的整个坪床结构而进行铺沙作业时，可酌情加大铺沙厚度。此时一般结合过冬铺沙或深打孔进行，一般铺沙厚度都在 1cm 以上，约合 10L/m^2，用沙量 100m^3/hm^2，但每次铺沙量也不要太大，厚度最好不要超过 1.5cm。因为一次性铺得太厚，不仅覆盖住大量的草叶、草茎的生长点，而且造成草坪质量下降，影响草坪外观。

不同性质、不同用途的草坪，其铺沙频率和铺沙量也有很大差异。普通绿地草坪一般很少铺沙，除非草坪出现较为严重的过度践踏、土壤板结、草坪退化、枯草层、草坪老化等问题时，可结合梳草、打孔等措施，对草坪进行更新处理，此时应加大铺沙量。

质量要求较高的绿地草坪，可在建坪初期，结合播种、滚压等措施进行铺沙，主要是为了提高地表的平整度和草坪的均一性，使草坪更美观。对于用铺草皮的方法建植的草坪来说，铺沙则很有必要，因为这样可以使沙填充草皮块之间的缝隙，提高草坪草的成活率、抗旱性，改善草坪外观质量。运动场草坪和高尔夫球场的球道草坪对地表的平整度要求较高，一般每年铺沙 2～3 次甚至更多。而对于高尔夫球场果岭草坪，由于其使用功能的特殊性，要求很高的平整度和平滑性，铺沙已成为常规管理措施之一。一般在开场期间，至少每周铺 1 次沙，但用沙量会很小，0.2～0.3cm 厚，只有当结合打孔穿刺方式进行铺沙时，用量可稍高些。果岭铺沙必须要结合滚压处理，使草坪草与沙粒、沙粒与沙粒、沙粒与土壤之间都结合紧密，不能使果岭草坪表面有浮沙存在。

9.2.3 注意事项

1. 铺沙厚度

铺沙对普通管理的草坪来说并不是日常措施，因此许多管理者对铺沙作业方法并不熟悉，经常会出现一些问题。最为典型的就是对铺沙厚度不了解，如有人因对铺沙保护草坪越冬的作用原理不甚了解，为保护草坪越冬，曾将沙铺到 2～3cm 厚，像草帘一样将整个草坪覆盖起来。其实铺沙保护草坪越冬，主要是通过保墒作用达到的。在地表铺一层沙，可以有效地阻止表层土壤失水，对于抗寒性弱、新建草坪或根系较浅的草坪来说，越冬保护作用非常明显。但是，若铺沙太厚，则不仅造成人力、物力的浪费，还会影响草坪草的长势和返青时间等。若连续铺沙过厚，还会在地表形成相对贫瘠的纯沙层，更不利于草坪草生长。

2. 铺沙均匀度

在铺沙作业中易犯的另一个错误是铺沙不均匀，尤其是在人工铺沙时更容易造成漏铺、重铺，导致坪床不平整，影响草坪外观和使用功能。除了精细操作外，沙的干湿度对铺沙均匀性影响也很关键。干燥的沙较容易分散均匀；潮湿的沙易成团，影响沙粒在草叶下的自由洒落和在水冲作用下的横向运动。此外，含泥量过多的沙，也会降低沙的流动性，造成分布不均。

3. 铺沙准备工作

铺沙前的准备工作对铺沙效果也有重要影响。铺沙前草坪没有剪到合适的高度，容易造成沙将过长的草叶压弯或完全覆盖，形成叶片黄化，甚至死亡。草坪枯草层过厚时，铺沙会造成枯草层分解时产生太多热量而损害草坪草，或分解不完而形成地下阻隔层，滋生病害，阻断水分、营养下渗，改变草坪的外观和弹性等。正确的做法是在枯草层厚度小于 1cm 时，可以通过铺沙，结合施肥等措施，促使其分解、消失，转化为有机营养。但在枯草层厚度超过 1cm 时，应酌情梳草后再进行铺沙，或者通过减少铺沙量，采用分次铺沙的方法，使其逐步分解，转化为土壤养分。

在沙源不足时，常选用与草坪土壤相同质地的土壤作为表施材料。通常认为最好的材料是土、沙、有机质的混合物，所以常用堆肥的办法，将完成发酵分解过程的土壤和有机质的混合物过筛，再均匀地撒入草坪中，以达到与铺沙相似的效果。但作业时必须使材料保持干燥，且保证混合物中无病菌和虫卵等。

9.3　梳　　草

9.3.1　梳草的作用

梳草也称为"耙草"，是利用人工或梳草机对草坪内的枯草层和其他多余的根、茎、叶进行清理的一项作业。其目的是通过清除枯草层和草坪内的枯枝落叶，改善草坪表面通风状况，提高土壤透气透水能力，促进根系和茎叶更新。

枯草层是指在草坪内老的根、茎、叶等产生速度大于分解速度时，在草坪土壤表面积累形成的一层草毡状物质（图 9-4）。一般认为，当枯草层在合理的厚度时（一般几毫米）对草坪是有益的，此时有机质的积累速度和腐烂分解速度基本相当，枯草层处于一种动态平衡状态，可以源源不断地给草坪草根系带来营养。但当这种动态平衡被破坏，枯草层厚度大于 1cm时，则会对草坪形成危害。主要表现为：

图 9-4　草坪中的枯草层

（1）草坪的通气、渗水能力减弱，草坪根系与外界的物质交换受阻。枯草层越厚，问题就越严重；

（2）枯草层过厚导致草坪透气性差，进而影响草坪草的呼吸和光合作用，最终导致草坪的退化；

（3）枯草层为病原菌孢子、害虫提供了繁殖、越冬的场所，导致病害、虫害发生，且在喷药防治时，由于其阻隔和吸附作用，使药效减弱。

（4）过厚的枯草层形成养分、水分集中的表层，导致土壤中根系的萎缩，造成草坪草根系上移，新根向枯草层发育，草坪的整体抗逆性下降。

由于上述影响，过厚的枯草层不仅造成草坪管理难度增大、成本提高以及农药和肥料的浪费，还会形成对热能的储存作用，导致草坪草耐热、耐旱性降低，甚至大面积死亡。

因此，在枯草层厚度超过 1cm 时，应及时梳草清除。一般正常修剪的草坪不易形成太厚的枯草层，但粗放管理的草坪和具有匍匐茎的草坪草极易形成枯草层。

9.3.2　梳草的方法与标准

梳草的方法有人工梳草和机械梳草。在草坪面积较小或条件不允许时，常用钉齿耙进行人工梳草。对面积较大的草坪进行梳草时，宜选用拖挂式或自走式梳草机（图 9-5）。梳草机的刀片或梳草针按一定间隔松挂在一根水平滚轴上，滚轴由动力驱动高速旋转后带动刀片或梳草针垂直旋转，切入草坪并拉出枯草，有时亦可调整刀片划入土壤深度来切断根状茎。梳草机刀片划入草坪的深度应调整合适，刀头太高时，不能把枯草梳净；刀头入土太深，则会增加旋转的阻力，对草坪和设备都不利。

梳草的最佳时机通常是草坪返青前（或返青初期）和草坪草生长旺盛初期。因为一般情况下，梳草后的草坪大概需要 30 天的恢复期。对于冷季型草坪草而言，早春返青

图 9-5　自走式草坪梳草机

前梳草既可去除枯草层，也可清除出过冬时积累的枯黄茎叶和其他杂物等，加快土壤表层温度升高，促使草坪提前返青，返青后即进入快速生长的恢复期。同理，夏末秋初也是冷季型草坪梳草的好时机，此时草坪将要进入年度的第 2 个快速生长期，梳草可除去夏季病害等形成的各种枯叶和正常积累下来的枯草层。一般在合适时间进行梳草作业，几天内就可使草坪大为改观。对于暖季型草坪草来说，因为一年只有 1 次生长高峰，所以最佳的梳草时间应当在生长高峰来临之前的春末夏初时期。此时去除枯草层，可使其迅速恢复至理想状态。对于处于休眠状态的草坪，最好不要进行梳草处理。因为处于休眠状态的草坪草生命活动较弱，在梳草过程中对草根、茎形成的创伤不易恢复，且容易使地表浅层土壤失水。在生长期出现这种创伤，草坪草会出现萎蔫、变色等异常变化，较易引起管理者注意并采取措施；而处于休眠期、枯黄期的草坪，则不会有这些明显变化，极易使草坪管理者疏忽，造成第 2 年返青时草坪草大量死亡、密度降低等严重后果。

梳草作业的工作标准现在并未取得一个大家公认的结果。有的管理者认为梳草越干净越好，尽可能将枯草层全部清除，这样可使草坪处于一种生机勃勃的状态，就像新建植的草坪一样。也有的管理者认为应适当保留一些枯草层，这样可以使草坪的营养物质有一个自身补充和循环的过程。如果将枯草层清除得太干净、太频繁，势必会造成草坪营养缺乏，增加肥料用量，造成浪费。另外，过度梳草会使草坪草长时间处于恢复状态，降低其抗病害性等抗逆能力。过度梳草也容易对草坪造成极大破坏，甚至难以恢复。现在逐渐趋于一致的观点是梳草勿太频繁，也不要过度破坏浅土层根系，只要枯草层厚度不超过 1cm，应允许其存在和自行分解。

对于普通的绿地草坪，梳草工作并不是每年都要进行，只是在有明显的枯草层形成，并对草坪外观产生较大影响，或引起草坪退化或死亡时，才采取梳草措施。运动场或高尔夫球场草坪管理水平较高，修剪比较及时，一般不会形成太厚的枯草层，而在剪草时若不清除碎草，则会容易形成明显的枯草层，特别是对于多年使用的老化草坪，每年可进行 1～2 次梳草作业。

不同生长型的草坪草，枯草形成的速度差异很大。一般来讲，匍匐茎型（或根茎型）草坪草比丛生型草坪草更易产生枯草层。丛生型草坪草在粗放管理时也易出现枯草层，但较容易清除。匍匐茎型草坪草如匍匐翦股颖和沟叶结缕草等，在粗放管理时不仅易形成枯草层，而且过多生长的地上草茎交织在一起，像毛皮一样铺盖在地表，梳草时容易造成大块草皮与地面剥离，形成斑秃。因此，此类草皮应注意其生长状况，及时梳草，必要时进行水肥控制，防止旺长。日本结缕草虽不像匍匐翦股颖、马尼拉草坪那样易形成致密的枯草层，但在两年以上的结缕草草坪中，存在匍匐茎老化、叶鞘宿存带来的草坪外观质量下降等问题，此时适度梳草可除去一部分地上茎，促使其更新，从而改善草坪质量。在梳草作业的同时，也使大部分的宿存叶鞘得到清除、脱落，使草坪更加美观。

9.3.3　注意事项

（1）梳草作业时，应及时将梳出的茎叶等移出草坪，不能长时间在草坪上堆放，否则会影响草坪草光合作用，对草坪造成危害。

（2）梳草作业应在土壤与枯草层较为干燥的情况下进行，严禁在土壤或枯草层太湿时作业，这样不仅作业困难，还易对草坪形成过度伤害，并引发病害。梳草时，因为有大量的根和茎存于枯草层中，故这些根和茎易被拉断或切断。如果枯草层过湿，这种拉扯力会加大，可能会损坏更多的根和茎，特别是当刀片定位较低时，会使浅层土壤的根系受到更大的破坏。

（3）梳草作业前，应将草坪修剪到正常高度以免伤害更多草坪草。梳草后，草根草茎的切割、拉断会造成草坪草脱水，加之密度下降、通风状况改善使地表水分散失加快，为预防干旱胁迫，应及时进行补水措施。

（4）梳草后草坪密度的降低也会给杂草的入侵提供机会，因此在大面积草坪梳草时，最好能避开杂草易于萌生的时期。不能避开时，要特别注意杂草的萌生情况，及时通过喷洒选择性除草剂、修剪等措施清除，避免形成草荒危害。必要时，还可喷洒杀菌剂以预防病害。

9.4　覆　　播

9.4.1　覆播及其目的

在亚热带地区，暖季型草坪进入秋季枯黄期的时候，将冷季型草坪草种播种于暖季型草坪之中使其生长，使暖季型草坪在休眠期获得一个良好外观的草坪，这种措施称为覆播，也称"盖播"或"交播"。覆播目的是延长暖季型草坪草的绿色期，保持其草坪质量和使用功能。覆播后，冷季型草坪草萌发并迅速生长，代替暖季型草坪草行使"临时草坪"的功能。翌年随温度的回升，暖季型草坪草开始返青和加速生长，而冷季型草坪草生长受高温抑制并逐渐被暖季型草坪草替换。

9.4.2　覆播的方法

覆播作业的方法有多种，可用不同的设备、器具，采用不同的作业模式。一个总的原则是：使覆播的种子尽可能多地落到土壤表面，与土壤混合或被覆土遮盖住，以保证覆播草种的有效发芽数量。

为确保覆播成功，覆播前需要对现存草坪进行枯草层清除、水肥控制和杂草控制等准备工作。当枯草层较厚时，覆播的种子很难落入合适的土壤中生根发芽。在枯草层中生根发芽的幼小植株很难适应枯草层的条件，极易出现芽干、缺水致死等现象，导致播种失败，因此应提前进行梳草作业。覆播作业的草坪还需进行水肥控制，特别是控制施肥，目的是削弱原有草坪草的生长势，给覆播草种以更大的竞争机会，使其顺利生长，达到覆播的效果。一般情况下，在作业前 2～4 周停止施肥，但在播种作业时则应施足肥料，必要时在养护过程中还要适当追肥，以保证足够的养分供应，加快覆播草种生长。覆播前通常要对草坪进行梳草、打孔等破坏性作业，削弱了暖季型草坪草生长势，这些措施既给覆播草种提供了竞争的优势，也给杂草的侵入创造了机会，特别是当原来草坪密度较低、杂草较多时，可能使覆播草种被杂草替代而造成覆播失败。为了防止杂草借机入侵，要科学安排覆播季节，必要时应在覆播前进行杂草清除作业，杂草清除方法应视具体情况而定。如选用化学方法，应考虑药效残存期对草坪幼苗的影响，最好预留足够长的保护期，通常做法是提前 50～90 天对草坪喷施萌前除草剂。

覆播时，若暖季型草坪土壤较疏松、密度较低，可直接播种，然后拖耙（有条件时也可以覆土或铺沙），最后灌溉即可。如果暖季型草坪密度较高、枯草层较厚时，可结合梳草、打孔、铺沙和拖耙等措施进行。但打孔数量不够易造成覆播草种集中于洞孔中丛状生长，造成幼苗分布不均。为避免此种结果，提高种子的有效发芽率，常采用多次打孔的办法，即在覆播前 50 天左右先打孔，在正式覆播前再轻打孔。还可以利用垂直切割机划破土壤，然后进行播种、镇压、灌溉等。此方法的特点是操作简单，工作效率高，覆播后草坪的均一性较好，但对草坪的破坏较为严重，必须掌握恰当的作业时间。

9.4.3　覆播关键因素

1. 草种选择

选择合适的草种至关重要。在选择草种时，首先要考虑其对当时、当地的环境、土壤等条件的适应性，选择适应性好、生长势强的草种或品种。其次，要选择发芽快、建坪迅速的草种，缩短发芽和苗期过程，提高成功率。再次，要选择寿命较短的草种，以利于暖季型草坪草在翌年返青后草种交替，防止冷季型草坪草过度竞争而出现冷、暖季型草坪草混合生长。常用于覆播的冷季型草坪草有多年生黑麦草、一年生黑麦草和粗茎早熟禾等。

2. 播种量

播种量是否合适是覆播成败的另一关键因素。由于覆播是在已有草坪上进行播种，无论采取何种作业方法，总有一部分甚至大部分种子不能正常出苗，或出苗后因原有草坪草的竞争而在苗期死亡。因此，一般覆播的播种量比正常情况下建植草坪的播种量要高得多，考虑到具体草坪草种和具体的操作方法，草种的用量可为普通草坪建植播种量的 2～10 倍。

3. 覆播时间

覆播时间同样影响覆播的成败。覆播时间的选择应考虑两方面因素：一方面是选择暖季型草坪草竞争力较弱时；另一方面是选择冷季型草坪草种子萌发最有利的时间。综合考虑这两个方面因素，才能掌握最恰当的时间，减少二者之间的矛盾，提高覆播成功率。若等到暖季型草坪草竞争力最弱时覆播，冷季型草坪草往往已错过最佳的出苗期，而在冷季型草坪草出苗最佳时间，暖季型草坪草还保持着一定的长势。因此，在实践中要根据实际情况及时调整，不可太早或太迟。覆播太早，冷季型草坪草的出苗势必会受到暖季型草坪草影响，覆播太迟则会造成冷季型草坪草成坪速度减慢，养护期延长。一般在初霜期到来前的一个月左右，或在秋季日平均气温降至23℃时进行覆播比较合适。

9.5 滚 压

滚压是利用一定重量的滚压器对草坪进行的镇压作业，是草坪管理中一项重要的特色措施。

9.5.1 滚压的作用

不同的时期和草坪状况，滚压的作用也不同：

（1）在草坪建植时，滚压是常用的平整手段。对耕翻、平整后的坪床进行滚压，可使坪床表面平整、结实。但不能用滚压来代替土壤平整，它只是对坪床表面的一种微调。

（2）播种后滚压可使种子与土壤紧密接触，促进种子萌发，提高出苗整齐度。铺植草皮后滚压，既可使坪面平整，又可使草皮根系与坪面接触良好，防止根系失水受旱。

（3）幼坪时，适度滚压可以有效促进草坪草分蘖和匍匐茎伸长，增加草坪密度和平整度，还能抑制地上茎叶生长，促进根系生长，提高草坪抗逆性。

（4）成坪后，滚压可保持草坪平整度和一定的硬度，提高草坪耐践踏能力。

（5）有土壤冻层的地区，冻融作用反复交替可造成植株被拱起和草坪表面高低不平，同时由于根系裸露，植株的抗寒性降低。滚压可把凸出的草坪压回原处，消除上述不良影响。

（6）蚯蚓、蚂蚁等在土壤中的活动虽可以疏松土壤，但也堆土于草坪上，影响草坪平整性和外观，可通过滚压来进行修复。

（7）运动场草坪管理中，滚压可提供一个结实、平整的表面，并使运动过程中被拉出根的草坪草复位。此外，不同走向的滚压可以使草坪草叶片反光形成各种样式的条纹。

（8）在生产草皮时，滚压有助于获得厚度均匀一致的高质量草皮；同时也可以减少草皮厚度，降低土壤损失，延长土地使用年限。

9.5.2 滚压方法

滚压可用人力推动或机械牵引。手推滚轮重60～200kg，滚压宽幅0.6～1.0m；机械牵引的滚轮重80～500kg，滚压宽幅可达2m。滚轮常为空心的铁轮，可通过充水或沙来调整重量。滚压的重量依滚压的次数和目的而定，如为了修整床面，宜少次重压（200kg），出苗后的首次滚压则宜轻压（50～60kg）。避免滚压强度过大造成土壤板结，或强度不够达不到预期效果。

　　同修剪一样，滚压不能每次都在同一起点按同一方向、同一路线进行，否则会出现纹理，影响草坪草生长和草坪使用功能。

9.5.3　注意事项

　　滚压的时间一般根据目的而定，如播种后、起草皮前、铺植草皮后等均需适度滚压。正常管理的草坪，滚压通常在草坪草生长旺盛季节进行，草坪草生长较弱时不宜滚压。若出于利用要求，滚压则宜在草坪建坪后不久、早春开始修剪后进行。

　　滚压可改善草坪表面的平整度，但也会带来土壤紧实等问题，对草坪草生长产生不利影响，因此要根据不同的情况慎重分析和使用。在过度潮湿的土壤上，应避免高强度滚压，以免造成土壤板结，影响草坪草根系生长。在过于干燥的土壤上，也要避免重压，防止损伤草坪草茎叶。滚压应选择在土壤潮而不湿时进行。为减轻滚压的副作用，滚压后的草坪应定期进行打孔通气、梳草、施肥和铺沙等，以改善表层土壤的紧实状况，使草坪草生长在良好的土壤环境中。

复习思考题

　　1. 简述打孔对草坪的积极作用和负面影响。

　　2. 如何合理运用打孔通气措施？

　　3. 铺沙有哪些作用？作业时有哪些注意事项？

　　4. 简述枯草层对草坪的利与弊。

　　5. 简述梳草的注意事项。

　　6. 何为覆播？它受哪些关键因素影响？

　　7. 滚压有哪些作用？

第10章

专用草坪

根据草坪的主要功能和使用目的，通常将其分为运动场草坪、绿地草坪和水土保持草坪三种主要类型。运动场草坪包括足球场草坪、橄榄球场草坪、高尔夫球场草坪、棒球场草坪、网球场草坪、赛马场草坪等；绿地草坪包括公园草坪、庭院草坪、校园草坪、城市道路草坪、机场草坪、墓地草坪等；水土保持草坪主要指在河流堤岸、公路铁路护坡和山体等坡面用于防止水土流失的草坪。

10.1　运动场草坪

运动场草坪是指在人工培育条件下生长的能承受人类体育运动的草本植物群落。它是在特定环境条件下生长的人工植物群落，为人类提供优良的运动草坪场地。依据运动项目的不同，不同的运动场草坪在草坪建植与养护管理水平、草坪质量要求等方面存在较大差异。

10.1.1　足球场草坪

10.1.1.1　足球运动简介

足球运动历史悠久，有关足球运动的起源主要有两种说法。一种说法是足球运动起源于古罗马，后传入英国，直到公元11—12世纪才广为流行。公元13世纪曾被英国国王禁止，后因其激烈的对抗形式对军队训练的特殊影响而又开禁。另一种说法是足球运动起源于中国。据史料记载，在战国时期的民间盛行一种叫作"蹴鞠"的游戏，其运动形式和规则与现代足球运动非常相似，至唐宋时期，还出现了从事该项运动的专业人员与社会组织。国际足联也认为，古代足球运动起源于中国，由战争传入西方。

有关古代足球运动的起源仍需考证，但现代足球运动诞生于英国被全世界所公认。国际上通常将英国足球协会成立日即1863年10月26日作为现代足球运动的诞生日。此后，英国人将足球带到世界各地，足球运动开始普及。1900年，足球被列为第二届奥运会正式比赛项目。1904年5月21日，国际足球协会联合会简称国际足联（FIFA）成立，并于1924年开始负责奥运会足球比赛的组织工作。从此，足球运动成为世界性的体育运动项目。目前，足球运动作为世界三大球类运动之一，在全世界拥有数以亿计的球迷。

足球比赛往往被人们称为"绿茵赛事"，由此可见足球场草坪与足球运动的紧密关系。它不仅能使足球运动员充分发挥竞技水平，并减少其在运动中受到的伤害，而且还能满足观众的审美情趣，提高足球运动的观赏性。另外，足球场草坪质量的好坏在一定程度上也反映了足球运动水平的高低。

10.1.1.2　足球场场地规格

足球场场地呈长方形，长 90～120m，宽 45～90m，具体大小依场地环境和用途而定。球场通常中间高四周低，坡度 0.3％～0.5％，呈龟背形，场地铺设草坪。世界杯赛的标准足球场比赛场地大小为长 105m，宽 68m。

10.1.1.3　足球场类型

1. 按照使用性质分类

足球场按照使用性质通常可分为专业足球场和田径足球场。专供足球比赛使用的运动场地称为专业足球场，通常为专业足球俱乐部所拥有。田径足球场通常是指将足球场和田径赛场相结合建造的体育场，足球场布置在田径场跑道中间。这类体育场既可以举行田径和足球比赛，又可以举行大型活动如开幕式等，多为综合性体育场。

2. 按照坪床结构分类

坪床结构是影响足球场草坪质量的最重要因素之一。良好的坪床结构，不仅有利于维持草坪草的健康生长和草坪的养护管理，而且可以为运动员创造良好的训练和比赛条件。例如，突如其来的大雨可能会造成在不良坪床结构的场地上进行的比赛不得已而推迟，而良好的坪床结构则可以保证比赛如期进行，或者在大雨过后很短的时间内重新开始。这对于一些赛程安排紧密的大型赛事来说尤为重要。

根据坪床结构，可以将足球场分为天然型、半天然型和人工型三种。

天然型足球场是指原有表层土壤条件较好而草坪质量要求又不高时，可以对原有场地进行简单疏松、平整后直接建植草坪。这种球场建造费用较低，主要用于一般比赛，如机关、学校等单位的球场。

半天然型足球场通常是对原有坪床进行部分改良以改善土壤质地或解决排水不良等问题，使坪床基质更加适合草坪草生长和符合场地使用质量要求。目前，常用的改良方法主要有改良或更换表土、增设排水系统和表层铺沙等。

人工型足球场地是根据设计而建造的，所有建造材料均来自场外，种植层以纯沙搭配改良剂为主。高水平体育中心和专业足球俱乐部场地多为人工型，球场草坪质量要求很高。常用于人工型足球场的坪床结构有高尔夫球场果岭结构、沙床结构、加利福尼亚坪床结构、韦格拉斯坪床结构、PAT 坪床结构等。其中，PAT 坪床结构是将整个场地当成一个单元，底部和四周使用合成防渗材料紧密包裹，其中主排水管与泵房连接，可以通过泵房来控制球场是否需要排水。如果刚刚下过大雨，需要排水，则启动水泵，场内多余水分可通过支管进入主管后排出场地。如果球场缺水，浇水后为避免水分流失，则关闭主管出口，水就会保存在场地内供草坪草利用。还可以将水泵入基层，通过浸润和毛细管作用使水分上升，供根系吸收。人工型足球场的建造一般包括球场设计、现场施工准备、底层土整平、排水系统安装、砾石铺设、粗沙过滤层铺设、根系层土壤铺设等步骤，需要时还可铺设地热管道以延长草坪使用期。

10.1.1.4　足球场草坪建植与养护管理

1. 坪床准备

坪床是足球场草坪成功建植和达到质量要求的基础和关键，良好的坪床才能生长出优质的草坪。坪床准备工作主要有场地勘测、坪床清理、灌排水系统设计与铺装、土壤改良、坪床平整等。

场地勘测主要是对现场进行调查测量和资料搜集，以了解场地及周边的基本情况，为后续工作提供基础资料和施工依据。勘测内容一般包括气候条件、土壤条件、水文状况、地形地貌以及交通情况和材料购置条件等。

坪床清理是在球场建造正式开工前对影响坪床施工和草坪草生长的建筑垃圾、杂草树桩以及其他废弃物等进行清理的一项必要工作。

灌排水系统设计与铺装是直接影响球场草坪草生长和草坪使用质量的一项关键环节，通常依据当地气候条件、土壤条件、草坪质量要求和资金状况等综合考虑，草坪质量要求越高，灌排水设计和铺装要求越严格。灌溉系统建造主要包括给水管道的铺设与连接、水泵设置与安装、喷头安装与调试等。排水系统建造主要包括开挖排水沟、铺设排水管、填充砾石与粗沙等。

土壤改良是指通过采取一些措施（如添加有机质到含沙量高的根系层），使坪床基质更加有利于草坪草生长或提高坪床的稳定性。

坪床平整主要包括挖填方、粗平整和细平整，目的是创建一个符合设计要求、适度紧实且达到种植标准的平整地面。

2. 草种选择

草种选择直接关系球场的使用质量和寿命。通常在选择草种时应综合考虑以下几个因素：草坪质量要求、草种特性、气候和环境条件、使用强度和场地养护条件等。可供建植足球场草坪的草种其实并不多，常用的冷季型草坪草有草地早熟禾、高羊茅、多年生黑麦草和紫羊茅等，暖季型草坪草有狗牙根、结缕草、假俭草和地毯草等。我国长江以北和南方高海拔地区应首选冷季型草坪草（也可选抗寒性强的暖季型草坪草），长江流域及以南地区应首选暖季型草坪草。不同的草种在生长特性、外观表现、抗逆性和使用效果等方面差异较大，下面简要介绍几种。

在冷季型草坪草中，草地早熟禾是足球场草坪的理想选择。草地早熟禾分蘖能力强，同时具有较发达的根状茎，形成的草坪强度大，恢复能力好，耐磨损性和摩擦力适中。但用草地早熟禾建植足球场草坪时，最大的不足是：种子建植需要的时间长，单播至少需要 12 个月才能使用；铺草皮可缩短建植时间，但成本较高。此外，用草地早熟禾与多年生黑麦草混播建坪，可提高足球场草坪的耐磨损能力和耐践踏性。常用的草地早熟禾和多年生黑麦草混播比例为 9∶1 或 8∶2。

多年生黑麦草适用于非极端温度条件下建植足球场草坪。它具有发达的根系，形成的草坪耐践踏和磨损，抗病虫害能力也不错，且播种建坪需要的时间很短，一般 60～90 天即可使用。同时，多年生黑麦草还常用于过渡地区暖季型足球场草坪的交播，以提供冬季的草坪外观和使用功能。从足球技术角度而言，多年黑麦草是最为适合做足球场草坪的草种之一，尤其深受欧洲足球运动员的推崇。但由于多年生黑麦草没有匍匐茎或根状茎，因此恢复能力差，不易形成致密的草坪，加之其耐极端低温和高温的能力较弱，使得其在四季气候变化较剧烈的地区很少用于足球场。

高羊茅较少用于高质量足球场建植草坪，主要是因为其质地较粗糙和不耐低修剪。但随着科学研究和育种技术的发展，高羊茅的这些不足已得到部分改进。高羊茅是冷季型草坪草中耐热性和抗旱性最好的草种，耐践踏性也很强。但高羊茅没有匍匐茎和根状茎，恢复能力差，形成斑秃后会严重降低草坪质量。混入适当比例的草地早熟禾种子可提高高羊茅草坪的恢复能力。

狗牙根是亚热带和热带地区建植足球场草坪的首选草种。狗牙根具有发达的匍匐茎和根状茎，根系强大，在适宜的季节生长速度快，恢复能力强，耐践踏和磨损。但晚秋或冬季，狗牙根生长缓慢甚至枯黄，此时可通过交播多年生黑麦草来弥补。狗牙根可用种子或营养体建坪，建坪速度较快，一般 2～3 个月后即可投入使用。此外，狗牙根耐阴性较差，如果场馆遮阴较严重，应考虑选用其他草种。

与狗牙根相比，结缕草的耐磨性、抗病虫害能力更强，且管理强度更低，同样适用于建植足球场草坪。结缕草还具有较强的抗寒性，即使在过渡带的北部地区（如北京、天津）也可使用，但冬季也会枯黄，缩短草坪使用时间。结缕草虽然具有发达的匍匐茎，但其生长速度较慢，严重损伤后的自我恢复能力较差，不建议在使用强度较大的足球场上建植草坪。

3. 草坪建植

足球场草坪可用种子直接播种建植，也可用营养体建植。具体方法和操作可参考本书第 5 章。足球场草坪因对密度要求较高，故播种量比一般草坪要高，可根据草坪质量要求和场地状况等适当调整。

4. 苗期管理

新建植的幼坪一般需 4～6 周的精细养护。保持坪床表层土壤湿润直到幼苗长到 2～3cm 或匍匐茎长出新根并恢复生长，然后逐渐减少灌溉次数，增大每次灌溉量，且适当干旱可促进根系深扎，提高抗旱性。此时，必要的施肥可加快草坪草生长，加速成坪。待冷季型草坪草长到 6～8cm 或营养体建植的暖季型草坪草长到 3cm 时，即可进行首次修剪。修剪要遵循 1/3 原则，逐渐修剪至正常高度。对于直接铺草皮的草坪，1 周后即可修剪。幼苗期要注意控制杂草、病虫害等，防止造成严重后果而影响成坪，但除草剂要慎用。

5. 足球场草坪养护管理

修剪是足球场草坪养护的主要工作之一。足球场草坪一般保持 2～4cm 的修剪高度，因草种和比赛级别等而不同。生长旺盛期通常每周修剪 2 次，其余时间每周修剪 1 次。赛前 1～2 天应进行一次修剪，以达到比赛要求的高度。

足球场草坪的施肥时间、肥料种类和用量等要依据草坪草生长状况、草坪质量要求、气候与土壤条件、使用强度和修剪频率而定。定期对足球场坪床土壤进行取样化验是一个不错的做法，化验结果可帮助管理者制订合理的施肥计划。通常，施肥应以复合肥为主，每生长季施 3～5 次，10～20g/m²，其中纯氮 3～5g。

足球场通常采用地埋式自动喷灌系统或大型喷枪进行草坪灌溉。一般以清晨浇水为宜，施肥后要立即浇水以防烧苗。浇水量依坪床结构而定，一般以浇透 15cm 土壤深度为宜。为确保比赛时的坪床表层具有适宜的硬度和干燥度，一般在比赛前 24～48h 内停止灌溉。

足球场在经过长期使用后，地表会变得非常坚硬，通气和透水能力明显降低，从而抑制草坪草的正常生长。为此需要每年对球场进行至少两次的打孔通气。

铺沙的主要目的是填平球场表面越冬后产生的裂缝以及凹凸不平区域，并改善球场的表面硬度。这项工作可在全年任何季节进行，但要考虑比赛时间，最好在赛季开始前一段时间进行。每块足球场的铺沙量为 20～60t，沙子要与肥料、补播种子等混合使用。

滚压可以增加分蘖和促进匍匐茎的生长，使匍匐茎的节间变短，从而可以使草坪变得致密；滚压还可以整平局部的凹凸不平，使土壤与草坪草的根系紧密接触，以保证草坪草从土壤中吸收养分。常用的滚重为 350kg 左右，在赛后或铺沙后进行。

病虫草害防治是足球场草坪养护管理的又一重要工作。通常，人工型足球场草坪的杂草相对较少。足球场草坪常见病虫草害与普通草坪相似，具体发生种类和防治措施参见本书第 8 章。

比赛后要及时修复由于运动员的剧烈活动对草坪造成的损伤，以便草坪能够快速恢复。适量施肥和灌溉非常重要，同时对破坏较为严重的区域应特殊处理，如铲去烂草，松土，平整，重新铺草皮等。此外，适度滚压，以恢复表面平整度。

10.1.1.5　足球场草坪质量要求

足球场草坪质量对于提高足球的运动质量和球员的安全性十分重要。运动质量取决于表面层及下层材料的性质，即足球场表层土壤及其着生的草坪性质。除草坪的外观质量（如密度、色泽、均一性、质地等）和绿色期、抗逆性等性状以外，足球场草坪的功能质量尤其重要。它主要包括球场草坪的弹性和回弹力、球的滚动距离、草坪摩擦性能、草坪的硬度和强度等指标。此外，为了更好地评价足球场草坪对比赛的综合影响，有些国家还把球员的感觉作为质量评价的项目之一。

草坪弹性和回弹力对运动场草坪极为重要，但在实际中不易测定。一般用反弹系数来综合表示弹性和回弹力。测定方法是将被测场地所使用的标准赛球在一定高度（一般为 3m）使其自由下落，记录当球接触草坪后的第一次反弹的高度，以反弹高度占下落高度的百分数表示。国际上常用的推荐标准是 20%～30%。

球的滚动距离主要用来表明草坪的平滑度。测定方法通常是将一个标准比赛用球置于一个高 1m、斜边与水平面成 45°角的三角形测架上，使球沿滑槽下滑，测定足球从接触草坪到停止滚动后的距离。这一距离越长，表示草坪表面越平滑；反之则草坪越粗糙。国际上常用的推荐标准是 4～10m。

草坪摩擦性能是指相互接触的物体在相对滑动或方向改变时受到的阻碍作用，通常包括滑动摩擦和扭动摩擦，主要反映运动员脚底与草坪表面之间的摩擦状况。滑动摩擦性能常用装有足球鞋钉的圆盘来测定。扭动摩擦性能常用转动系数法测定。

草坪硬度是指草坪抵抗其他物体刻画或压入其表面的能力，常用施加的力与表面变形程度的比值来表示。测定仪器有克勒格表面硬度计等。

10.1.2　高尔夫球场草坪

10.1.2.1　高尔夫运动简介

高尔夫是当今世界最受欢迎和极富魅力的运动项目之一，是人们在绿草如茵、环境优美的特定场地上，使用一套球杆，按照一定的规则，依次击球入洞的一项户外运动。高尔夫的称谓来自英文 Golf 的音译，而人们通常又将组成 Golf 的 4 个英文字母分别赋予绿色（G——green）、氧气（O——oxygen）、阳光（L——light）、步履（F——foot）的含义，以此来形象地表达高尔夫这项运动所代表的内涵和本质，即在享受大自然清新空气和舒适阳光的同时，行走在绿色草坪上而进行的运动。

关于高尔夫运动的起源，大多数人认为高尔夫运动起源于苏格兰，并被英国人写入《大不列颠百科全书》。一种说法是高尔夫运动起源于苏格兰牧童在放牧过程用弯曲的木棍击打石头来驱赶羊群而形成的游戏；另一种说法是高尔夫起源于苏格兰渔民在回家途中用弯曲的木棍击打小圆石的自然行为。

荷兰学者和历史学家称，古代荷兰流行一种"KOLVEN"运动，与现代的高尔夫球非常相似。它是用棒打击小的石头，久而久之就产生技术、力量因素和竞技的意识，比谁击得远、击得准。后来荷兰商人将此项运动带到苏格兰。

也有人说高尔夫运动起源于中国。据史料记载，出现于我国唐朝时期的一种叫作"捶丸"的游戏酷似早期的高尔夫运动。"捶丸"即击球入窝，流行于宋元时期，并有人著有《丸经》书。有人据此推断高尔夫起源于中国。

虽然起源说法各异，但由于现代高尔夫运动的发展具有鲜明的苏格兰烙印，故人们更倾向于高尔夫的发源地和故乡是英国的苏格兰。这是因为现代高尔夫运动的发展和传播都源于苏格兰。早在 1744 年，世界上第一个高尔夫俱乐部"绅士高尔夫球社"（现名爱丁堡高尔夫球会）在苏格兰成立。1754 年，圣·安德鲁斯高尔夫俱乐部，即现在的"圣·安德鲁斯皇家古典高尔夫俱乐部"诞生。由于皇室的参与，这个俱乐部逐渐在高尔夫界取得了领导地位。它不仅制定了当今的高尔夫运动规则，还主办了包括英国公开赛在内的一系列重要比赛。

高尔夫运动随后陆续传入欧洲、大洋洲、美洲、亚洲和其他地区，并得到广泛发展。目前，美国有高尔夫球场约 1.6 万个，打球人数约 3 千万。日本有高尔夫球场 2000多个，打球人数约 2 千万人。澳大利亚有球场 1400 个左右，瑞典有 500 多个球场，泰国也有上百个球场。美国是世界上高尔夫运动最普及的国家，高尔夫已达平民化程度。美国的高尔夫球协会与苏格兰的圣·安德鲁斯皇家古典高尔夫俱乐部一起，成为世界高尔夫运动的领导者，高尔夫运动规则即由两者共同制定并沿用至今。从高尔夫运动在全球的普及面、奖金额度、高尔夫用品工业及市场的规模、电视转播的影响面等方面来看，高尔夫已经成为与足球、网球齐名的世界三大运动之一。

与上述国家相比，中国的高尔夫运动发展相对缓慢和滞后。1984 年，我国首家高尔夫球会——中山温泉高尔夫球俱乐部在广东成立。翌年，第一家中外合作经营的高尔夫俱乐部——深圳高尔夫俱乐部正式营业。1986 年 5 月，中国高尔夫球协会（China Golf Association，CGA）在北京成立。改革开放和经济增长推动了高尔夫运动在我国经济比较发达的东部和沿海地区（如北京、天津、上海、山东、广东等地）快速发展。目前，中国已有 500 多家高尔夫球场和俱乐部，还有众多的练习场。经济的发展、生活水平的提高和高尔夫运动的魅力，使人们对高尔夫的热情不断高涨。自 1995 年深圳观澜湖成功举办高尔夫球世界杯赛开始，重大高尔夫国际比赛陆续在中国举行。高尔夫运动的兴起也带动了与高尔夫相关的球具、服饰、传媒、教育等新兴行业以及种子、肥料、农药、机械等传统行业的发展。国内数十所大学和高职院校开办了高尔夫运动或球场管理专业，甚至成立了高尔夫学院。伴随着高尔夫成为 2016 年奥运会正式比赛项目，高尔夫运动在我国也必将得到快速发展和普及。

10. 1. 2. 2　高尔夫球场

标准高尔夫球场为 18 个球洞。通常，1～9 号洞为上半场，10～18 号洞为下半场，各洞首尾相邻（图 10-1）。打球时，常以组为单位，每组不超过 4 人。一般先从 1 号洞发球台发球，以最少的击球数将球击入 1 号洞果岭上的洞杯，依次按顺序打完 18 个洞。洞是球场的基本组成单位，每个洞基本由果岭、发球台、球道、障碍区 4 部分组成。果岭是每个洞击球的终点，是推杆击球入洞的短草草坪区域。发球台是供开球用的一块平整草坪。球道是发球台和果岭之间的修剪平整的短草草坪区域，是通往果岭的最佳路线。障碍区指球场上为增加打球难度而设置的沙坑、水域、树木以及修剪较高的草坪（高草区）等，提高每个洞的挑战性、趣味性和变化性。

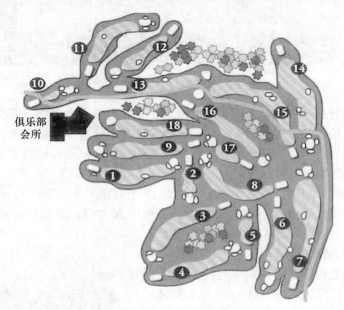

图 10-1　高尔夫球场平面设计图

高尔夫球场大都依自然地形设计和建造，长短、宽窄不一，起伏变化多端，植物景观配置风格各异，所以，世界上找不到两个一模一样的高尔夫球场。根据自然的地形条件，高尔夫球场的种类大致可分为山岳球场、河川球场、丘陵球场、森林球场、海边球场、平原球场、沙漠球场等。

球场的种类没有绝对的划分标准，对于大多数球手而言，他们最喜欢的是综合了各种地形特点的球场。山峦充当果岭背景，高大的树木映衬着球道，小溪从宜人的山谷潺潺流过，碧波荡漾的湖泊环绕在球洞间，球道蜿蜒在缓缓起伏的山谷中，洁白的沙坑点缀着绿草，在这风景如画的地方打球，情趣倍增。

10. 1. 2. 3　高尔夫球场草坪建植与养护

1. 果岭

1）果岭概述

果岭（green）是一片管理精细的草坪，是推杆击球入洞的地方（图 10-2）。果岭草坪的质量好坏常常决定了高尔夫球场的等级，是高尔夫球场最重要和养护最细致的地方。在果岭上只准使用推杆击球。每场球有 1/2 的杆数是在果岭上进行的。所以，果岭的设计、建造和养护极为重要。

图 10-2　高尔夫球场果岭

果岭草坪修剪高度很低，以便于球的滚动。果岭上有一个球洞，洞内有一个供球落入的杯。洞的直径为 10.8cm，深 10.16cm。杯的中心插有一根带旗帜可移动的旗杆，旗杆能为远距离的选手指明果岭的方位，旗杆上的旗帜或其他标记物颜色可以为选手提示球洞在果岭上的相对位置。

果岭平面形状无规则，通常标准的球场有 18 个面积不等、形状不一的果岭。总之，在果岭设计上，面积适当，轮廓变化多样，造型丰富多彩，与周边的沙坑、高草相映相衬。

2）果岭坪床结构

目前，国际上常推荐使用的果岭建造方法为美国高尔夫协会果岭建造标准。该标准由美国高尔夫协会于 1960 年首次提出，并经过多次调整。美国高尔夫协会标准果岭结构层次如图 10-3 所示。在地基和排水层以上是砾石层、粗沙层和根际层。

① 砾石层：在排水层的基础上，铺上一层厚约 10cm 经水冲洗过的粒径为 4～10mm 的砾石，将整个果岭地基铺满。使用水冲洗过的砾石是为了减少石粉、脏物对石子间隙的堵塞，以便将来根际区多余的水能迅速地排入排水管道内。砾石粒径最适大小为 5～7mm。

图 10-3　果岭坪床结构层次示意图

② 粗沙层：在砾石层和根际层之间有一层厚度为 5cm、颗粒直径为 1～3mm 的粗沙层。它能防止根际层的沙子渗流到砾石层，阻塞排水管。沙的流失会造成果岭表面发生变形，破坏了原来的造型。粗沙层使水从根际区渗到砾石中有一个缓解的过程，能稳定果岭结构，对根际区的沙有阻挡作用。

③ 根际层：即果岭草坪草根系生长层，通常厚度为 30cm 左右。标准的现代球场的根际层由沙和有机质组成。沙子通透性好，渗透力和渗漏力高，不易造成根际层紧实，

有利于果岭形成一个光滑的表面。但沙子的缺点也明显，持水、保肥能力差，故通过增加有机质进行改良。有机质种类很多，常用泥炭。有机质与沙子的混合比例为 1：9 或 2：8。在铺放沙子混合物时，分层边放、边浇水、边压实。浇水的好处是能充分地压实沙子，使湿沙粒之间紧密结合，造型完成后，不论喷灌或雨淋，形状不易改变。如果是干沙造型的果岭，极易出现渗沙变形。

3）果岭草坪建植

① 草种选择。正确选择草种是果岭草坪高质持久的重要基础。本书介绍的草种选择的基本原则和方法对果岭草坪草的选择也是适用的。适于果岭的草种应具有如下特性：低矮、匍匐生长习性和直立的叶；能耐 3mm 的低剪；很高的茎密度；叶质地精细，叶片窄；均整；抗性强；耐践踏；恢复力强；无草丛。

我国南方地区多选择百慕大系列草种，即采用矮生天堂草（Tifdwarf）和天堂 328 草（Tifgreen）。天堂 328 草是普通狗牙根和非洲狗牙根杂交后子代中分离的杂交种。矮生天堂草是天堂 328 草的变种。两个草种有许多相似的特性。它们除保持百慕大草原有的一些优良性状外，还具有叶色浓绿、茎节短、叶细质地佳、耐低剪、耐践踏、恢复能力强、抗旱和耐热等优点，极适合用作南方果岭草种。近几年，很多南方地区的球场也开始用海滨雀稗（夏威夷草）和杂交狗牙根老鹰草（Tifeagle）作果岭草种。

北方寒冷地区、海拔较高的温暖地区、潮湿和过渡气候带，用作果岭草的有匍匐翦股颖和匍匐紫羊茅等。匍匐翦股颖应用最普遍，该草质地细软、稠密、匍匐茎强壮、扩展性好、低矮生长、耐低剪和耐践踏性中等，须根系，对土壤适应性较广，适宜的 pH 值为 5.5～6.5，抗盐和抗淹，但过夏困难，易形成枯草层。常见的匍匐翦股颖品种有 Penncross、Putter、PennA-1、PennA-4、PLS、L-93 等。

② 草坪建植。果岭草坪的建植过程可参考本书第 5 章。果岭播种或植草后，浇水应以少量多次为原则，以浸润根层为目标。根据天气和土壤状况及时灌溉，保证种子萌发和根系生长所需水分，但不能产生地表径流，以防对坪床表面和种茎造成冲击。在新根长至 2cm，新芽萌发至 1～2cm 时，为加快成坪速度，定期 10～15 天施肥一次，以高氮、高磷、低钾的速效肥为主，施肥后及时喷水。待新芽产生分蘖或分枝后，可对果岭进行适度滚压，以促进根系与土壤更好地接触，提高果岭表面平滑度。滚压机使用动力滚压单联或三联机，能保证压力均匀。铺沙可进一步提高果岭表面的平整度和光滑性，同时还可覆盖草坪草茎基和匍匐茎等，有助于降低修剪高度。每次铺沙量可根据具体情况进行调整，但以少量多次为宜。当草坪覆盖率达 90% 左右、苗高 1～2cm 时可开始进行修剪。初期修剪高度控制在 1cm 左右，剪草次数每周 1～2 次，随草坪草的生长，逐步增加修剪次数，并将草坪降低至需要的高度。初建的草坪极少发生病害。防治方面主要针对杂草、害虫。杂草量少时，可人工拔除，应谨慎选择除草剂。杀虫剂较容易消灭地上害虫，但防除地下害虫时应喷药后适量浇水，让药剂深入害虫聚集层，以达到防治效果。

4）果岭草坪养护管理

果岭草坪的养护管理不仅要满足草坪草的生长发育，还要满足高尔夫运动对果岭草坪的质量要求。修剪是其中最为关键的一项措施。在草坪草适宜生长期，几乎每天都需要修剪，甚至在重要的比赛举办期间每天修剪 2 次。果岭草坪要求修剪相当精细，必须使用滚刀式修剪机。可选用手推式或轻型坐骑式滚刀剪草机。每次剪草时，应变换剪草机进入果岭的位置和行进方向，以防止草坪草叶片被剪草机多次重复剪压后产生定向倾斜生长，从而对果岭推球造成影响。通常采用"米"字形交替进行。果岭上不允许有草屑残留，否则会影响果岭推球速度。剪草机的集草斗可直接收集修剪产生的草屑，以便移出果岭。

频繁的灌溉是果岭日常养护必不可少的工作内容。果岭草坪草根系较浅（15～20cm），吸水能力有限，沙床的持水力又很低，这一切都要求充足的灌水，才能保证草坪草正常生长。在天气炎热或气候干燥的生长季节，果岭必须天天浇水。浇水的时间宜在晚上或未使用前的清晨进行，一般不需要大水灌溉，水能渗透根层即可。在又干又热的天气，可在午后将喷灌打开几分钟，既可给草坪冲洗降温，又可阻止叶片水分的丧失。

果岭草坪的施肥方案应参照本书第7章的内容及具体情况确定。果岭施肥的总原则是重氮肥、轻磷钾。氮肥的施用量是磷钾肥的两倍还多。一般情况下，春秋两季结合打孔可施全价肥，平时追肥多为氮肥。微肥应参照土壤测试结果施用。施肥量取决于果岭坪草的品种、当前坪床的土壤情况、当前气候、所用肥的种类等因素。施肥频率主要取决于草坪对相应元素的月需求量。在生长季节，可能每三周就要施肥一次，但若选用缓效肥，则可减少施肥次数。在匍匐翦股颖果岭上，夏季较热时期或冬季来临前要减少氮的施用量。狗牙根草在生长缓慢的秋季也应减少施肥量。当夏季某些病害发生时，更应限制氮肥的施用，以免病害加重。

果岭的病虫害防治是一项很重要的工作，因为连续的践踏和强低修剪，会使草长势变弱而易受病菌侵害。总的原则是早预防、早发现、早控制，以预防为主。在易于生病的季节，果岭至少要每周或每两周喷杀菌剂一次。须注意的是：药应选多种，轮换使用，以免产生抗药性，不应连续使用同一种农药。

当球落上果岭时，会对草坪向下撞击，形成一个小的凹坑，叫球击痕。在雨季、地面潮湿、土壤松软时，容易造成球疤。果岭养护者要及时修补球击痕。因为它不仅会影响果岭的推球效果，也会影响果岭的美观。球疤的修补一是要及时，二是方法要正确。球击痕的修复方法是用刀子或专用修复工具（如U形叉）插入凹痕的边缘，向上托动土壤，使凹痕表面高于推球面，再用手或脚压平即可。图10-4为修补球击痕的示意图。

图10-4 修补球击痕的示意图

根据果岭草坪状况，每年通常打实心孔或空心孔2～3次，孔深4～10cm，孔径为5～15mm。穿刺、划破、垂直切割、梳草等类似措施依据草坪生长和土壤紧实状况以及枯草层情况适度进行，一般每年均不超过 3 次。

果岭铺沙的频率很高，在打孔、梳草、划草、切割等工作后都要辅助铺沙。平时每 3~4 周薄而少量地铺沙，每年 10~12 次。铺沙要用铺沙机进行作业，铺沙厚度一般为 2~3mm。打孔铺沙时应加大铺沙量，至少要填满孔洞。铺完沙要用草坪刷刷梳草坪。

滚压可以使用果岭滚压机，生长季节每 10 天进行一次。果岭滚压可强化修剪的花纹效果，并保持果岭表面草坪的致密性和坪床的坚实性。

在我国北方地区的冬季，果岭需要覆盖保护越冬。冬季不使用的果岭可厚盖一层沙或草炭土，然后适当加一些覆盖物如塑料薄膜、无纺布、草帘等，即可安然越冬。不太冷时，通常每天 10：00 左右揭开，下午覆盖。

在部分南方地区或过渡气候带，选用杂交狗牙根建植的果岭草坪常在秋季用冷季型草坪草对果岭进行交播作业，目的是改善秋末—冬季—初春期间杂交狗牙根的休眠表现，保证果岭的正常使用，维持草坪常绿状态。

5）果岭草坪质量要求

果岭草坪质量评价指标通常包括均一性、光滑性、韧性、弹性、耐低剪性及草丛形成的难易。

① 均一性。果岭草坪均一性是指草坪坪面高度一致、草种纯净无杂草、密集无裸露地、健康无病虫害斑块、施肥均匀无烧伤块、无剪伤草迹、色泽一致。由于果岭草修剪很低，所以草坪的各种缺陷很容易一目了然地显示出来。常用视觉来判断果岭草坪的均一性。

② 平滑性。通常，高尔夫球被推杆击打后在果岭上滚动的距离用球速或果岭速度（表 10-1）来表示。果岭速度或滚动距离主要取决于果岭平滑程度。对光滑性影响较大的因素有剪草高度、剪草频率、硬实程度和肥力水平。果岭草坪越光滑、平顺，球速越快，养护强度越高。

表 10-1 "果岭测速器"技术测定的果岭球速参考表

（引自 James B Beard 2002）

果岭球速相对等级	球滚动的平均距离*			
	一般比赛		锦标赛	
	英尺（ft）	cm	英尺（ft）	cm
快	＞9.0	＞274	10.5＞10	＞305
中	7.5~9	229~274	8.5~10	259~305
慢	＜7.5	＜229	＜8.5	＜259

＊在一些用杂交狗牙根建植的果岭草坪上，球的滚动距离应减少 15cm。

可用"果岭测速器"测定果岭球速，其方法参见本书第 4 章。

③ 韧性。韧性对承受脚的践踏和球的冲击很重要。每天数百人在果岭上走动，数百个球冲击果岭，造成果岭表面凹陷和草坪受损。穿插在土壤中的匍匐茎、根状茎、根系与表层土壤、草坪的枯草层一起形成了一个混合层，它是草坪耐践踏和缓冲球的冲击所需的垫层。果岭的韧性能有效地减轻对草坪的损坏。

④ 弹性。适宜的枯草层和低矮的草层使草坪有了相应的弹性。这使打向果岭的

球具有相应的反弹。球的反弹力与果岭剪草高度、枯草层厚度、土壤软硬度有关。果岭草修剪越低，枯草层越少，土壤越硬实，球的反弹力越强，球手对球的方向变性越难把握。果岭太软，球对果岭的打击点易形成凹陷，人在果岭上走动易留下脚印，使果岭的光滑性降低，对球在果岭上滚动的方向和控制力无法把握。一定的弹性能使球手对打向果岭的反弹球有相应的控制力。所以，果岭不能过硬或过软。

⑤ 耐低剪性。正式比赛的果岭草一般留高 3~5mm，重要比赛甚至低于 3mm，每天剪草 1 次或 2 次，以达到高尔夫球快速、准确的滚动效果。尤其是大型重要的国际比赛，要求相对较快的球速，这就要求果岭草能耐低修剪。草种特性表现为：叶片细窄直立生长，节间短小，匍匐性强（或分蘖性强），恢复生长能力快，剪完草后的果岭依然是绿茸茸一片。低而频繁的剪草能使草茎密集和叶片直立，使果岭草质感提高，球手能快速地确定球路和球速。

⑥ 不易形成草丛。由于果岭上草坪光滑性要求高，果岭上不能有草丛块，故要求果岭草坪草匍匐性强，根状茎扩展势强，茎节短小，易形成平展的草面层。

2. 发球台

1) 发球台概述

发球台（tee）为每一洞球手挥击第一杆的开球区域。因这块区域一般高于球道，呈台状，故称发球台（图 10-5），也称 T 台。发球台形状多种多样，常见的有圆形、近圆形、椭圆形、长方形、正方形、S 形、L 形和不规则式等，单个独立或多个连体。

图 10-5 高尔夫球场发球台

通常，一个洞的发球台有 3~5 个（4 个居多），以适应不同水平球手的需要和比赛要求。按照距离果岭远近依次为黑 T（Blake Tee）、蓝 T（Blue Tee）、白 T（White Tee）和红 T（Red Tee）。黑 T 为职业选手用，距离果岭最远；蓝 T 为男业余球手用；白 T 为初学的男球手或水平高的女球手用；红 T 为女球手用，离果岭最近。

发球台的标志物是两个可以移动、限定发球区域的标志物。两个标志物的连接直线称为发球线，球手站在线后发球。过去，规定的两个发球标志物之间的距离是两球杆长，但在现代的球场经营中，打球人数已远远超过早期的规模，两个标志物之间的距离增加为 4~6m。在每个洞的发球台边竖有一块洞牌，上面标有球洞编号、简称、码数、标准杆数、球洞平面图，指示球手打球。洞标由木制、石制或其他材料制作，形状各样，没有统一规定。

发球台的平面布局形式多样，有的按球道轴线依次排列为直线形，有的呈弧线形，也有的呈不规则形。发球台的面积大小差异很大，台面面积一般为 10～1000m² 不等，不宜太宽。每个发球台的地基为平台形，坡度 1%，前高后低，利于排水。

2）发球台草坪建植

发球台的坪床结构与果岭近似。但与果岭不同的是，通常在安装地下排水系统后，直接铺设沙和有机质的根际混合物，省去了砾石层和粗沙层，铺设厚度一般为 15～30cm。

根据发球台草坪的质量要求和使用特点，宜选择耐践踏、恢复能力强、耐低修剪的草种。常用的冷季型草坪草有匍匐翦股颖、草地早熟禾、多年生黑麦草、紫羊茅、细弱翦股颖等，也可采用品种间或草种间混播组合。常用的暖季型草坪草有杂交狗牙根、结缕草、沟叶结缕草、细叶结缕草、海滨雀稗等，一般采用单播形式建坪。

草坪建植过程参考本书第 5 章。待草坪高度达到 5cm 左右时便可开始修剪，按照 1/3 原则逐渐将修剪高度降至 1cm 左右。施肥和病虫草害防治措施要根据草坪草生长状况适时实施。此外，可通过铺沙来提高草坪的平整度和促进草坪草分蘖和生根。

3）发球台草坪养护管理

发球台草坪养护管理的基本原则和管理措施与果岭相似，但也存在一些差异。发球台草坪的修剪高度一般为 1～2.5cm，介于果岭和球道草坪之间。通常采用滚刀式剪草机进行修剪，修剪频率低于果岭，每周 2～3 次。发球台草坪的施肥量略高于果岭草坪，主要是为促进草坪生长和快速恢复，保持草坪密度和质量。生长季，一般每隔 20～30 天施肥一次。蓝 T 和白 T 由于使用频率较高，施肥量通常更大些。灌溉以浸透根层为宜，可适当控水以促进根系下扎，提高草坪抗旱能力。

根据土壤状况、草坪质量和使用效果，适时采取梳草、打孔、切割、划破、铺沙等措施。打孔多采用空心针管而极少用实心管。具体操作方法基本与果岭相似。

4）发球台草坪质量要求

高质量的发球台要求草坪致密和均一，具有一定的弹性和坚实度，坪面平整光滑，草坪草耐低修剪。平整光滑的坪面可以为球手提供一个稳固平坦的站位，使球手在发球台上能自如地舒展开球姿势，击出理想的球。良好的弹性有利于球座插入土壤，一定的坚实度则可以保证球手开球时的稳固站位。致密可以增加对坪面的保护，减轻开球时的损伤。均一性主要为球手提供一个整洁美丽的草坪外观。

3. 球道

1）球道概述

球道（fairway）通常指位于发球台与果岭之间修剪整齐且高度较低的草坪区域，又称短草区（图 10-6），是从发球台通往果岭的最佳路线。球道是球场中面积最大的区域，18 个球道的总面积可达 12～24hm²。球道是最能体现球场风格的地方。球道的形状一般为狭长形，也有左拐、右拐或扭曲形。

球道的长和宽是根据球洞的设计难度而变化的，宽度常为 32～55m，也有超出该范围的，如 3 杆洞就常常没有球道，只有落球区。球道宽度随地形变化而成曲线。在第一杆的落球区域一般较宽阔，但附近的障碍（水域或沙坑、树、草坑等）也较多。在发球台和球道之间常留出作高草区，能减少养护管理的费用；球道和果岭环之间，有一片过

图 10-6　高尔夫球场球道草坪

渡地带即落球区。一些球道从管理成本考虑，根据现有设备情况，常常省去落球区，球道直接连着果岭环，所以球道的长度变化很大。

2）球道草坪建植

① 草种选择。常用于球道的冷季型草坪草有草地早熟禾、匍匐剪股颖、多年生黑麦草，暖季型草坪草坪有杂交狗牙根、细叶结缕草、沟叶结缕草、日本结缕草和海滨雀稗等。在确定具体草种时，应考虑到球场草种的整体性、层次分布、颜色比较、管理流畅性等方面因素，大部分的球场会选择与发球台、高草区一样的草种，以方便管理。总之，球场应配合当地气候、球场经营管理能力、投资力度等方面综合选择草种。

② 草坪建植。由于草坪面积较大，直铺草皮的成本高，故球道草坪通常采用种子直播（冷季型草坪草居多）或营养体繁殖（暖季型草坪草居多）的方式建植。草坪建植过程参见本书第 5 章。播种时可采用大型播种机或液压喷播机进行作业，播种后可采用覆土滚压、覆盖无纺布或直接滚压等方法以利于种子吸水和萌发。球道草种与高草区草种不同时，可使用下落式播种机或边界铺草皮的方法，以防种子飞入高草区，造成草种混杂。球道幼坪养护管理要求基本与发球台相同。

3）球道草坪养护管理

球道草坪面积较大，修剪时一般使用大型滚刀式联合修剪机，有 3 联、5 联、7 联、9 联等，最大剪幅可达 6m。球道草坪修剪高度通常为 1.5～3.0cm，但较理想的修剪高度为 1.5～2.0cm。修剪频率视草的生长情况而定，一般每周 2～3 次。采用纵横交叉或 45°角斜向交叉，每周轮换一次或每次轮换，既能促进草坪的直立生长，又能剪出非常漂亮的草坪纹路，还能为球手提供一个准确的击球方向。修剪球道要根据球道的形状来确定修剪模式。沿球道的轮廓线修剪时，一定要修剪到位，并保证轮廓线的平滑、清晰、自然，球道内草坪条纹清晰美观。球道剪草机通常不带草斗，草屑较多时可用吹风机、收草机和吸草机进行清理。

球道的灌水系统一般为自动喷灌，灌溉频率根据草坪草生长和土壤状况而定。每次浇水应充分湿润草坪根系层。施肥常施用缓效草坪专用肥，一年施用 2～3 次，选用速效肥料时，应酌情增加施肥次数。冷季型草坪草氮的年需量为 $10～20g/m^2$。具体施肥量应根据坪草生长状况确定。球道病虫害防治也很重要，特别是选用冷季型草坪草时，要定期喷洒农药，以防为主。当病害发生时，应全场统一安排喷药，不可仅局部用药。

通常根据草坪和土壤状况，采用打孔、划破并配以铺沙来缓解球道土壤紧实的问题。梳草或垂直切割可用来处理和控制过厚的球道枯草层。这些措施一般要求在草坪草生长旺盛的时期进行，以利于草坪快速恢复，每年 1～3 次。对于亚热带湿润地区的暖季型球道草坪，常在冬季草坪休眠前实施覆播措施，以延长草坪的使用时间。常用的覆播草种是多年生黑麦草和一年生黑麦草，播种量为 30～40g/m^2。上述草坪辅助管理措施的具体操作方法可参考本书第 9 章。

4）球道草坪质量要求

球道作为通往果岭的最佳击球区，其草坪既要满足击球标准，同时还要具有高质量的草坪外观和景观效果。球道草坪要求耐低修剪、耐践踏、致密均一、恢复能力强，具有一定的坚实度。

4. 高草区

1）高草区概述

高草区（rough）是高尔夫球场每个洞除果岭、发球台、球道之外的所有草坪区域。它位于球道两侧，面积较大，是错误击球可能落入的区域。设置高草区的目的是增加运动的难度，有效地防止水土流失，减少养护费用等。

一些球场的高草区仅保持一种修剪高度，还有些球场则将高草区细分为初级高草区和次级高草区。初级高草区指紧邻球道两侧、剪草高度较低的草坪。次级高草区指初级高草区外，剪草高度更高甚至不修剪的草坪。

除草坪外，高草区还常设有沙坑、草坑、水池、树木等，是球场景观布置的重要区域，常常体现一个球场的设计风格。

2）高草区草坪建植

① 草种选择。高草区草种选择以既能适应当地气候条件，又可粗放管理的草种为主。常用的冷季型草坪草有多年生黑麦草、高羊茅，暖季型草坪草有普通狗牙根、结缕草、细叶结缕草、沟叶结缕草、野牛草、假俭草、钝叶草等。过渡地区，冷季型草坪草和抗寒性较好的暖季型草坪草均可使用。

② 草坪建植。高草区的坪床一般不做特殊处理，对原土适当改良后即可进行播种建坪。种植的方法也与球道草坪相似，便于现场施工及植后统一管理。

3）高草区草坪养护管理

高草区草坪因质量要求较低，故养护管理较粗放。初级高草区的修剪高度一般为 3～8cm，每周 1 次；次级高草区的修剪高度为 8～13cm，甚至不修剪。高草区一般很少单独浇水，需要时可伴随球道喷灌进行补水。在管理水平较高的球场，初级高草区常采用球道草坪的管理模式，每年进行数次打孔、施肥、滚压等，并保持合理的修剪高度。此外，每周 1～2 次清理落在高草区的树叶等杂物，以保持球场的整洁。

4）高草区草坪质量要求

高草区的使用强度较果岭、发球台和球道要小得多，管理也较为粗放，因此对草坪质量要求很低。一般该区域草坪要求抗逆性较强，如耐阴、耐践踏、抗旱、抗病虫害等，根系发达，适宜粗放管理。

10.1.3 草地网球场草坪

10.1.3.1 网球运动简介

网球运动起源于 12～13 世纪法国传教士玩的一种用手掌击球的游戏，后传入英国。15 世纪，英国人将其改用球拍击球，并逐渐流行起来。1873 年，英国的温菲尔德少校改进了早期网球的打法，并将场地移向草坪地，创造了草地网球。1875 年，英国建立了全英网球运动俱乐部，并于 1877 年举办了第一届温布尔登草地网球锦标赛。此后，美国、法国、澳大利亚等国相继成立本国网球协会和举行了网球赛事，使得网球运动快速发展。至今，温布尔登网球公开赛、美国网球公开赛、法国网球公开赛、澳大利亚网球公开赛并称为四大满贯赛事，但其中只有温布尔登网球公开赛是在真正的自然草坪上进行的。

我国网球运动协会成立于 1956 年，并于 1958 年首次受邀派队参加了温布尔登网球公开赛。改革开放后，网球运动在我国得到快速发展，并在国际赛事上取得了不错的成绩。进入 21 世纪，随着李娜、郑洁、彭帅等一批职业网球运动员的成功，网球热在我国各地持续升温。

10.1.3.2 网球场场地规格

草地网球场呈长方形，单打和双打场地宽分别为 8.23m 和 10.97m，长同为 23.77m。场地两边的长线称边线，两端的短线称底线。球网将球场横隔成相等的两个区域，网高 0.91m（图 10-7）。

图 10-7　草地网球场

10.1.3.3 网球场草坪建植与养护管理

1. 坪床结构

网球场草坪场地质量要求较高，尤其是对回弹力和平整度的要求。坪床结构多以排水效率较高的沙床排水结构、美国高尔夫球协会推荐果岭结构为主，尤其是高标准、锦标赛级专业网球场。当场地质量要求不高时，也可选择其他坪床结构。

2. 草坪建植

网球场草坪的建植过程通常也包括场地准备、土壤改良、灌排水系统安装、地表平整、播种或植草等。草地网球场的草种也需要依据气候、质量要求等因素进行选择。常用的暖季型草种有杂交狗牙根、海滨雀稗、细叶结缕草、结缕草等；常用的冷季型草种有匍匐翦股颖、匍匐紫羊茅、多年生黑麦草等。也可采用冷季型草种混播组合。除杂交狗牙根只能用营养体建坪外，其他草种均可用种子直播建坪。具有匍匐茎的匍匐翦股颖、海滨雀稗、匍匐紫羊茅、结缕草等，也可用营养体建坪。具体建坪操作方法参考本书第 5 章。

3. 网球场草坪养护管理

草地网球场对草坪的质量要求较高，甚至与高尔夫球场果岭草坪相当，因此其养护管理强度属较高水平，可参照果岭草坪的养护管理措施。草地网球场草坪修剪高度一般控制为 0.4～0.8cm，略高于果岭草坪。除常规浇水外，对于冷季型网球场草坪，在炎热夏季的中午通常有必要进行人工喷水，以降低表层温度。对草地网球场进行杂草和病虫害防治尤为重要，很小的杂草或病虫害斑块都可能会对草坪外观质量和使用质量产生重大影响。为保证草坪表面较高的平整度，经常采取滚压措施也十分必要。

10.1.3.4 网球场草坪质量要求

草地网球场对草坪要求较高，与高尔夫球场果岭相似。网球场草坪要求包括致密、质地良好，耐低修剪和高强度践踏，具有较好的弹性、抗性和恢复能力强，绿色期长等。

10.1.4 赛马场草坪

10.1.4.1 赛马运动简介

赛马运动同样历史悠久，但在早期的人类活动中，马匹更多的是作为一种交通运输或战争的工具，而在运动和娱乐方面有一定欠缺。有关赛马运动的最早记录是古希腊人荷马在他所著的史诗《伊利亚特》中提到的用马牵引战车进行比赛。公元前 776 年在古希腊举行的首届奥林匹克竞技会中，赛马就是其中的竞技项目。在我国古代，周朝时期的"六艺"即"礼、乐、射、御、书、术"，其中"御"代表驾驭马车，是学校教育的重要内容，而且也有较量"御"技的"赛车"运动。春秋战国时期，赛马运动在达官显贵中甚为流行，至今还流传着"田忌赛马"的故事。至元代，因"元起朔方，俗善骑射"，赛马之风盛行，广为普及。

赛马运动作为一项传统的体育竞技项目，其娱乐意义大于比赛，且通常在天然的草地上进行。而现代赛马运动有着严格的规则，要求在高质量的赛马场上进行。英国是设立赛马场最早的国家，于 1540 年在奥切斯达市创办了第一所赛马场，并在此培育出英纯血马种，速度为世界之最。同时，完善了赛马制度，成立了类似于其他体育运动的赛马协会。此后，法国、美国、澳大利亚、苏联等国也相继举行赛马比赛，赛马运动开始在世界各地流行。我国现代赛马活动始于 19 世纪 60 年代，但直到 1982 年我国才申请加入国际马术联合会。我国较好的赛马品种有蒙古马、伊犁马、三河马，但与国外马种比较，在体形、速度、耐力上仍有差距。

赛马可分为多种形式，包括马术比赛、轻驾车赛、障碍赛马和速度赛马等。

10.1.4.2 场地规格

在草坪上进行的赛马形式多为速度赛马，其场地类似田径场的跑道，多为长方形且两端半圆或带有直线的椭圆形。跑道周长为 1.4～2.4km，宽 42～50m，转弯半径应尽可能大，以增强安全性，通常设 1/20～1/15 的坡度。跑道两侧设置高 1m 左右的安全护栏。建成的跑道必须坚硬、排水良好，应有 2%～5% 的坡度，两侧有排水沟，有利于排除跑道积水，使赛马能在雨天进行（图 10-8）。

图 10-8　赛马场草坪

10.1.4.3　赛马场草坪建植与养护管理

1. 坪床结构

坪床准备基本同足球场，但表面施工略有差别。场地要求较为黏重土壤，加沙、腐殖质等改良 10cm 深为宜。这样既能为草坪植物提供必需的营养，同时又能形成一个较为坚实的土表，增强其耐践踏性。

2. 草坪建植

草种选择应以根系强大、耐践踏、草皮致密、恢复能力强为主。冷季型草坪草多选择多年生黑麦草和草地早熟禾，以两者混播建坪居多或再辅以少量紫羊茅。过渡地区首选高羊茅建坪，也可选用结缕草。热带、亚热带赛马场多用狗牙根和结缕草。赛马场草坪建植方法与足球场草坪基本相同。

3. 赛马场草坪养护管理

幼坪养护参考足球场草坪，修剪高度控制在 5cm 左右，以促进其密度增加。当草坪成坪后，逐渐提高草坪修剪高度，非比赛期间维持在 10cm 左右，每周修剪一次。比赛期间，冷季型草坪剪到 6～8cm，暖季型草坪剪到 3～4cm。根据草坪草生长与土壤状况，在生长季节适时适量进行灌溉和施肥，灌溉前可适当干旱，灌溉时要浸透根系层。每次施肥时，氮肥不宜过多。施肥和灌溉的总体目标是形成根系强大、致密、恢复能力好的草坪。

当跑道土壤发生板结、通气不良时，可对草坪进行打孔作业。根据气候、土壤等自然条件及土壤紧实程度，每年可打孔 2～3 次。打孔最好在春季进行，通常配以铺沙等措施。此外，还可根据草坪状况，采取垂直切割、穿刺等相似措施。

滚压是赛马场重要的管理措施，当土壤水分过大时，为保证表面的紧实度，常在比赛前滚压，而土壤质地较细时应在比赛前几天滚压以便水分蒸发。但是滚压还会导致土壤紧实，通透性差，对草坪生长不利，因此，滚压应根据土壤条件而定。

补植草皮或补播草种是比赛后赛马场草坪管理的重要工作之一。根据下次比赛时间安排选择补草皮或播种子，通常补植草皮 2～3 周后即可使用，恢复时间短。

10.1.4.4　赛马场草坪质量要求

赛马场草坪不同于其他草坪，主要是要承受频繁而沉重的马蹄践踏。因此，赛马场草坪要求密度高、草层厚、耐践踏、恢复快，既要有较好的弹性和摩擦力，又要有适宜的硬度和通透性，在保证承重性和速度的同时，也利于草坪草生长。

10.2　绿地草坪

10.2.1　绿地草坪概述

绿地草坪是指在人们生活、工作、学习、劳动、休息、娱乐中起绿化、美化作用的草坪总称。它是相对于运动场草坪和水土保持草坪而言的，也称为观赏草坪。

这类草坪包括种植于公园、广场、街头绿地、学校、医院、教堂、墓地、军营、政府机关、工业区、居住区、风景区、飞机场、别墅区等地的草坪。因建造和管理水平的差异，不同绿地草坪的质量要求差异很大。例如，有的校园草坪管理强度较大，草坪精致美观，而有的管理非常粗放，草坪质量很差。绿地草坪的基本管理工作是修剪，有时也需要施肥、灌溉和清除杂草等。其修剪的方式、频率和高度，以及施肥的种类、频率和数量，都可显著地影响绿地草坪的质量和效果。

10.2.2　绿地草坪的作用和类型

1. 绿地草坪的作用

绿地草坪是园林绿化的重要组成部分，它对保护和美化环境、陶冶情操、防止尘土飞扬和水土流失、调节小气候、清新空气、减轻噪声和维护生态平衡等方面起着重要作用，是人类社会物质文明和精神文明建设的重要体现。在国际上，草坪建设已成为衡量现代化城市建设水平的重要标志之一。随着现代化城市的不断发展，无论是国内还是国外，对绿地草坪的建设及研究越来越重视。

绿地草坪也是园林总体规划的重要内容。草坪应与高大树木、灌木和其他地被植物合理有机地结合，并与周围的建筑物相协调，从而满足城市居民游憩、娱乐及保护、美化环境的需要。

2. 绿地草坪的类型和草种选择

根据绿地草坪的具体用途，大致可分为以下几种类型：

（1）游憩草坪

游憩草坪是指专供人们散步、休息、游戏及户外体育活动等休闲娱乐使用的草坪。其特点是对游人开放使用。这类草坪在绿地中没有固定的形状，面积大小不等，允许人们入内游憩活动。此类草坪在公园、校园内应用最多，其次在植物园、动物园、名胜古迹园、游乐园、风景疗养度假区内。建植时应选用耐践踏、抗病虫和生长速度慢、生长低矮，叶片纤细、柔软、草姿优美的草坪草种。

（2）观赏草坪

观赏草坪一般是指设于园林绿地、公园、学校、机关庭院、广场中或纪念物周围，以欣赏为主要目的的草坪。此类草坪一般不允许游人进入活动，多为封闭式草坪。草种选择以色泽好、绿色期长、质地和均一性好为主要目标（图 10-9）。

图 10-9　校园观赏草坪

（3）装饰草坪

混载在花坛中的草坪，作为花坛的填充材料或镶边，起装饰和陪衬的作用，烘托花坛的图案和色彩，一般应用细叶低矮草坪植物。在管理上要求精细，严格控制杂草生长，并要经常修剪和切边处理，以保持花坛的图案和花纹线条，平整清晰。

（4）林下草坪

在疏林下或郁闭度不太大的密林下的草地称为林下草坪。一般不修剪，选择耐阴、低矮的草坪植物。

（5）飞机场草坪

飞机场是城市的窗口，飞机场草坪是城市大面积绿化的重点工程。用草坪覆盖机场，可以减轻尘沙飞扬，提高能见度，减缓噪声，保持环境清新优美。低矮的草坪能减少鸟类栖息的可能性，从而避免飞机起落与鸟类相撞的概率。飞机场草坪要求表面平坦、富有弹性、基层坚实、耐粗放管理。宜选用分枝和分蘖能力强、密度高、抗逆性强、耐瘠薄、耐干旱、结穗能力差的草种。

（6）海滨草坪

在海岸线（海堤上）或临近海岸线的地区，许多树木不能生长，种植草坪对防止风蚀、海水侵蚀具有重要的作用。通常选用抗贫瘠、耐盐性好的草种。

（7）屋顶草坪

在平顶屋顶、建筑平台或斜面屋顶上建植的草坪。屋顶绿化可以增加住宅区绿化面积，改善城市生态环境，而且还能使屋内冬暖夏凉，节约能源。但屋顶草坪基质不宜过厚，因此应选用耐干旱、生长低矮、耐高温的草种。

10.2.3　绿地草坪的规划设计

1. 确定绿地草坪的性质和设计形式

对设计现场要进行全面、细致的勘察，收集各方面的基础资料，同时了解材料来源和绿化总投资数额。这样才能结合当地特点和经济条件，因地制宜地做出规划设计方案。

根据绿地使用单位的性质和绿化设计的要求，进一步了解绿地草坪面积的大小、形状及所处的位置、局部小气候、环境质量、土壤状况及周围环境条件等，以此来确定草坪的性质、功能和可能采取的设计形式。

单位内部绿地草坪的位置和面积取决于总体规划布局、建筑物的密度、道路、广场的安排和各种管线的铺设。

2. 绿地草坪平面布局的基本形式

规则式绿地草坪整个平面布局要求整齐、对称。一般用于有各种轴线的绿地，如主要建筑物前、大型广场内、纪念性绿地等。

自然式以模仿自然为主，道路走向呈曲线状，建筑群、园林小品、山石等布局不对称；园林植物配植也以孤植、丛植或群植为主，绿地草坪不采用整齐行列对称式。

前两者相结合即为混合式。在绿地中，建筑物附近和主要出入口等处多采用规则式，然后逐步向自然式过渡。

3. 绿地草坪的形状

绿地草坪在城镇里呈三种基本形状，即点状、块状、线状。点状一般指街角、路边、桥头、广场等处的小面积草坪绿地。块状指具有一定规模分布的绿化、美化草坪。线状指道路隔离带和河渠两岸的草坪，呈线状随着道路延伸。

10.2.4　绿地草坪建植与养护

绿地草坪的建植可参照本书第 5 章，通常不需要安装地下排水系统。草种选择方面，以常用的中、低养护需求草坪草为主，如草地早熟禾、高羊茅、多年生黑麦草、狗牙根、结缕草、野牛草、假俭草等，修剪高度通常在 5cm 左右，匍匐茎型草坪草可以更低一些；在具备较高的养护条件和修剪高度要求较低时，也可选择匍匐翦股颖、杂交狗牙根、细叶结缕草等，修剪高度在 2～3cm。绿地草坪养护可参照本书草坪修剪、草坪施肥与灌溉、草坪辅助措施管理和有害生物害防治等章节内容。在各项措施的应用中，可根据草坪的具体用途和质量要求选择相应措施的应用强度和操作方式等。

10.3　水土保持草坪

10.3.1　水土保持草坪概述

水土保持草坪的主要功能是固土护坡、防止地表径流和水土流失，保护生态环境的同时兼具绿化作用。近年来，随着经济的快速发展，我国交通运输事业发展迅速，高速公路、铁路建设不断加快，铁路、公路、山体坡面以及河流堤岸的护坡任务日益增多，植树绿化，保持生态环境和防止水土流失的工作日趋得到广泛的重视。草坪因具致密的地表覆盖和在表土中有密集的草根层，因而具有良好的防止土壤侵蚀的作用。草坪植被及其根系可以有效地保护土壤免受雨水冲刷。铁路、公路边的裸露坡面，许多地段含有较多数量的风化岩石、砾石、沙粒等，河流堤岸的坡地因裸露遭受风雨的侵蚀，易产生地表径流，导致水土流失，甚至发生坍塌和滑坡。随着我国铁路、公路和河流建设的日益发展以及吸取国外先进经验，采用生物与工程相结合的固土方法以及栽植灌木、种草来保护路基堤岸，不仅投入少、寿命长，而且还起到绿化作用，具有一定的生态、经济和社会效益。

10.3.2 水土保持草坪的类型

在坡度大于45°、土壤条件差的地段应采用生物与工程措施相结合的方法。如采用草本植物与镶嵌网格相结合，用石块或水泥砌成网格，在网格内播种栽植草坪植物的方法；或通过挂网（平面网、三维网）、加锚（固定网的专用钉）、填土，然后采用液压喷播来种植草坪草。我国在许多高速公路的边坡绿化上，引进消化国外技术取得了较大成绩。

坡度小于45°、土质较好的坡面可采用草灌混栽，行间种植灌木和草本相结合，充分覆盖地面，实行综合治理。

坡度小于15°的坡面，可采用草本植物护坡。

10.3.3 水土保持草坪建植与养护

水土保持类草坪最主要作用是保持水土。其特点是建植面积大、土壤条件差并且不可能全部对土壤进行彻底改良，因此要求草坪草有很强的适应性和耐粗放管理。坡地草坪草种应选发芽快、覆盖力强、根系发达、耐旱、耐瘠薄、固土性强、适应性强、价格低的品种。适合护坡的草种有普通狗牙根、结缕草、高羊茅、野牛草、假俭草、巴哈雀稗等，阴坡还可选择白三叶、麦冬等。防洪大堤的迎水坡最好选择耐水淹和耐盐碱的草种，背水面可与其他护坡草种相同。

在坡度大于45°、土壤条件较差的地段，应首先采用工程固土，以种草为主，边缘用石块或水泥砌成网格、网格砌成菱形或方形，每边宽50cm，每块菱形面积9m²左右，在菱形中栽植草本植物。在坡顶和坡脚应栽植1～2行固坡能力强的灌木，灌木既能防风固沙，又能封闭坡面，防止行人穿行践踏。

草坪建植可采用喷播方法。将种子、肥料、纤维、木浆和保水剂、营养土等按一定比例加水制成喷播物料，要求混合物料要有一定的稳定性，即喷射到预定坡面后不流动，干后牢固，同时又满足植物种子萌发所具备的水分与养分。利用草本植物生长快、根系发达，能利用岩石裂隙中的水分和营养等特点，达到防冲刷的目的。该方法需要喷播设备，目前国内设备已在不少高速公路护坡工程上应用成功。

对于用种子直播建植草坪的区域，为防止草种被水冲失，可用沥青乳剂对坪床表面进行固化处理，或利用覆盖材料如草帘、秸秆、木屑、化学纤维等覆盖其表面，这些覆盖物同时也起到保水增温、促进种子发芽的作用。

　　通常，建成后的水土保持草坪管理比较粗放，甚至无须养护。在条件允许时，应对草坪进行适度修剪和施肥，以防止草坪过早退化。

复习思考题

　　1. 简述适宜建植足球场草坪的草坪草种及其特点。

　　2. 足球场草坪的养护措施有哪些？

　　3. 足球场草坪质量要求有哪些？

　　4. 简述高尔夫球场草坪的基本组成和功能。

　　5. 简述美国高尔夫球协会果岭建造标准。

　　6. 简述草地网球场和赛马场草坪的质量要求。

　　7. 简述绿地草坪和水土保持草坪的草种要求。

附录

实习指导

实习一　草坪草种子观测与辨识

一、实习目的

通过实际观测草坪草成熟种子的大小、形态和外观特征，掌握几种常见草坪草种子的主要识别特征并能够进行辨识。

二、实习材料

1. 种子样品

准备一定数量的新鲜、成熟草坪草种子样品若干种，如高羊茅、多年生黑麦草、一年生黑麦草、草地早熟禾、粗茎早熟禾、匍匐翦股颖、紫羊茅、硬羊茅、狗牙根、结缕草、细叶结缕草、野牛草、假俭草、钝叶草、地毯草、海滨雀稗、白三叶、苔草等。

2. 实验器具

包括电子天平、游标卡尺、计算器、放大镜、镊子、称量纸、硬纸板、小型塑封袋、透明胶带、记录本、笔等。

三、实习内容

1. 特征观察

通过教师讲解和自己观察，让学生熟悉和比较不同草坪草种子的外观特征，如种子形状、色泽、内稃、外稃及其他显著特征等。

2. 测定大小及千粒重

每个草种随机选取 10 粒种子，使用游标卡尺测量种子的长和宽。通过称取一定数量（不少于 200 粒）的种子重量计算不同草种的千粒重，重复 3 次。

3. 标本制作

将少量种子分别装入透明的小型塑封袋中，依次排列并用透明胶带将它们固定在硬纸板上，制成简易种子标本。制成的标本可以标注每个种子的中文名称、英文名称、拉丁文学名以方便学生识记，也可以不标注名称以用于测试。

4. 测验

检测学生对不同草坪草种子识别特征的掌握程度，巩固实习效果。

四、实习报告

描述观测到的草坪草种子特征、千粒重、识别要点等，填写下表。

草坪草种子观测实习记录表

草种名称	拉丁名	英文名	种子大小/mm	千粒重/g	种子形状	种子色泽	识别要点

实习二　常见草坪草识别

一、实习目的

掌握几种常见草坪草的形态学特征及识别要点，了解形态特征对草坪草使用特点及管理措施的影响。

二、实习材料

1. 草坪草

草坪实习基地、公园或校园绿地中常见草坪草如高羊茅、多年生黑麦草、草地早熟禾、匍匐翦股颖、狗牙根、野牛草、结缕草、白三叶等，也可提前采集植物标本或在温室内盆栽培养获得。

2. 实验器具

包括游标卡尺、直尺、田间取样器（根钻、取样刀）、笔、记录本等。

三、实习内容

1. 叶片特征

观察不同草种的叶片形状、色泽、质地、着生方式及脉络等特征，使用游标卡尺测量叶片长度和宽度，并记录。

2. 茎的特征

使用取样刀挖取一小块草坪，观察不同草种茎的形状、生长方式、分枝类型及叶鞘特征等，识别分蘖枝、根状茎和匍匐茎及其对应草种，并记录。

3. 根系特征

使用根钻取出一小块柱状草坪，观察草坪的根系特征（稠密程度、色泽、粗细等），并用直尺测量根系深度，并记录。

4. 花序特征

草坪草进行生殖生长后，观察不同草种的花序特征，区分不同类型的花序，并记录。

四、实习报告

描述实习过程中观测的草坪草各部位形态特征及识别要点，分析其使用特点和适宜栽培措施等，撰写实习报告。

实习三　草坪外观质量评价

一、实习目的

初步掌握草坪外观质量的评价方法和标准。

二、实习材料

1. 分别选取不同草种和不同用途的草坪若干块，如草地早熟禾、高羊茅、结缕草、狗牙根草坪等和公园绿化、公路护坡、运动场草坪等。

2. 笔、记录本。

三、实习步骤

1. 对学生进行分组，每组独立进行质量评估。

2. 按照分组运用 NTEP 9 分制评分标准（参见本书第 4 章）分别对不同草种和不同用途草坪的外观质量指标进行评分。

3. 分析各评价指标在不同用途草坪中的权重，并依据权重求得该草坪的外观质量平均得分。

四、实习报告

1. 填写草坪外观质量评价表。

2. 解释不同用途草坪外观质量指标的权重分配理由，撰写实习报告。

草坪外观质量评价

草坪种类	草坪用途	色泽	密度	质地	均一性	平均得分

实习四　草坪养护设备操作实习

一、实习目的

了解常用的草坪养护设备种类、功能和构造，并结合实际操作掌握常用草坪养护设备的操作要领及注意事项。

二、实习设备

常用草坪养护设备，如滚刀式剪草机、旋刀式剪草机、梳草机、打孔机、播种施肥机、打药机、铺沙机、草皮移植机、喷灌设备等。

三、实习步骤

1. 观察各种常用草坪养护设备，并通过教师或技术人员讲解，了解其功能和构造。
2. 由教师或专业技术人员讲解、示范各种养护设备的操作规程、使用和保养注意事项等。
3. 在教师或专业技术人员的陪护下，学生实际操作养护设备，熟练操作规程。

四、实习报告

结合实际操作的草坪养护设备，简述它们的主要构造、操作要领、保养和使用时注意事项等，撰写实习报告。

实习五 草坪主要病害特征观察及其防治

一、实习目的

了解和掌握草坪草主要真菌病害的症状、病原、发生规律及防治方法。

二、实习材料

1. 植物病原真菌、细菌等培养物和植物病原线虫。
2. 草坪草常见病害的盒装标本、塑封标本、照片、挂图和相关视频等。
3. 显微镜、放大镜、镊子、滴瓶、纱布、切片、刀片、拨针、盖玻片、载玻片等。
4. 喷雾器或小型压力喷壶。
5. 苯醚甲环唑、戊唑醇、嘧菌酯、多菌灵、疫霜灵、阿维菌素、福美双、甲基托布津、代森锰锌、烯唑醇、粉锈宁、三唑酮等杀菌剂（可根据当地实际情况进行选择使用）。

三、实习内容

1. 观察给出的草坪草病害盒装标本、塑封标本、照片、挂图和相关视频等，认识并掌握草坪草主要病害的症状识别特征及发病规律。
2. 以几种主要草坪病害为例，辨识其病原形态和症状特征。
（1）褐斑病

病原为立枯丝核菌（*Rhizoctonia solani* Kühn），属半知菌亚门无孢目丝核菌属。用拨针挑取菌丝进行镜检，观察菌丝特征及菌核的外部形态，菌丝有隔膜，初期无色，老熟时浅褐色至黄褐色，分枝处呈直角，基部稍缢缩。病菌生长后期，由老熟菌丝交织在一起形成菌核。菌核暗褐色，不定形，质地疏松，表面粗糙。结合发病的草坪进行观察识别以加深印象（病叶及鞘上病斑梭形、长条形，不规则，长 1～4cm，初呈水渍状。后病斑中心枯白，边缘红褐色，严重时整叶水渍状腐烂。条件适合时，病情发展迅速，由于枯草斑中心的病株较边缘病株恢复得快，导致枯草斑呈现出环状或"蛙眼"状，即其中央绿色，边缘为枯黄色环带）。

（2）锈病

病原为担子菌亚门冬孢菌纲锈菌目柄锈菌科锈菌属和单孢锈菌属以及夏孢锈菌属和壳锈菌属的各 1 个种。切片或拨针挑取病原镜检观察锈病的夏孢子和冬孢子堆，观察它们的形状、大小、色泽、着生特点等，结合发病的草坪进行观察以加深印象（主要危害叶片、叶鞘或茎秆，被锈菌侵染的草坪呈枯黄色，早衰。在发病部位生成黄色至铁锈色的夏孢子堆和黑色冬孢子堆）。

（3）腐霉枯萎病

病原为卵菌门卵菌纲腐霉目腐霉属，20 余种真菌。切片或用拨针挑取菌丝进行镜检，观察菌丝形状特点及菌核形状、大小、色泽等特征，结合发病的草坪进行观察以加深印象（可侵染草坪草的芽、苗和成株的根、茎、叶，造成烂芽，苗腐，猝倒，根腐和茎、叶腐。受害病株多呈暗绿色、水渍状腐烂，倒伏，紧贴地面枯死。摸上去有油腻感。清晨有露水或高湿时，腐烂病株成簇在地上可见一层白色絮状菌丝层。初期出现较小的枯草圈，很快扩展成形状不规则的大片枯草区。该现象首先多在低洼潮湿地段或水流方向或沿剪草机剪草方向出现）。

（4）夏季斑枯病

病原为子囊菌亚门（*Magnaporthe poae*），是一种新描述的异宗配合的真菌。在 PDA 培养基上菌落初无色，菌丝较稀疏，生长缓慢（一周内生长到直径 4cm），紧贴培养基平板卷曲生长。后期菌落颜色变为橄榄褐色至黑色，菌丝从菌落边缘向中心卷曲生长。结合发病的草坪进行观察以加深印象（病株根部、根冠部和根状茎变成黑褐色，后期病株维管束也变成褐色，外皮层腐烂，整株死亡。在病组织上，生有网状稀疏的深褐色至黑色的外生菌丝，或将病草根部冲洗干净后，在显微镜下检查，也可见到平行于根部生长的暗褐色匍匐状外生菌丝，有时还可见到黑褐色不规则聚集体结构）。

（5）白粉病

病原为子囊菌亚门核菌纲白粉目白粉科布氏白粉属真菌。用挑针挑取发病部位的白粉和小黑点，制成玻片进行镜检，观察白色粉状的分生孢子和病原菌的闭囊壳。结合发病的草坪进行观察以加深印象（菌丝体叶表寄生，以叶正面为主。分生孢子椭圆形，大小为（14～17）$\mu m \times$（25～33）μm，念珠状串生，产孢量大。染病植株布满白色粉状物，后期生有小黑点）。

（可根据具体情况增加或删减实际观察和镜检操作的病害种类）

3. 在发病草坪草上进行草坪病害药剂防治实验，可对一种或几种草坪病害在发病初期选用适当的药剂处理，定期观察防治效果，并记录，整理数据，计算防效。

四、实习报告

1. 列表描述所观察到的草坪草病害的识别要点、发病规律及病原特征。

2. 撰写草坪草病害药剂防治实习报告，并对防治效果进行分析。

实习六　草坪主要害虫识别及其防治

一、实习目的

通过室内害虫形态特征及被害状的鉴别，掌握危害草坪草的主要地下害虫、食茎叶害虫和刺吸害虫的种类及典型识别特征，能够对其种类进行识别。通过开展草坪主要害虫发生规律调查和田间防治试验，掌握草坪主要害虫的发生特点和防治方法。

二、实习材料

1. 液浸标本（华北蝼蛄、东方蝼蛄、华北大黑鳃金龟、暗黑鳃金龟、铜绿丽金龟、沟金针虫、细胸金针虫、小地老虎、黏虫、盲蝽、蛞蝓等）、盒装标本（蝼蛄类、金针虫类、蛴螬类、地老虎类、蝗虫类、黏虫、斜纹夜蛾、草地螟、黄曲条跳甲、盲蝽等）、玻片标本（蚜虫类、蓟马等）和挂图等，条件允许可采集田间发生的活体昆虫。

2. 双目解剖镜、镊子、拨针、毛笔刷、培养皿、背负式喷雾器或小型压力喷壶等。

3. 受害虫危害的草坪草实验地、为害的植株样本（单株或草皮块）和相关视频等。

4. 辛硫磷、吡虫啉、氯虫苯甲酰胺、高效氯氟氰菊酯和甲氨基阿维菌素苯甲酸盐等常用杀虫剂。

三、实习内容

1. 根部与根茎部害虫的形态识别及危害症状

通过观察给出的液浸标本、盒装标本、挂图等，结合蛴螬、金针虫、地老虎、蝼蛄等类害虫的卵、幼虫、蛹和成虫的典型识别特征及对草坪的为害特征，掌握草坪主要地下害虫的典型形态特征和为害状。

2. 叶部害虫的形态识别及危害症状

通过观察给出的液浸标本、盒装标本、挂图等，结合黏虫、斜纹夜蛾、草地螟、蝗虫、盲蝽、叶蝉、飞虱、蚜虫、秆蝇、螨类等害虫的卵、幼虫、蛹和成虫的典型识别特征及对草坪的为害特征，掌握草坪主要叶部害虫的典型形态特征和为害状。

3. 在发生虫害的草坪上，结合草坪草害虫的识别与危害症状，对害虫种类进行识别，针对不同害虫选用适当药剂进行防治，定期观察防治效果，并记录，整理数据，计算防效。

四、实习报告

1. 绘小地老虎成虫前翅形态特征简图。
2. 列表描述所观察到的草坪草害虫的形态特征、危害部位及症状。
3. 撰写草坪害虫防治实习报告，并对防治效果进行分析。

实习七　草坪常见杂草识别及其防治

一、实习目的

通过对当地草坪中常见杂草形态特征的观察和杂草药剂防除的实际操作，掌握常见草坪杂草的识别要点及其防除方法。

二、实习材料

1. 草坪常见杂草标本、采集新鲜样本、生有杂草的草坪、杂草照片及相关视频等。
2. 喷雾器、小型压力喷壶及剪刀。
3. 二甲戊灵、苯磺隆、乙羧氟草醚和炔草酯等除草剂（可根据杂草种类选用当地常用除草剂）。

三、实习内容

1. 禾本科杂草的识别

通过实验室观察和草坪识别，了解禾本科杂草如马唐、稗草、牛筋草、狗尾草、画眉草、一年生早熟禾、白茅、双穗雀稗、狗牙根、狼尾草、鼠尾粟、铺地黍等草坪杂草的形态特征，并结合观察时期，了解该类杂草的发生特点。

2. 阔叶型杂草的识别

通过实验室观察和草坪识别，了解阔叶型杂草如猪殃殃、苋、藜、地肤、老鹳草、萹蓄、龙葵、酢浆草、马齿苋、加拿大蓬、胜红蓟、辣子草、飞蓬、圆叶牵牛、萎陵菜、飞扬草、石生繁缕、艾蒿等草坪杂草的形态特征。结合观察时期，了解该类杂草的发生特点。

3. 莎草科杂草的识别

通过实验室观察和草坪识别，了解莎草科杂草香附子、黄香附、碎米莎草、异型莎草等草坪杂草的形态特征。结合观察时期，了解该类杂草的发生特点。

4. 草坪常见杂草的药剂防除

观察杂草丛生的草坪，确定杂草种类，将草坪划分为相同面积的 n 个小区（由药剂种类数确定），按照草坪杂草防除药剂及使用方法，对各小区进行喷药处理，可进行不同药剂种类和同一药剂种类不同浓度等处理，定期观察杂草防除效果，并记录。

四、实习报告

1. 列表描述常见草坪杂草所属科目、形态特征及其发生特点。
2. 撰写草坪杂草药剂防除实习报告，并分析防除效果。

实习八　运动场草坪观摩

一、实习目的

通过现场参观不同类型的运动场草坪，熟悉草坪草在运动场上的应用，了解运动场草坪的养护管理措施和排灌设施。

二、实习内容

1. 高尔夫球场

结合当地实际情况，参观 2～3 个当地的高尔夫球场，对每个球场不同区域的草坪进行观察、识别以及质量评价等。通过球场管理人员的讲解，体会高尔夫球场不同区域草坪的功能和质量要求以及草坪养护需求，了解高尔夫球场设计和建造过程，了解草坪排灌设备以及运行方式。

2. 其他运动场草坪

结合当地实际情况，参观足球场、棒球场等其他运动场草坪，了解这些运动场草坪对草坪质量的要求和养护管理需求，了解运动场设计建造过程，了解运动场排管设施及其运行方式等。

三、实习报告

列举出参观的运动场草坪应用的草坪草种，并说明选择该草种的原因以及相应的养护需求，撰写实习报告。

参考文献

[1] Beard J B. Turf Management for Golf Course [M]. 2nd ed. Chelsea，Michigan：Ann Arbor Press，2002.

[2] Beard J B. Turfgrass Science and Culture [M]. Upper Saddle River，New Jersey：Prentice-Hall，Inc.，1973.

[3] Brede D. Turfgrass Maintenance Reduction Handbook [M]. Chelsea，Michigan：Ann Arbor Press，2000.

[4] Christians N E，Patton A J and Law Q D. Fundamentals of Turfgrass Management [M]. 5th ed. Hoboken，New Jersey：John Wiley & Sons，Inc.，2016.

[5] Dunn J H，Diesburg K. Turf Management in the Transition Zone [M]. Hoboken，New Jersey：John Wiley & Sons，Inc.，2004.

[6] Emmons R D. Turfgrass Science and Management [M]. 5th ed. Stamford Connecticut：Cengage Learning，2015.

[7] Mackenzie D S. Perennial Ground Covers [M]. Portland，Oregon：Timber Press，1997.

[8] McCarty L B. Best Golf Course Management Practices [M]. 2nd ed. Upper Saddle River，New Jersey：Prentice-Hall Inc.，2005.

[9] Puhalla J，Krans J，Goatley M. Sports Fields [M]. Chelsea，Michigan：Ann Arbor Press，1999.

[10] Turgeon A J. Turfgrass Management [M]. 9th ed. Upper Saddle River，New Jersey：Prentice-Hall，Inc.，2010.

[11] Vargas J M Jr. Management of Turfgrass Diseases [M]. 3rd ed. Hoboken，New Jersey：John Wiley & Sons，Inc.，2004.

[12] Watschke T L，Dernoeden P H and Shetlar D J. Managing Turfgrass Pests [M]. Lewis Publishers，1995.

[13] 边秀举. 草坪技术 [M]. 北京：中央广播电视大学出版社，2014.

[14] 边秀举，张训忠. 草坪学基础 [M]. 北京：中国建材工业出版社，2005.

[15] 陈雅君，杜广明. 园林草坪学 [M]. 北京：气象出版社，2009.

[16] 陈志明. 草坪建植与养护 [M]. 北京：中国林业出版社，2003.

[17] 韩烈保，田地，牟新待. 草坪建植与管理手册 [M]. 北京：中国林业出版社，1999.

[18] 韩烈保. 高尔夫球场草坪 [M]. 北京：中国农业出版社，2004.

[19] 韩烈保. 运动场草坪 [M]. 北京：中国农业出版社，2004.

[20] 贺字典，王秀平. 植物化学保护 [M]. 北京：科学出版社，2017.

[21] 胡林，边秀举，阳新玲. 草坪科学与管理 [M]. 北京：中国农业大学出版社，2001.

[22] 李善林. 草坪杂草（草坪全景丛书）[M]. 北京：北京林业大学出版社，1997.

[23] 刘荣堂. 草坪有害生物及其防治 [M]. 北京：中国农业出版社，2004.

[24] 雷朝亮，荣秀兰. 普通昆虫学 [M]. 2 版. 北京：中国农业出版社，2011.

［25］罗伯特·爱蒙斯．草坪科学与管理［M］．冯钟粒，张守先，译．北京：中国林业出版社，1992.

［26］强胜．杂草学［M］.2版．北京：中国农业出版社，2010.

［27］孟兆祯．风景园林工程［M］．北京：中国林业出版社，2012.

［28］孙吉雄，韩烈保．草坪学［M］.4版．北京：中国农业出版社，2015.

［29］孙彦．草坪管理学［M］．北京：中国林业出版社，2017.

［30］孙吉雄．草坪学［M］.3版．北京：中国农业出版社，2008.

［31］孙吉雄．草坪工程学［M］．北京：中国农业出版社，2004.

［32］宋瑞清，董爱荣．城市绿地植物病害及其防治［M］．北京：中国林业出版社，2001.

［33］谭继清．草坪与地被植物栽培技术［M］．北京：科学技术文献出版社，2000.

［34］汤巧香．园林草坪学［M］．武汉：华中科技大学出版社，2014.

［35］仵均祥．农业昆虫学［M］．北京：中国农业出版社，2016.

［36］武维华．植物生理学［M］.2版．北京：科学出版社，2008.

［37］杨赉丽．城市园林绿地规划［M］.4版．北京：中国林业出版社，2016.

［38］杨秀珍，王兆龙．园林草坪与地被［M］．北京：中国林业出版社，2012.

［39］袁锋．农业昆虫学［M］.3版．北京：中国农业出版社，2006.

［40］赵美琦．草坪病害［M］．北京：中国林业出版社，1999.

［41］赵美琦，孙彦．草坪养护技术［M］．北京：中国林业出版社，2001.

［42］赵雁．草坪学［M］．北京：中国农业大学出版社，2017.

［43］中国农业百科全书总编辑委员会农药卷编辑委员会，中国农业百科全书编辑部．中国农业百科全书·农药卷［M］．北京：中国农业出版社，1993.

［44］张自和，柴琦．草坪学通论［M］．北京：科学出版社，2009.

［45］张志国．草坪营养与施肥［M］．北京：中国农业出版社，2004.

［46］张志国，李德伟．现代草坪管理学［M］．北京：中国林业出版社，2003.

［47］苏德荣．草坪灌溉与排水工程学［M］．北京：中国农业出版社，2004.